# 土木工程施工技术

主　编：朱　辉　张振营
副主编：王玉镯　黄　颖　赵彦彦　张　晓

中国财经出版传媒集团
经济科学出版社
Economic Science Press
·北　京·

**图书在版编目（CIP）数据**

土木工程施工技术 / 朱辉，张振营主编 ；王玉镯等副主编．-- 北京 ：经济科学出版社，2024.7. -- ISBN 978-7-5218-6128-0

Ⅰ. TU7

中国国家版本馆 CIP 数据核字第 2024AB6339 号

责任编辑：卢玥丞
责任校对：郑淑艳
版式设计：陈宇琰
责任印制：范　艳

**土木工程施工技术**

主　编◎朱　辉　张振营

副主编◎王玉镯　黄　颖　赵彦彦　张　晓

经济科学出版社出版、发行　新华书店经销

社址：北京市海淀区阜成路甲 28 号　邮编：100142

总编部电话：010-88191217　发行部电话：010-88191522

网址：www. esp. com. cn

电子邮件：esp@ esp. com. cn

天猫网店：经济科学出版社旗舰店

网址：http：//jjkxcbs. tmall. com

北京季蜂印刷有限公司印装

710×1000　16 开　20 印张　320000 字

2024 年 7 月第 1 版　2024 年 7 月第 1 次印刷

ISBN 978-7-5218-6128-0　定价：54.00 元

**（图书出现印装问题，本社负责调换。电话：010-88191545）**

# 《土木工程施工技术》编委会

**主　　编**：朱　辉　张振营

**副 主 编**：王玉镯　黄　颖　赵彦彦　张　晓

**参编人员**：任　丽　赵秀云　刘园园

苏文明（山东高速工程检测有限公司）

# 目录

# 绪　论

一直以来，建筑行业都是促进我国经济发展的支柱型产业，建筑行业在国家建设工作中也发挥着极为关键的作用。“十三五”期间，在建筑行业的带动下我国经济取得了快速发展，随着土木工程项目的不断增多，基础设施不断完善，其不仅促进了城市化发展，还改善了人民的生活质量，提高了出行的效率。就如北京大兴国际机场建设项目，该项目不仅建设条件复杂，而且施工难度极大，随着此项目的建造，我国的土木工程施工取得了极大的突破，同时工程建造水平也不断提高。

## 一、我国土木工程建筑施工技术应用现状

### 1. 土木工程施工技术的特点

柔性施工技术、复杂性和完整性是土木工程最重要、最值得注意的特点。世界上没有完全一样的东西，工程项目也不例外，都有自己的独特之处。由于土木工程施工能力不同、施工方法不同、工程项目环境不同、业主需求不同，一些看似相同的土木工程项目也只是在某些方面是相似的。土木工程的灵活性和可变性反映在各种施工技术上，包括钻孔灌注桩、钢筋混凝土等施工方法。土木工程的复杂性体现在两个方面：首先，施工机械的不确定故障因素、施工过程中的环境和施工材料的质量可能会出错；其次，施工期间，不同施工部门之间的分工、人文关系的调整、部门间的沟通等复杂关系，扩大了自身的复杂性。

### 2. 土木工程施工技术的应用

到目前为止，我国已经形成了一套自我完善的土木工程理论体系。伴随着土木工程师的不断学习，非线性分析和最优路径等技术理论知识逐渐引入土木工程理论体系。“实践带来了真正的知识”。一个好的实践操作需要坚实的理论基础作为支撑，但扎实的理论知识并不意味着实践操作肯定

会成功。我国土木工程建筑虽然形成了一个比较完备的建筑技术理论体系，但其实际运行并不很顺畅，存在着理论知识与实际情况不一致、无法灵活运用理论知识应对建筑实际情况等诸多问题。只是照搬理论知识而不考虑建筑现实将引发一系列问题。此外，施工管理缺乏标准化等影响因素阻碍了土木工程的发展，因此土木工程施工在实际应用中仍处于劣势。

## 二、土木工程施工技术创新的必要性

在任何领域，产业发展的长远性和稳定性都离不开内部的创新，土木工程的产业发展同样也是如此。在土木工程的施工技术应用中，要探索创新的路径和方法，结合社会的发展趋势，不断创新土木工程的施工建造技术。由于我国的土木工程技术水平和发达国家相比，始终处于落后状态，因此在土木工程的建造领域内，施工技术的创新已成为必然的行业发展趋势和转型的方向。创新技术手段，增强土木工程的行业竞争力，才是真正推动我国综合国力进一步提高的推手。在土木工程的施工技术应用过程中，对技术要求高，对专业人员的综合能力也有着较高的要求，按照传统施工技术的施工理念、施工方法，已经难以满足当前的土木工程建造要求。因此，应结合行业发展的实际需要，不断更新土木工程施工技术，为中国土木工程的发展提供持续的技术支持。

## 三、智能化背景下土木工程施工技术的创新点

### 1. 预应力技术创新

我国的经济发展势头正猛，对土木工程建设的力度与强度等方面的要求更高，也对施工技术创新带来了机遇和挑战。尤其是大跨度现代建筑的大力兴建，既有建筑物的加固与改造任务的增加，碳纤维结构加固材料技术等先进技术手段被大力推广运用，而建筑结构将应用到预应力技术。针对预应力技术的创新，不仅需响应节能、绿色、环保等生产政策方针的号召，还需注重与现代电子信息科技的整合，加速建筑智能化的发展步伐。

预应力是土木工程项目建造的传统技术，在解决高、大、重、新建筑工程的设计与建造难题中发挥着独特的优势。除此之外，预应力技术也是减少大面积工程伸缩缝、防止开裂、调整结构内力的关键手段。预应力混

凝土具有耐久性、抗裂性等优势特点，预应力混凝土材料与技术在土木工程项目建造领域的应用广泛。随着土木工程智能化发展进程的加速，必然会涌现出更多先进的设计理念、方法、技术、材料等，促使预应力混凝土不断向着高性能、高强度的方向发展。对预应力技术实行一定程度的创新，如在做完钢防护后，利用包围环绕的方法保护混凝土部件，施工者能够运用机械装备进行预应力的施工，依据极限下的负荷状况与现实状况，科学合理地设计预应力，让预应力技术的使用更加有效可靠，防止结构出现裂缝的情况，确保土木工程施工的品质。

**2. 深基坑支护技术创新**

在土木工程的施工技术创新中，深基坑施工技术是一项重要的技术手段。要实现深基坑施工技术的创新发展，必须培养专业的人才，加强对深基坑施工技术功能的理解和掌握。深基坑施工技术的目的是保护地下结构和基坑周围的环境，维持基坑及其周边的稳定性和安全性。在实际的技术应用中，施工技术人员需要采取合理的加固措施和支挡措施，防止基坑周边的环境受到破坏。随着我国建筑行业的快速发展，高层建筑物数量的不断增加，深基坑施工技术的应用范围也不断扩大，建筑行业越来越重视深基坑施工技术的应用和创新。在深基坑施工技术的创新中，桩锚支挡技术是一个重要的切入点，需要加强桩锚支挡系统的设计和优化，推动深基坑施工技术的创新和发展，发挥出深基坑施工技术的应用优势。在土木工程的施工过程中，针对开挖深度较大或土质状况较差的情况，施工人员可以根据坑壁岩土的具体特征，运用桩锚支挡技术提高桩锚支等系统的效能。

结合人们对建筑空间使用率的要求，在现代建筑项目的施工建造活动中，要结合土木工程施工的质量和稳定性要求，将抗震设计的理念运用到深基坑支挡技术的创新中，满足地下空间的质量标准，创造安全、舒适、良好的居住环境。发挥出深基坑支挡技术的创新优势，保证施工质量和施工速度，最大限度地提高施工资源的应用效率，加强施工力度，实现技术创新，创造更高的经济效益和社会效益。

**3. 钻孔灌注技术创新**

随着高科技的渗透，涌现出的新施工设备与工具，将推动智能化土木工程施工技术不断向着高科技尖端化、智能化等趋势发展。施工技术在施工或设计等阶段的重要性突出，施工技术的先进水平，直接决定了设计者的意图能否实现。土木工程施工的系统性特点突出，在施工中受到现场条件、资源状况、荷载条件、管理水平等因素的影响，易出现钻孔坍塌、钻锤卡、钻孔径缩小、钻孔位置偏差等施工问题，还需加大施工控制的力度，缩小理想状态与实际状态之间的差异。利用计算机系统模拟施工过程，分析预测值与实测值，调整两者之间的误差，直到其符合设计要求。施工控制涉及理论分析、测试手段、现场组织等方面，在实际施工中需要各方面协同进行。施工力学的提出，解决了土木工程施工中的各种问题，也为土木工程施工技术的创新研究提供了依据，实现了以往被动控制向主动控制趋势的转变。要从力学的角度去考虑施工，确保设计出来的结构内力与变形，与实际的结构内力与变形保持高度的一致，促使结构形态与材料的应用更加科学合理、安全可靠。随着工程结构建设的国际水平不断提升，施工力学与施工控制也将逐步走向成熟，有效应用到土木工程建设中。

# 第1章

# 土方工程

**本章提要**

本章内容包括土方规划、土方工程施工的要点，土方工程机械化施工和爆破施工在土方规划中，涉及了土的工程分类和性质、土方边坡、土方量计算、场地设计标高的确定和土方调配等内容。在土方工程施工要点中，重点论述了土壁稳定、施工排水、流砂防治和填土压实，是土方工程施工的关键。在土方工程机械化施工中，着重阐述常用土方机械的类型、性能及提高生产率的措施。

**学习要求**

1. 了解土的工程性质、边坡留设和土方调配的原则，掌握土方量计算的方法、场地计划标高确定的方法和用表上作业法进行土方调配。

2. 能分析土壁失稳和产生流砂、管涌的原因，并能提出相应的防治措施。对各种降水方案能进行选择比较，掌握轻型井点设计和回填土的质量要求及检验标准。

3. 了解常用土方机械的性能及适用范围，能正确合理地选用。

## 1.1 土方规划

### 1.1.1 土方工程的内容及施工要求

在土木工程施工中，常见的土方工程有：

（1）场地平整，其中包括确定场地设计标高，计算挖、填土方量，合理地进行土方调配等；

（2）开挖沟槽、基坑、竖井、隧道、修筑路基、堤坝，其中包括施工排水、降水，土壁边坡和支护结构等；

（3）土方回填与压实，其中包括土料选择，填土压实的方法及密实度检验等。

此外，在土方工程施工前，应进行场地清理、地面水的排除和测量放线工作；在施工中，应及时采取有关技术措施，预防产生流砂、管涌和塌方现象，确保施工安全。

土方工程施工，要求标高、断面准确，土体有足够的强度和稳定性，土方量少、工期短、费用省。但由于土方工程施工具有面广量大、劳动繁重及施工条件复杂等特点，因此，在施工前，首先要进行调查研究，了解土壤的种类和工程性质，土方工程的施工工期、质量要求及施工条件，施工地区的地形、地质、水文、气象等资料，以便编制切实可行的施工组织设计，拟订合理的施工方案。为减轻繁重的体力劳动、提高劳动生产率、加快工程进度、降低工程成本，在组织土方工程施工时，应尽可能采用先进的施工工艺和施工组织，实现土方工程施工综合机械化。

### 1.1.2 土的工程分类及性质

土的种类繁多，分类方法各异，在土方施工中，按土的开挖难易程度分为八类，如表1.1所示。

**表1.1 土的工程分类**

| 土的分类 | 土的级别 | 土的名称 | 密度（$kg/m^3$） | 开挖方法及工具 |
|---|---|---|---|---|
| 一类土（松软土） | Ⅰ | 砂土；粉土；冲积砂土层；疏松的种植土；淤泥（泥炭） | 600~1500 | 用锹、锄头挖掘，少许用脚蹬 |
| 二类土（普通土） | Ⅱ | 粉质粘土；潮湿的黄土；夹有碎石、卵石的砂；粉土混卵（碎）石；种植土；填土 | 1100~1600 | 用锹、锄头挖掘，少许用镐翻松 |
| 三类土（坚土） | Ⅲ | 软及中等密实粘土；重粉质粘土；砾石土；干黄土，含有碎石、卵石的黄土，粉质粘土；压实的填土 | 1750~1900 | 主要用镐，少许用锹、锄头挖掘，部分用撬棍 |
| 四类土（砂砾坚土） | Ⅳ | 坚实密实的粘性土或黄土；含碎石、卵石的中等密实的粘性土或黄土；粗卵石；天然级配砂石；软泥灰岩 | 1900 | 整个先用镐、撬棍，后用锹挖掘，部分用楔子及大锤 |
| 五类土（软石） | Ⅴ | 硬质粘土；中密的页岩、泥灰岩、白垩土；胶结不紧的砾岩；软石灰岩及贝壳石灰岩 | 1100~2700 | 用镐或撬棍、大锤挖掘，部分使用爆破方法 |

续表

| 土的分类 | 土的级别 | 土的名称 | 密度（$kg/m^3$） | 开挖方法及工具 |
|---|---|---|---|---|
| 六类土（次坚石） | Ⅵ ~ Ⅸ | 泥岩；砂岩；砾岩；坚实的页岩、泥灰岩；密实的石灰岩；风化花岗岩、片麻岩及正常岩 | 2200 ~ 2900 | 用爆破方法开挖，部分用风镐 |
| 七类土（坚石） | Ⅹ ~ ⅩⅢ | 大理岩；辉绿岩；玢岩；粗、中粒花岗岩；坚实的白云岩、砂岩、砾岩、片麻岩、石灰岩；微风化安山岩、玄武岩 | 2500 ~ 3100 | 用爆破方法开挖 |
| 八类土（特坚石） | ⅩⅣ ~ ⅩⅥ | 安山岩；玄武岩；花岗片麻岩；坚实的细粒花岗岩、闪长岩、石英岩、辉长岩、辉绿岩、玢岩、角闪岩 | 2700 ~ 3300 | 用爆破方法开挖 |

土有各种工程性质，其中影响土方工程施工的有土的质量密度、含水量、渗透性等。

**1. 土的质量密度**

土的质量密度分为天然密度和干密度。土的天然密度指土在天然状态下单位体积的质量，它影响土的承载力、土压力及边坡的稳定性。土的干密度指单位体积土中固体颗粒的质量，它是用以检验填土压实质量的控制指标。

**2. 土的含水量**

土的含水量 W 是土中所含的水与土的固体颗粒间的质量比，以百分数表示：

$$W = \frac{G_1 - G_2}{G_2} \tag{1.1}$$

式（1.1）中：$G_1$——含水状态时土的质量；

$G_2$——土烘干后的质量。

土的含水量影响土方施工方法的选择、边坡的稳定和回填土的质量，如土的含水量超过 25% ~ 30%，则机械化施工就困难，容易打滑、陷车；回填土则需有最佳含水量，方能夯压密实，获得最大干密度（见表 1.2）。

表 1.2　　土的最佳含水量和最大干密度参考值

| 土的种类 | 最佳含水量（质量比，%） | 最大干密度（$g/cm^3$） | 土的种类 | 最佳含水量（质量比，%） | 最大干密度（$g/cm^3$） |
|---|---|---|---|---|---|
| 砂土 | 8～12 | 1.80～1.88 | 重亚粘土 | 16～20 | 1.67～1.79 |
| 粉土 | 16～22 | 1.61～1.80 | 粉质亚粘土 | 18～21 | 1.65～1.74 |
| 亚砂土 | 9～15 | 1.85～2.08 | | | |
| 亚粘土 | 12～15 | 1.85～1.95 | 粘土 | 19～23 | 1.58～1.70 |

### 3. 土的渗透性

土的渗透性是指水在土体中渗流的性能，一般以渗透系数 K 表示。从达西公式 $V = KI$ 可以看出渗透系数的物理意义：当水力坡度 I 等于 1 时的渗透速度 V，即为渗透系数 K。

渗透系数 K 值将直接影响降水方案的选择和涌水量计算的准确性，一般应通过扬水试验确定，表 1.3 所列数据仅供参考。

表 1.3　　土渗透系数参考值

| 土的种类 | K(m/d) | 土的种类 | K(m/d) |
|---|---|---|---|
| 亚粘土、粘土 | <0.1 | 含粘土的中砂及纯细砂 | 20～25 |
| 亚粘土 | 0.1～0.5 | 含粘土的细砂及纯中砂 | 35～50 |
| 含亚粘土的粉砂 | 0.5～1.0 | 纯粗砂 | 50～75 |
| 纯粉砂 | 1.5～5.0 | 粗砂夹砾石 | 50～100 |
| 含粘土的细砂 | 10～15 | 砾石 | 100～200 |

### 4. 土的可松性

土具有可松性，即自然状态下的土，经过开挖后，其体积因松散而增加，以后虽经回填压实，仍不能恢复其原来的体积。土的可松性程度用可松性系数表示，即：

$$\text{最初可松性系数 } K_s = \frac{\text{土经开挖后的松散体积 } V_2}{\text{土在天然状态下的体积 } V_1} \tag{1.2}$$

$$\text{最后可松性系数 } K_s' = \frac{\text{土经回填压实后的体积 } V_3}{\text{土在天然状态下的体积 } V_1} \tag{1.3}$$

土的可松性对土方量的平衡调配，确定运土机具的数量及弃土坑的容积，以及计算填方所需的挖方体积等均有很大的影响。

土的可松性与土质有关，根据土的工程分类（见表 1.1），其相应的可松性系数可参考表 1.4。

**表 1.4　各种土的可松性参考值**

| 土的类别 | 体积增加百分数（%） | | 可松性系数 | |
|---|---|---|---|---|
| | 最初 | 最后 | 最初 $K_s$ | 最后 $K_s$ |
| 一类土（种植土除外） | 8 ~ 17 | 1 ~ 2.5 | 1.08 ~ 1.17 | 1.01 ~ 1.03 |
| 一类土（植物性土、泥炭） | 20 ~ 30 | 3 ~ 4 | 1.20 ~ 1.30 | 1.03 ~ 1.04 |
| 二类土 | 14 ~ 28 | 2.5 ~ 5 | 1.14 ~ 1.28 | 1.02 ~ 1.05 |
| 三类土 | 24 ~ 30 | 4 ~ 7 | 1.24 ~ 1.30 | 1.04 ~ 1.07 |
| 四类土（泥灰岩、蛋白石除外） | 26 ~ 32 | 6 ~ 9 | 1.26 ~ 1.32 | 1.06 ~ 1.09 |
| 四类土（泥灰岩、蛋白石） | 33 ~ 37 | 11 ~ 15 | 1.33 ~ 1.37 | 1.11 ~ 1.15 |
| 五 ~ 七类土 | 30 ~ 45 | 10 ~ 20 | 1.30 ~ 1.45 | 1.10 ~ 1.20 |
| 八类土 | 45 ~ 50 | 20 ~ 30 | 1.45 ~ 1.50 | 1.20 ~ 1.30 |

### 1.1.3　土方边坡

合理地选择基坑、沟槽、路基、堤坝的断面和设置土方边坡，是减少土方量的有效措施。边坡的表示方法如图 1.1（a）所示，为 1∶m，即：

$$\text{土方边坡坡度} = \frac{h}{b} = \frac{1}{b/h} = 1:m \tag{1.4}$$

式（1.4）中 $m = b/h$，称坡度系数。其意义为：当边坡高度已知为 h 时，其边坡宽度 b 则等于 $m \times h$。

边坡坡度应根据不同的挖填高度、土的性质及工程的特点而定，既要保证土体稳定和施工安全，又要节省土方。临时性挖方边坡应按表 1.5 规定；挖方中有不同的土层，或深度超过 10m 时，其边坡可做成折线形［见图 1.1（b）、（c）］或台阶形，以减少土方量。

表1.5　临时性挖方边坡值

<table>
<tr><th colspan="2">土的类别</th><th>边坡值（高∶宽）</th></tr>
<tr><td colspan="2">砂土（不包括细砂、粉砂）</td><td>1∶1.25～1∶1.50</td></tr>
<tr><td rowspan="3">一般粘性土</td><td>硬</td><td>1∶0.75～1∶1.00</td></tr>
<tr><td>硬、塑</td><td>1∶1.00～1∶1.25</td></tr>
<tr><td>软</td><td>1∶1.50或更缓</td></tr>
<tr><td rowspan="2">碎石类土</td><td>充填坚硬、硬塑粘性土</td><td>1∶0.50～1∶1.00</td></tr>
<tr><td>充填砂土</td><td>1∶1.00～1∶1.50</td></tr>
</table>

注：(1) 设计有要求时，应符合设计标准；
(2) 如采用降水或其他加固措施，可不受本表限制，但应计算复核；
(3) 开挖深度，对软土不应超过4m，对硬土不应超过8m。

当地质条件良好，土质均匀且地下水位低于基坑、沟槽底面标高时，挖方深度在5m以内，不加支撑的边坡留设应符合表1.6的规定。

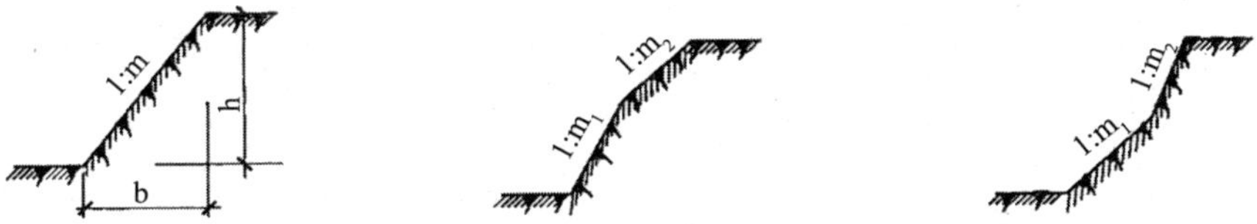


(a) 直线边坡　(b) 不同土层折线边坡　(c) 相同土层折线边坡

图1.1　土方边坡

表1.6　深度在5m内的基坑（槽）、管沟边坡坡度（不加支撑）

<table>
<tr><th rowspan="2">土的种类</th><th colspan="3">边坡坡度（高∶宽）</th></tr>
<tr><th>坡顶无荷载</th><th>坡顶有静载</th><th>坡顶有动载</th></tr>
<tr><td>中密的砂土</td><td>1∶1.00</td><td>1∶1.25</td><td>1∶1.50</td></tr>
<tr><td>中密的碎石类土（充填物为砂土）</td><td>1∶0.75</td><td>1∶1.00</td><td>1∶1.25</td></tr>
<tr><td>硬塑的粉土</td><td>1∶0.67</td><td>1∶0.75</td><td>1∶1.00</td></tr>
<tr><td>中密的碎石类土（充填物为粘性土）</td><td>1∶0.50</td><td>1∶0.67</td><td>1∶0.75</td></tr>
<tr><td>硬塑的粉质粘土、粘土</td><td>1∶0.33</td><td>1∶0.50</td><td>1∶0.67</td></tr>
</table>

续表

| 土的种类 | 边坡坡度（高∶宽） | | |
|---|---|---|---|
| | 坡顶无荷载 | 坡顶有静载 | 坡顶有动载 |
| 老黄土 | 1∶0.10 | 1∶0.25 | 1∶0.33 |
| 软土（经井点降水后） | 1∶1.00 | | |

注：（1）静载指堆土或材料等，动载指机械挖土或汽车运输作业等。静载或动载应距挖方边缘0.8m以外，堆土或材料高度不宜超过1.5m；

（2）当有成熟经验时，可不受本表限制。

对于使用时间在一年以上的临时性填方边坡坡度，则为：当填方高度在10m以内，可采用1∶1.5；高度超过10m，可做成折线形，上部采用1∶1.5，下部采用1∶1.75。

至于永久性挖方或填方边坡，则均应按设计要求施工。

### 1.1.4 土方量计算的基本方法

土方量计算的基本方法主要有平均高度法和平均断面法两种。

**1. 平均高度法**

（1）四方棱柱体法。

四方棱柱体法，是将施工区域划分为若干个边长等于a的方格网，每个方格网的土方体积V等于底面积$a^2$乘四个角点高度的平均值（见图1.2），即：

$$v=\frac{a^2}{4}(h_1+h_2+h_3+h_4) \tag{1.5}$$

若方格四个角点部分是挖方，部分是填方时，可按表1.7中所列的公式计算。

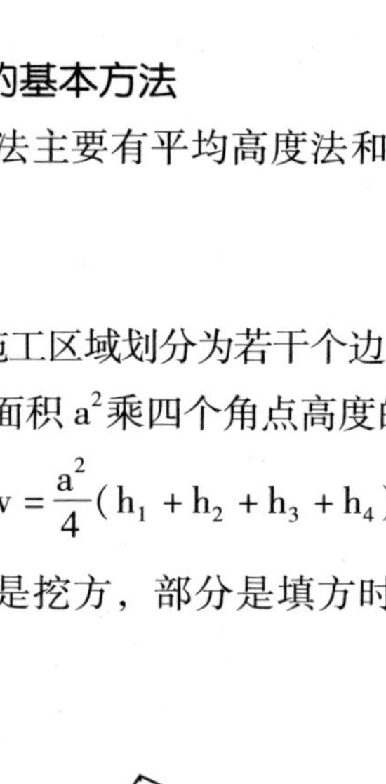


**图1.2 四方棱柱体法**

**表1.7　　　　　　土方量计算公式汇总**

| 项目 | 图式 | 计算公式 |
|---|---|---|
| 一点填方或挖方（三角形） | 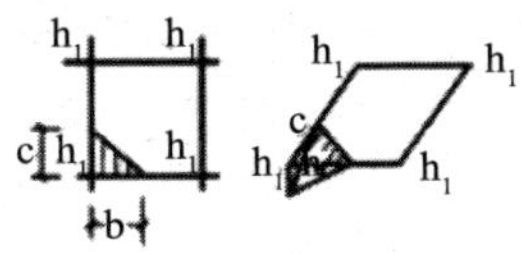 | $V=\frac{1}{2}bc\frac{\sum h}{3}=\frac{bch_3}{6}$<br>当 $b=a=c$ 时，$V=\frac{a^2h_2}{6}$ |
| 两点填方或挖方（梯形） | 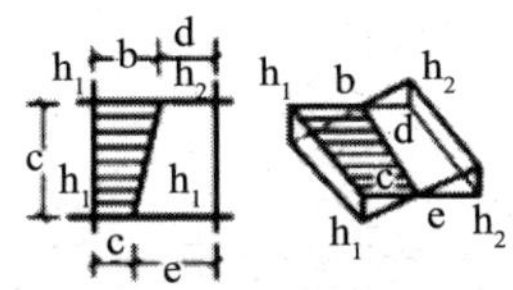 | $V_+=\frac{b+c}{2}a\frac{\sum h}{4}=\frac{a}{8}(b+c)(h_1+h_3)$<br>$V_-=\frac{d+e}{2}a\frac{\sum h}{4}=\frac{a}{8}(d+e)(h_2+h_4)$ |
| 三点填方或挖方（五角形） | 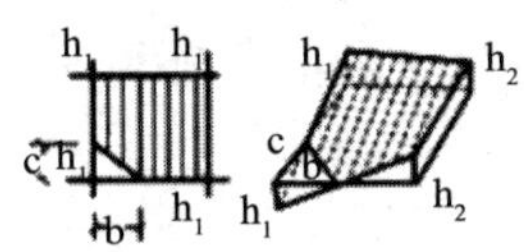 | $V=\left(a^2-\frac{bc}{2}\right)\frac{\sum h}{5}$<br>$=\left(a^2-\frac{bc}{2}\right)\frac{h_1+h_2+h_3}{5}$ |
| 四点填方或挖方（正方形） | 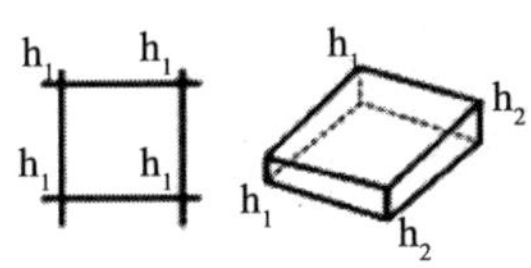 | $V=\frac{a^2}{4}\sum h=\frac{a^2}{4}(h_1+h_2+h_3+h_4)$ |

注：(1) 表中 a 为方格边长，b、c 为计算图形相应的两个边长；
(2) $h_1$、$h_2$、$h_3$、$h_4$ 分别为方格各角点的施工高度；
(3) $\sum h$ 为各计算图形相应的挖方或填方的施工高度总和，用绝对值代入；
(4) V 为挖方或填方的体积（$m^3$）。

（2）三角棱柱体法。

三角棱柱体法，是将每一个方格顺地形的等高线沿对角线划分成两个三角形，然后分别计算每一个三角棱柱体的土方量。

当三角形为全挖或全填时［见图1.3（a）］，公式如下：

$$v=\frac{a^2}{6}(h_1+h_2+h_3) \tag{1.6}$$

当三角形有填有挖时［见图1.3（b）］，则其零线将三角形分成两部分：一部分是底面为三角形的锥体，另一部分是底面为四边形的楔体。其土方量分别为：

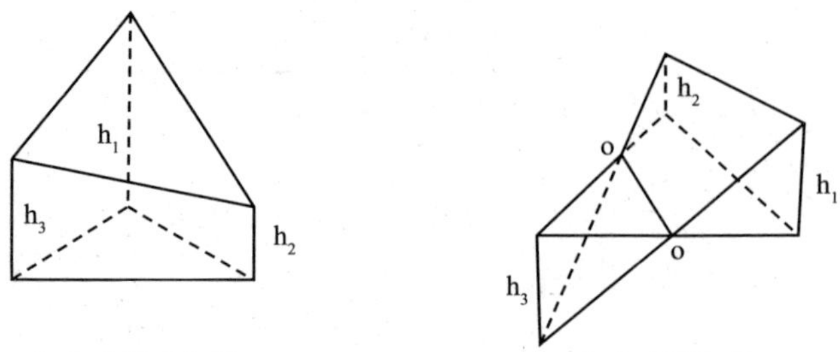


（a）全挖或全填　　（b）有填有挖

**图 1.3　三角棱柱体法**

$$V_{锥} = \frac{a^2}{6} \times \frac{h_3^2}{(h_1 + h_2)(h_1 + h_3)} \tag{1.7}$$

$$V_{楔} = \frac{a^2}{6}\left[\frac{h_3^2}{(h_1 + h_3)(h_2 + h_3)} - h_3 + h_1 + h_2\right] \tag{1.8}$$

**2. 平均断面法**

平均断面法（见图 1.4），可按近似公式和较精确的公式进行计算。

（1）近似计算。

$$v = \frac{F_1 + F_2}{2}L \tag{1.9}$$

（2）较精确计算。

$$V = \frac{L}{6}(F_1 + 4F_0 + F_2) \tag{1.10}$$

式（1.10）中：V——土方体积（$m^3$）；

$F_1$、$F_2$——两端的断面面积（$m^2$）；

$F_0$——L/2 处的断面面积（$m^2$）。

基坑、基槽、管沟、路堤、场地平整的土方量计算，均可用平均断面法。当断面不规则时，求断面面积的一种简便方法是累高法。此法如图 1.5 所示，只要将所测出的断面绘于普通方格坐标纸上（d 取值相等），用透明卷尺从 $h_1$开始，依次量出各点高度 $h_1$、$h_2$、…、m，累计得各点高度之和，然后将此值与 d 相乘，即为所求断面面积。

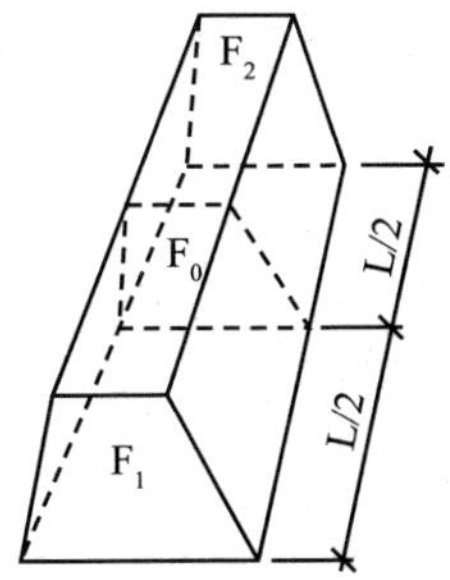


图1.4　平均断面法

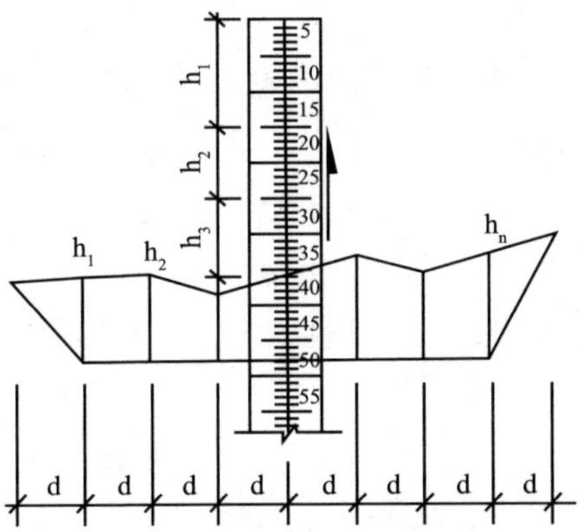


图1.5　用累高法求断面积

在上述土方量计算基本方法中，由于计算公式不同，其计算的精度也有所不同。例如，图1.6所示的土方量。

按四方棱柱体计算为：

$$V = \frac{10^2}{4} \times (3 + 5 + 2 + 4) = 350\text{m}^2 \tag{1.11}$$

按三角棱柱体计算为：

$$V = \frac{10^2}{6} \times [(3 + 5 + 2) + (2 + 4 + 3)] = 317\text{m}^3 \tag{1.12}$$

由此可见，其相对误差可高达33%或更大。所以，在地形平坦地区可将方格尺寸划分得大一些，采用四方棱柱体计算即可。而在地形起伏较大的地区，则应将方格尺寸划分得小些，也宜采用三角棱柱体计算土方量。

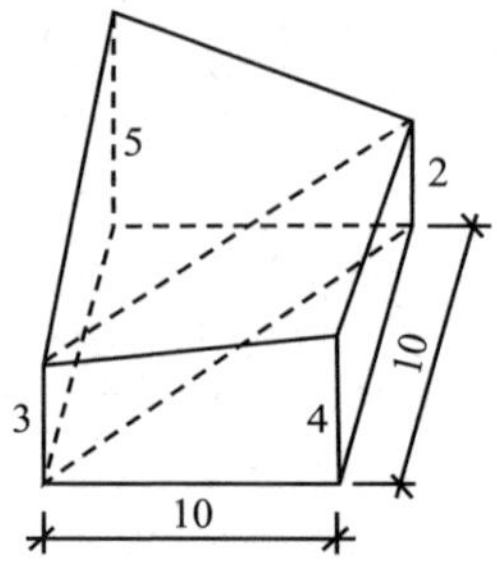


图 1.6　土方量

当采用平均断面法计算基槽、管沟或路基土方量时，可先测绘出纵断面图（见图 1.7），再根据沟槽基底的宽、纵向坡度及放坡宽度，绘出在纵断面图上各转折点处的横断面。算出各横断面面积后，便可用平均断面法计算各段的土方量，两横断面之间的距离与地形有关，地形平坦，距离可大一些。地形起伏较大时，则一定要沿地形每一起伏的转折点处取一横断面，否则会影响土方量计算的准确性。

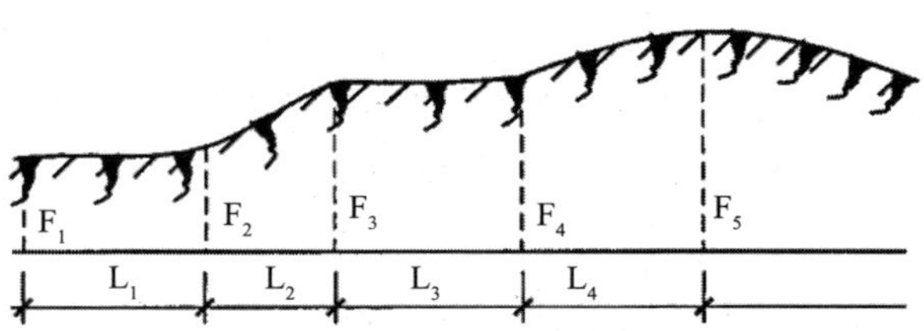


图 1.7　土方工程纵断面

### 1.1.5　场地平整土方量计算

#### 1. 场地设计标高 $H_0$ 的确定

场地设计标高是进行场地平整和土方量计算的依据，也是总图规划和竖向设计的依据。合理地确定场地的设计标高，对减少土方量和加速工程进度均具有重要的经济意义。如图 1.8 所示，当场地设计标高为 $H_1$ 时，填挖方基本平衡，可将土方移挖作填，就地处理；当设计标高为 $H_2$ 时，填方大大超过挖方，则需要从场外大量取土回填；当设计标高为 H 时，挖方大大超过填方，则需要向场外大量弃土。因此，在确定场地设计标高时，应结合现场的具体条件反复进行技术经济比较，选择其中一个最优的方案。其原则是：（1）应满足生产工艺和运输的要求；（2）充分利用地形，分区或分台阶布置，分别确定不同的设计标高；（3）使挖填平衡，土方量最少；（4）要有一定泄水坡度（0.2%），使其能满足排水要求；（5）要考虑最高洪水位的影响。

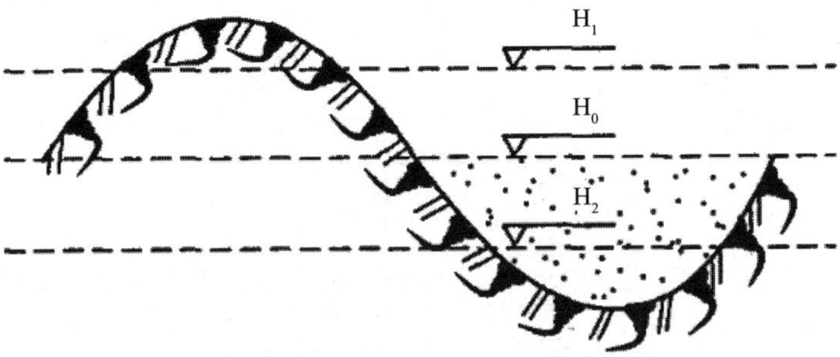


图1.8　场地不同设计标高的比较

如场地设计标高无其他特殊要求时，可根据填挖土方量平衡的原则加以确定，即场地内土方的绝对体积在平整前和平整后相等。其步骤如下。

（1）在地形图上将施工区域划分为边长为10～50m（一般采用20m或40m）若干个方格网（见图1.9）。

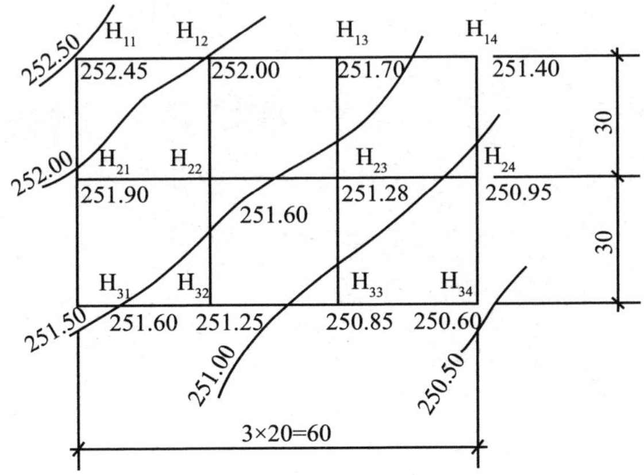


图1.9　场地设计标高计算图

（2）确定各小方格角点的高程，其方法为：可用水准仪测量；或根据地形图上相邻两等高线的高程，用插入法求得；也可用一条透明纸带，在上面画 6 根等距离的平行线，把该透明纸带放到标有方格网的地形图上，将 6 根平行线的最外两根分别对准 A 点和 B 点，这时 6 根等距离的平行线将 A、B 之间的 0.5m 或 1m（等高线的高差）分成 5 等份，于是便可直接读得点的地面标高，如图 1.10 所示，$H_{13}=251.70$m。

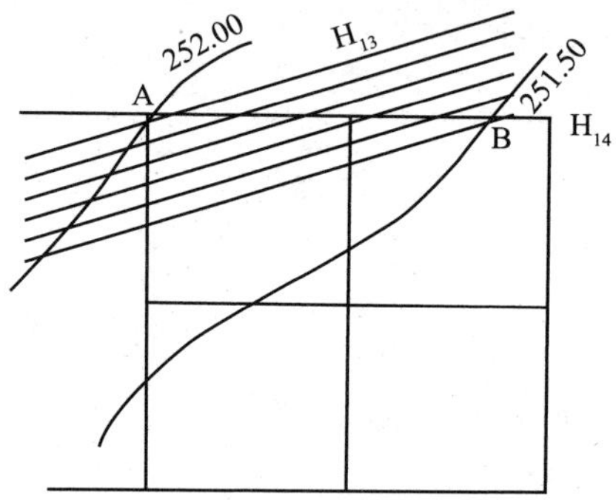


**图 1.10　插入法的图解法**

（3）按填挖方平衡确定设计标高 $H_0$，即：

$$H_0Na^2=\sum\left(a^2\frac{H_{11}+H_{12}+H_{21}+H_{22}}{4}\right)$$

$$H_0=\frac{\sum(H_{11}+H_{12}+H_{21}+H_{22})}{4N} \tag{1.13}$$

从图 1.9 中可知，$H_{11}$系一个方格的角点标高，$H_{12}$和 $H_{21}$均系两个方格公共的角点标高，$H_{22}$则是四个方格公共的角点标高，它们分别在式（1.13）中要加一次、二次、四次。因此，式（1.13）直接可改写成下列形式：

$$H_0=\frac{\sum H_1+2\sum H_2+4\sum H_4}{4N} \tag{1.14}$$

式（1.14）中：N——方格网数；

$H_1$——一个方格仅有的角点标高；

$H_2$——两个方格共有的角点标高；

$H_4$——四个方格共有的角点标高。

**2. 场地设计标高的调整**

原计划所得的场地设计标高 $H_0$仅为一理论值，实际上，还需考虑以下因素进行调整。

（1）土的可松性影响。

由于土具有可松性，一般填土会有多余，需相应地提高设计标高。如图 1.11 所示，设 $\Delta h$ 为土的可松性引起设计标高的增加值，则设计标高调整后的总挖方体积 $V_w'$应为：

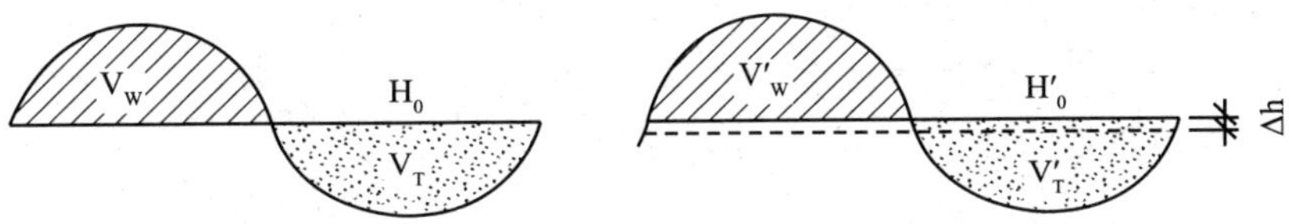


（a）理论设计标高　　（b）调整设计标高

**图 1.11　设计标高调整计算示意图**

$$V_w' = V_w - F_w\Delta h \tag{1.15}$$

总填方体积为：

$$V_T' = V_w'K_s' = (V_w - F_w\Delta h)K_s' \tag{1.16}$$

此时，填方区的标高也应与挖方区一样，提高 $\Delta h$，即：

$$\Delta h = \frac{V_T' - V_T}{F_T} = \frac{(V_w - F_w\Delta h)K_s' - V_T}{F_T} \tag{1.17}$$

移项整理简化得（当 $V_T - V_w$）：

$$\Delta h = \frac{V_w(K_s' - 1)}{F_T + F_wK_s'} \tag{1.18}$$

故考虑土的可松性后，场地设计标高调整为：

$$H_0' = H_0 + \Delta h \tag{1.19}$$

式（1.17）~式（1.19）中：$V_w$、$V_T$——按理论设计标高计算的总挖方、总填方体积；

$F_w$、$F_T$——按理论设计标高计算的挖方区、填方区总面积；

$K'$——土的最后可松性系数。

（2）场内挖方和填方的影响。

由于场地内大型基坑挖出的土方、修筑路堤填高的土方，以及从经济观点出发，将部分挖方就近弃于场外，将部分填方就近取土于场外等，均会引起挖填土方量的变化。必要时，也需调整设计标高。

为了简化计算，场地设计标高的调整值 $H_0$ 可按下列近似公式确定，即：

$$H_0' = H_0 \pm \frac{Q}{Na^2} \tag{1.20}$$

式（1.20）中：Q——场地根据 $H_0$ 平整后多余或不足的土方量。

（3）场地泄水坡度的影响。

当按调整后的同一设计标高 $H_0$ 进行场地平整时，则整个地表面均处于同一水平面，但实际上由于排水的要求，场地表面需有一定的泄水坡度。因此，还需根据场地泄水坡度的要求（单面泄水或双面泄水），计算出场地内各方格角点实际施工所用的设计标高。

①场地具有单向泄水坡度时的设计标高。

场地具有单向泄水坡度时设计标高的确定方法，是将已调整的设计标高 H′作为场地中心线的标高（见图 1.12），场地内任意点的设计标高则为：

$$H_n = H_0' \pm li \tag{1.21}$$

式（1.21）中：$H_n$——场地内任一点的设计标高；

l——该点至设计标高 $H_0$ 的距离；

i——场地泄水坡度（不小于 0.2%）。

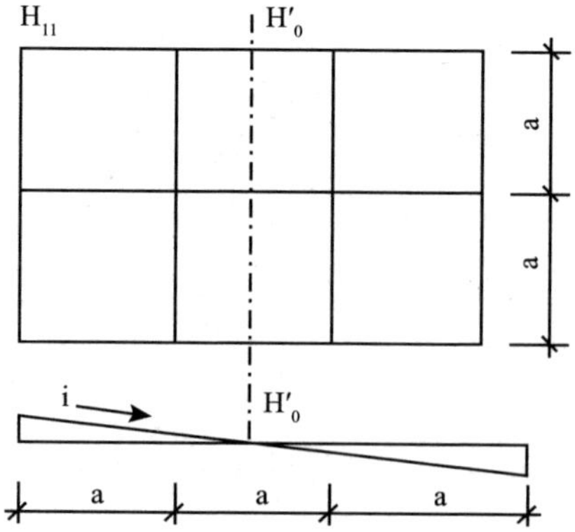


图 1.12　场地单向泄水坡度示意图

②场地具有双向泄水坡度时的设计标高。

场地具有双向泄水坡度时设计标高的确定方法，同样是将已调整的设计标高H作为场地纵横方向的中心线标高（见图1.13），场地内任意点的设计标高为：

$$H_n = H_0' \pm l_x i_x \pm l_y i_y \qquad (1.22)$$

式（1.22）中：$l_x$、$l_y$——该点沿X－X，Y－Y方向距场地中心线的距离；

$i_x$、$i_y$——场地沿X－X、Y－Y方向的泄水坡度。

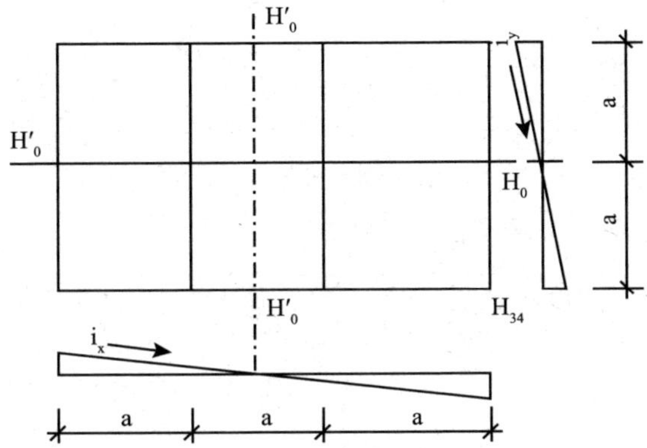


图1.13 场地双向泄水坡度示意图

### 3. 场地土方量计算

场地土方量计算步骤如下（见图1.14）。

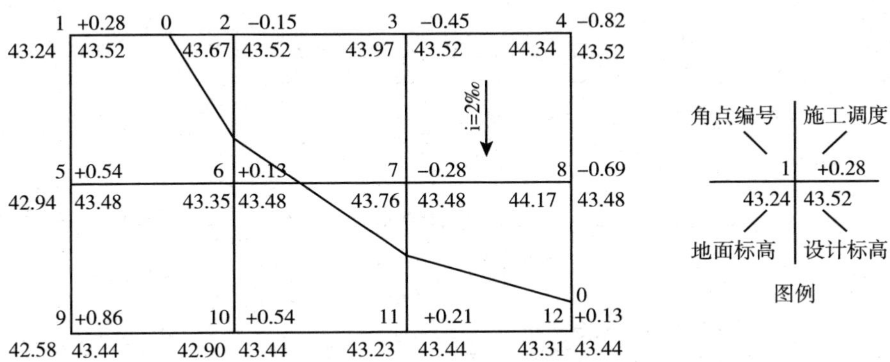


图1.14 方格网法计算土方量

（1）求各方格角点的施工高度 $h_n$，即：

$$h_n = H_n - H \tag{1.23}$$

式（1.23）中：$h_n$——角点的施工高度，以“+”为填，“-”为挖；

$H_n$——角点的设计标高（若无泄水坡度时，即为场地设计标高）；

H——角点的自然地面标高。

例如：图 1.14 中，已知场地方格边长 a=20m，根据方格角点的地面标高求得 H=43.48m，按单向排水坡度 2‰，已求得各方格角点的设计标高，于是各方格角点的施工高度，即为该点的设计标高减去地面标高（见图 1.14 中的图例）。

（2）绘出“零线”。

“零线”位置的确定方法是，先求出方格网中边线两端施工高度有“+”“-”中的“零点”，将相邻两“零点”连接起来，即为“零线”。

确定“零点”的方法如图 1.15 所示，设 h 为填方角点的填方高度，$h_z$ 为挖方角点的挖方高度，O 为零点位置。则由两个相似三角形求得：

$$x = \frac{ah_1}{h_1 + h_2} \tag{1.24}$$

式（1.24）中：x——零点至计算基点的距离；

a——方格边长。

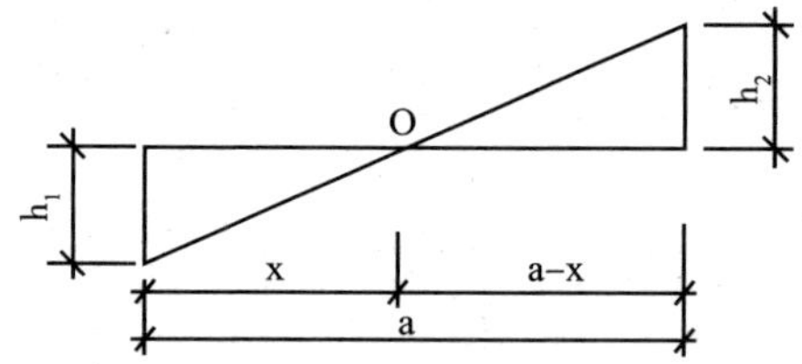


**图 1.15　求零点方法**

同理，也可根据边长 a 和两端的填挖高度 $h_1$、$h_2$，采用作图法直接求得零点位置。即用相同的比例尺在边长的两端标出填、挖高度，填、挖高度连线与边长的相交点就是零点。

（3）计算场地挖、填土方量。

零线求出后，也就划出了场地的挖方区和填方区，便可按平均高度法分别计算出挖、填区各方格的挖、填土方量。

**4. 场地边坡土方量计算**

场地平整时，还要计算边坡土方量（见图1.16），其计算步骤如下：

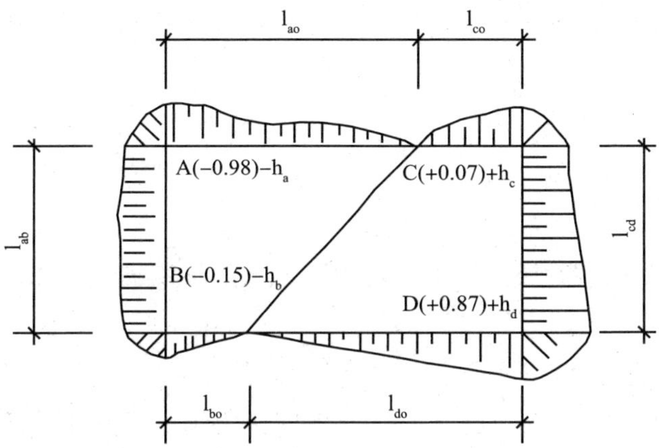


**图1.16 场地边坡土方量计算示意图**

（1）标出场地四个角点A、B、C、D填、挖高度和零线位置；

（2）根据土质确定填、挖边坡的边坡率$m_1$、$m_2$；

（3）算出四个角点的放坡宽度，如A点$=m_1h_a$，D点$=m_2h_a$；

（4）绘出边坡图；

（5）计算边坡土方量。

### 1.1.6 土方调配

土方调配是土方规划中的一个重要内容，其工作包括：划分调配区；计算土方调配区之间的平均运距（或单位土方运价，或单位土方施工费用）；确定土方最优调配方案；绘制土方调配图表。

**1. 土方调配区的划分**

土方调配的原则：应力求挖填平衡、运距最短、费用最省；便于改土造田、支援农业；考虑土方的利用，以减少土方的重复挖填和运输。因此，在划分调配区时应注意下列几点。

（1）调配区的划分应与房屋或构筑物的位置相协调，满足工程施工顺序和分期施工的要求，使近期施工和后期利用相结合。

（2）调配区的大小，应考虑土方及运输机械的技术性能，使其功能得到充分发挥。例如，调配区的长度应大于或等于机械的铲土长度；调配区的面积最好与施工段的大小相适应。

（3）调配区的范围应与计算土方量用的方格网相协调，通常可由若干个方格网组成一个调配区。

（4）从经济效益出发，考虑就近借土或就近弃土。这时，一个借土区或一个弃土区均划分调配区，还应尽可能与大型地下建筑物的施工相结合，避免土方重复开挖。

（5）调配区划分还应尽可能与大型地下建筑物的施工相结合，避免土方重复开挖。

**2. 调配区之间的平均运距**

平均运距即挖方区土方重心至填方区土方重心的距离。因此，求平均运距，需先求出每个调配区重心，方法如下。

取场地或方格网中的纵横两边为坐标轴，分别求出各区土方的重心位置，即：

$$X_0 = \frac{\sum V \cdot x}{\sum V};\ Y_0 = \frac{\sum V \cdot y}{\sum V} \tag{1.25}$$

式（1.25）中：$X_0$、$Y_0$——挖方或填方调配区的重心坐标；

V——每个方格的土方量；

x、y——每个方格的重心坐标。

当地形复杂时，也可用作图法近似地求出形心位置以代替重心的位置。

**3. 最优调配方案的确定**

最优调配方案的确定，是以线性规划为理论基础，常用“表上作业法”求解。现结合示例介绍如下：已知某场地有四个挖方区和三个填方区，其相应的挖填土方量和各对调配区的运距如表 1.8 所示。利用“表上作业法”进行调配的步骤如下。

表1.8 土方初始调配方案

| 挖方区 | 填方区 | | | |
|---|---|---|---|---|
| | B1 | B2 | B3 | 挖方量 |
| $A_1$ | 50<br>500 | 70<br>× | 100<br>× | 500 |
| $A_2$ | 70<br>× | 40<br>500 | 90<br>× | 500 |
| $A_3$ | 60<br>300 | 110<br>100 | 70<br>100 | 500 |
| $A_4$ | 80<br>× | 100<br>× | 40<br>400 | 400 |
| 填方量（$m^3$） | 800 | 600 | 500 | 1900 |

（1）用“最小元素法”编制初始调配方案。

即先在运距表（小方格）中找一个最小数值，如 $C_{22}=C_{43}=40$（任取其中一个，现取 $C_{43}$），于是先确定 $X_{43}$ 的值，使其尽可能的大，即 $X_{43}=\max(400、500)=400$。由于 $A_4$ 挖方区的土方全部调到 $B_3$。填方区，所以 $X_{41}$ 和 $X_{42}$ 都等于零。此时，将400填入 $X_{43}$ 格内，同时将 $X_{41}$、$X_{42}$ 格内画上一个“×”号，然后在没有填上数字和“×”号的方格内再选一个运距最小的方格，即 $C_{22}=40$，便可确定 $X_{22}=500$，同时使 $X_{21}=X_{23}=0$。此时，又将500填入 $X_{22}$ 格内，并在 $X_{21}$、$X_{23}$ 格内画上“×”号。重复上述步骤，依次确定其余 $X_j$ 的数值，最后得出表1.8所示的初始调配方案。

（2）最优方案的判别法。

由于利用“最小元素法”编制初始调配方案，也就优先考虑了就近调配的原则，所以求得总运输量是较小的。但这并不能保证其总运输量最小，因此还需要进行判别，看它是否为最优方案。判别的方法有“闭回路法”和“位势法”，其实质均一样，都是求检验数据来判别。只要所有的检验数 $\lambda\geqslant0$，则该方案即为最优方案；否则，不是最优方案，尚需进行调整。

（3）方案的调整。

①在所有负检验数中选一个（一般可选最小的一个，本例中为 $C_{12}$），把它所对应的变量 $X_{12}$ 作为调整的对象。

②找出 $X_{12}$ 的闭回路：从 $X_{12}$ 出发，沿水平或竖直方向前进，遇到适当的有数字的方格作 90°转弯，然后依次继续前进再回到出发点，形成一条闭回路（见表 1.9）。

**表 1.9　$X_{12}$ 的闭回路**

| 挖方区＼填方区 | $B_1$ | $B_2$ | $B_3$ |
|---|---|---|---|
| $A_1$ | 500 ← | X | |
| $A_2$ | ↓ | ↑ 500 | |
| $A_3$ | 500 → | 500 | 100 |
| $A_4$ | | | 400 |

③从空格 $X_{12}$ 出发，沿着闭回路（方向任意）一直前进，在各奇数次转角点的数字中，挑出一个最小的（本表即为 500、100 中选 100），将它由 $X_{32}$ 调到 $X_{12}$ 方格中（即空格中）。

④将 100 填入 $X_{12}$ 方格中，被挑出的 $X_{32}$ 为 0（变为空格）；同时将闭回路上其他奇数次转角上的数字都减去 100，偶数次转角上数字都增加 100，使得填方区、挖方区的土方量仍然保持平衡，这样调整后，便可得表 1.12 的新调配方案。

对新调配方案，仍用“位势法”进行检验，看其是否最优方案。若检验数中仍有负数出现那就仍按上述步骤调整，直到求得最优方案为止。

表 1.10 中所有检验数均为正数，故该方案即为最优方案。其土方的总运输量为：$Z = 400 \times 50 + 100 \times 70 + 500 \times 40 + 400 \times 60 + 100 \times 70 + 400 \times 40 = 94000$（$m^3$）。

表 1.10　　新的调整表

| 挖方区 \ 填方区 | 位势数 $u_i$ \ $v_j$ | $B_1$<br>$V_1=50$ | $B_2$<br>$V_2=70$ | $B_3$<br>$V_3=60$ | 挖方量（$m^3$） |
|---|---|---|---|---|---|
| $A_1$ | $u_1=0$ | 50<br>400 | 70<br>100 | 100<br>+ | 500 |
| $A_2$ | $u_2=-30$ | 70<br>+ | 40<br>500 | 90<br>+ | 500 |
| $A_3$ | $u_3=10$ | 60<br>400 | 110<br>+ | 70<br>100 | 500 |
| $A_4$ | $u_4=-20$ | 80<br>+ | 100<br>+ | 40<br>400 | 400 |
| 填方量（$m^3$） | | 800 | 600 | 500 | 1900 |

（4）土方调配图。

最后将调配方案绘成土方调配图（见图 1.17）。在土方调配图上应注明挖填调配区、调配方向、土方数量以及每对挖填调配区之间平均运距。图 1.17（a）为本例的土方调配，仅考虑场内的挖填平衡即可解决。图 1.17（b）也为四个挖方区、三个填方区，挖填土方量虽然相等，但由于地形狭长，运距较远，故采取就近弃土和就近借土的平衡调配方案更为经济。

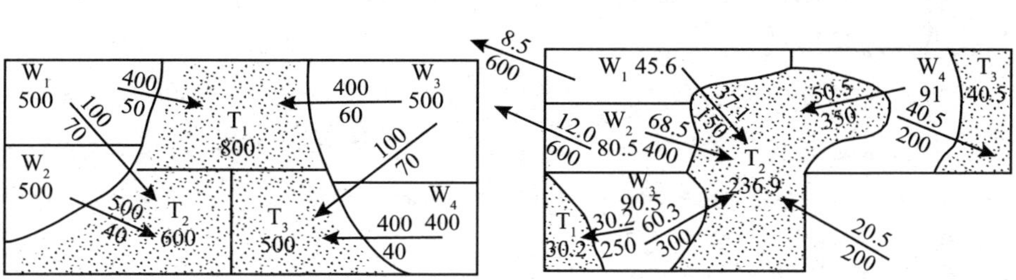


（a）挖填平衡调配图　　（b）有弃土和借土的调配图

图 1.17　土方调配图

## 1.2 土方工程施工要点

土方工程施工的要点，主要应解决土壁稳定、施工排水和填土压实三个问题。

### 1.2.1 土壁稳定

土壁的稳定，主要是由土体内摩擦阻力和粘结力来保持平衡的。一旦土体失去平衡，土体就会塌方，这不仅会造成人身安全事故，同时也会影响工期，有时还会危及附近的建筑物。

**1. 土壁塌方的原因**

造成土壁塌方的原因主要有以下几点。

（1）边坡过陡，土体的稳定性不够，从而引起塌方现象，尤其是在土质差、开挖深度大的坑槽中，常会遇到这种情况。

（2）雨水、地下水渗入基坑，使土体泡软、重量增大及抗剪能力降低，这是造成塌方的主要原因。

（3）基坑上边边缘附近大量堆土或停放机具、材料，或由于动荷载的作用，使土体中的剪应力超过土体的抗剪强度。

（4）土方开挖顺序、方法未遵守“从上往下，分层开挖；开槽支撑，先撑后挖”的原则。

**2. 防治塌方的措施**

为了保证土体稳定、施工安全，针对上述塌方原因，可采取以下措施。

（1）放足边坡。

边坡的留设应符合规范的要求，其坡度的大小，则应根据土壤的性质、水文地质条件、施工方法、开挖深度、工期的长短等因素确定。例如：粘性土的边坡可陡些，砂性土则应平缓些；井点降水或机械在坑底挖土时边坡可陡些，明沟排水、人工挖土或机械在坑上边挖土时则应平缓些；当基坑附近有主要建筑物时，边坡应取1∶1.0～1∶1.5。当工期短、无地下水的情况下，留设直槽而不放坡时，其开挖深度不得超过下列数值：

密实、中密实的砂土和碎石类土（充填物为砂土）为1m；硬塑、可塑的轻亚粘土及亚粘土为1.25m；硬粘、可塑的粘土和碎石类土（充填物为粘性土）为1.5m；坚硬的粘土为2m。

（2）设置支撑。

基坑支护结构一般根据地质条件，基坑开挖深度以及对周边环境保护要求可以采取重力式水泥土墙、板式支护结构、土钉墙等形式。在支护结构的设计与施工中首先要考虑周边环境的保护，其次要满足本工程地下结构施工的要求，最后则应尽可能降低造价、便于施工。

①水泥土桩墙。

水泥土桩墙（或称深层搅拌桩）支护结构是近年来发展起来的一种重力式支护结构。它是通过搅拌桩机将水泥与土进行搅拌，形成柱状的水泥加固土（搅拌桩）。用于支护结构的水泥土其水泥掺量通常为12%～15%（单位土体的水泥掺量与土的重量之比），水泥土的强度可达0.8～1.2Mpa，其渗透系数很小，一般不大于106cm/s。由水泥土搅拌桩搭接而形成水泥土墙，它既具有挡土作用，又兼有隔水作用。它适用于4～6m深的基坑，最大可达7～8m。

水泥土墙通常由水泥土搅拌桩组成格栅式，格栅的置换率（加固土的面积：水泥土墙的总面积）为0.6～0.8。墙体的宽度b，插入深度$h_d$根据基坑开挖深度h确定，一般$b=(0.6\sim0.8)h$，$h_d=(0.8\sim1.2)h$（见图1.18）。

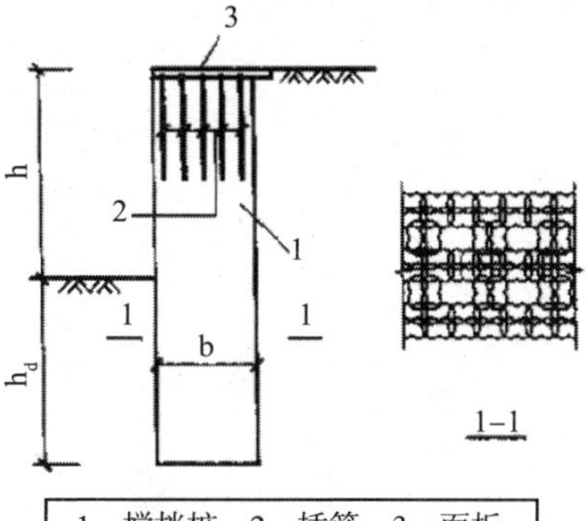


1—搅拌桩；2—插筋；3—面板

**图1.18　水泥土墙**

板式支护结构由两大系统组成：挡墙系统和锚撑系统。挡墙系统常见的形式有钢板桩、灌注桩排桩、SMW 工法、地下连续墙等。支撑一般采用大型钢管、H 型钢或格构式钢支撑，也可采用现浇钢筋混凝土支撑。拉锚的材料一般用钢筋、钢索、型钢或土锚杆。根据基坑开挖的深度及挡墙系统的截面性能可设置一道或多道支点，形成锚撑支护结构。支撑或拉锚与挡墙系统通过围檩、冠梁等连接成整体。基坑较浅，挡墙具有一定刚度时，可不设支点而采用悬臂式支护结构。

深层搅拌桩机的组成由深层搅拌机（主机）、机架及灰浆搅拌机、灰浆泵等配套机械组成（见图 1. 18）。

深层搅拌桩机常用的机架有三种形式：塔架式、桅杆式及履带式，前两种构造简便、易于加工，在我国应用较多，但其搭设及行走较困难。履带式的机械化程度高，塔架高度大，钻进深度大，但机械费用较高。

搅拌桩成桩工艺可采用“一次喷浆、二次搅拌”或“二次喷浆、三次搅拌”工艺，主要依据水泥掺入比及土质情况而定。水泥掺量较小，土质较松时，可用前者，反之可用后者。

“一次喷浆、二次搅拌”的施工工艺流程如图 1. 19 所示。当采用“二次喷浆、三次搅拌”工艺时可在图示步骤（e）作业时也进行注浆，以后再重复（d）与（e）的过程即可。

水泥土搅拌桩施工中应注意水泥浆配合比及搅拌制度、水泥浆喷射速率与提升速度的关系及每根桩的水泥浆喷注量，以保证注浆的均匀性与桩身强度。施工中还应注意控制桩的垂直度及桩的搭接等，以保证水泥土墙的整体性与抗渗性。

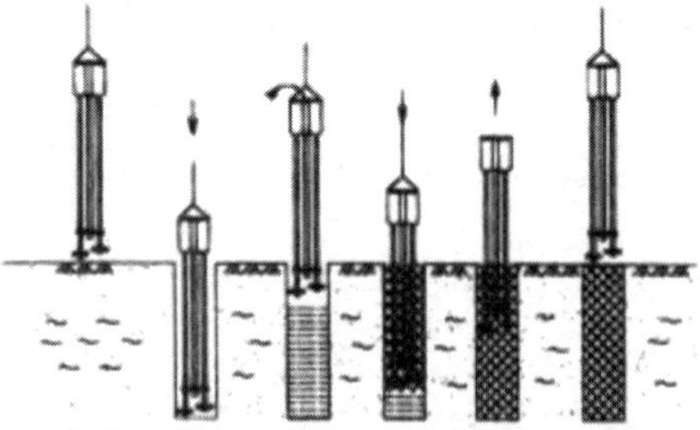

**图 1. 19　“一次喷浆、两次搅拌”施工流程**

②钢板桩。

钢板桩有平板形和波浪形两种。钢板桩之间通过锁口互相连接，形成一道连续的挡墙。由于锁口的连接，使钢板桩连接牢固，形成整体，同时也具有较好的隔水能力。钢板桩截面积小，易于打入，U形、Z形等波浪式钢板桩截面抗弯能力较好。钢板桩在基础施工完毕后还可拔出重复使用。

板桩施工要正确选择打桩方法，打桩机械和流水段划分，以便使打设后的板桩墙有足够的刚度和良好的防水作用，且板桩墙面平直，以满足基础施工的要求，对封闭式板桩墙还要求封闭合拢。

对于钢板桩，通常有两种打桩方法。

A. 单独打入法。

此法是从一角开始逐块插打，每块钢板桩自起打到结束中途不停顿。因此，桩机行走路线短，施工简便，打设速度快。但是，由于单块打入，易向一边倾斜，累计误差不易纠正，墙面平直度难以控制。一般在钢板桩长度不大（小于10m）、工程要求不高时可采用此法。

B. 围檩插桩法。

要用围檩支架作板桩打设导向装置（见图1.20）。围檩支架由围檩和围檩桩组成，在平面上分单面围檩和双面围檩，高度方向有单层和双层之分。在打设板桩时起导向作用。双面围檩之间的距离，比两块板桩组合宽度大8~15mm。

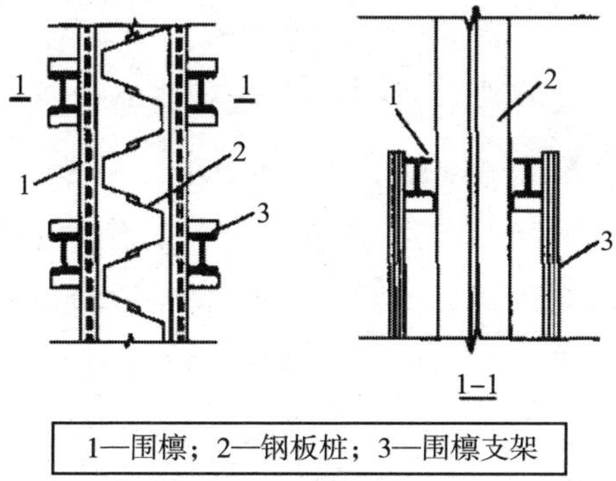


1—围檩；2—钢板桩；3—围檩支架

**图1.20　围檩插桩法**

打桩锤根据板桩打入阻力确定，该阻力包括板桩端部阻力，侧面摩阻力和锁口阻力。桩锤不宜过重，以防因过大锤击而产生板桩顶部纵向弯曲，一般情况下，桩锤重量约为钢板桩重量的 2 倍。此外，选择桩锤时还应考虑锤体外形尺寸，其宽度不能大于组合打入板桩块数的宽度之和。

地下工程施工结束后，钢板桩一般都要拔出，以便重复使用。钢板桩的拔除要正确选择拔除方法与拔除顺序，由于板桩拔出时带土，往往会引起土体变形，对周围环境造成危害。必要时还应采取注浆填充等方法。

③地下连续墙。

地下连续墙是在地面上采用一种挖槽机械，沿着深开挖工程的周边轴线，在泥浆护壁条件下，开挖出一条狭长的深槽，清槽后，在槽内吊放钢筋笼，然后用导管法灌注水下混凝土，筑成一个单元槽段，如此逐段进行，在地下筑成一道连续的钢筋混凝土墙壁，作为截水、防渗、承重、挡水结构。本法特点是：施工振动小，墙体刚度大，整体性好，施工速度快，可省土石方，可用于密集建筑群中建造深基坑支护及进行逆作法施工，可用于各种地质条件下，包括砂性土层、粒径 50mm 以下的砂砾层中施工等。适用于建造建筑物的地下室、地下商场、停车场、地下车库、挡土墙、高层建筑的深基础、逆作法施工围护结构，工业建筑的深池、坑、竖井等。

地下连续墙施工，应制定出切实可行的挖槽工艺方法、施工程序和操作规程，并严格执行。挖槽时，应加强监测，确保槽位、槽深、槽宽和垂直度符合设计要求。遇有槽壁坍塌的事故，应及时分析原因，妥善处理。钢筋笼加工尺寸，应考虑结构要求、单元槽段、接头型式、长度、加工场地、现场起吊能力等情况，采取整体式分节制作，同时应具有必要的刚度，以保证在吊放时不致变形或散架，一般应适当加设斜撑和模撑补强。钢筋笼的吊点位置、起吊方式和固定方法应符合设计和施工要求。在吊放钢筋笼时，应对准槽段中心，并注意不要碰伤槽壁壁面，不能强行插入钢筋笼，以免造成槽壁坍塌。施工过程中应注意保证护壁泥浆的质量，彻底进行清底换浆，严格按规定灌注水下混凝土，以确保墙体混凝土的质量。

④土钉墙。

土钉墙是一种原位土体加筋技术。将基坑边坡通过由钢筋制成的土钉进行加固，边坡表面铺设一道钢筋网再喷射一层砼面层和土方边坡相结合的边坡加固型支护施工方法。其构造为设置在坡体中的加筋杆件（即土钉或锚杆）与其周围土体牢固粘结形成的复合体，以及面层所构成的类似重力挡土墙的支护结构。土钉墙常见类型有钻孔注浆型、直接打入型和打入注浆型。

土钉墙应按“自上而下，分层开挖，分层锚固，分层喷护”的原则组织施工，并及时挂网喷护，不得使坡面长期暴露风化失稳。施工前应按设计要求进行注浆工艺试验、土钉抗拉拔试验，验证设计参数，确定施工工艺参数。土钉钻孔时，严禁灌水。钉孔注浆应采用孔底注浆法，确保注浆饱满，注浆压力宜为0.2MPa。喷射作业应自下而上进行，喷层厚度大于7cm时，应分两层喷射。喷射过程中应采取有效措施保证泄水孔不被堵塞。

此外，应做好施工排水和防止产生流砂现象，尽量避免在坑槽边缘堆置大量土方、材料和机械设备。坑槽开挖后不宜久露，应立即进行基础或地下结构的施工；对滑坡地段的挖方，不宜在雨季施工，并应遵循先整治后开挖和由上至下的开挖顺序，严禁先切除坡脚或在滑坡体上弃土。如有危岩、孤石、崩塌体等不稳定的迹象时，应先做妥善的处理。

### 1.2.2 施工排水

开挖基坑时，流入坑内的地下水和地面水如不及时排除，不但会使施工条件恶化，造成土壁塌方，也会影响地基的承载力。因此，在土方施工中，做好施工排水工作，保持土体干燥是十分重要的。施工排水可分为集水井降水法（明排水法）和人工降低地下水位法两种。

**1. 集水井降水法**

集水井降水法一般适用于降水深度较小且土层为粗粒土层或渗水量小的粘性土层。当基坑开挖较深，又采用刚性土壁支护结构挡土并形成止水帷幕时，基坑内降水也多采用集水井降水法。当井点降水仍有局部区域降水深度不足时，也可辅以集水井降水。

采用集水坑降低地下水时，坑下的土有时会形成流动状态而随着地下水流入基坑，形成流砂。因此，如降水深度较大，或土层为细砂、粉砂或在软土地区，采用集水井降水应注意防止流砂的产生，必要时应采用井点降水法。无论采用何种降水方法，均应持续到基础施工完毕，且土方回填后方可停止降水。

集水井一般在基坑或沟槽开挖后设置，土方开挖到坑（槽）底后，先沿坑底的周围或中央开挖排水沟，并设置集水井。土方开挖后地下水在重力作用下经排水沟流入集水井内，然后用水泵抽出坑外。如果开挖深度较大，地下水渗流严重，则应逐层开挖，逐层设置（见图 1. 21）。

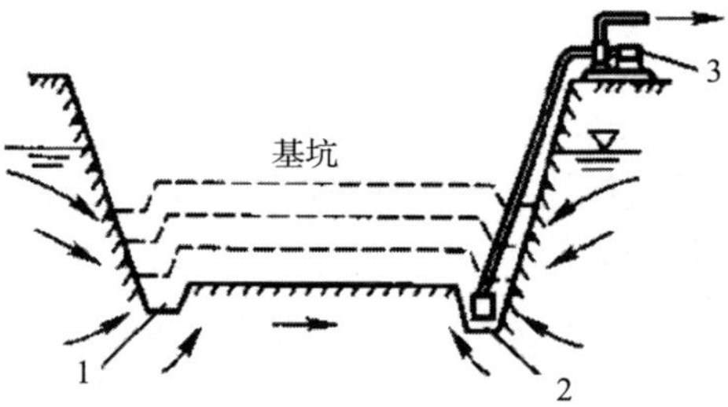


1—排水沟；2—集水井；3—水泵

**图 1. 21　集水井降水**

集水井应设置在基础范围以外，地下水流的上游，排水沟一般沿基础四周布置，如基坑面积较大时，可在基础下设置盲沟，盲沟连通至集水井，可将基础下涌出的水排出基坑。排水沟纵坡宜控制在 1‰～2‰。集水井的间距主要根据土的含水量、渗透系数、基坑平面形状及水泵能力，一般每隔 20～40m 设置一个。

集水坑的直径或宽度一般为 0. 6～0. 8m，其深度随着挖土的加深面加深，并保持低于挖土面 0. 7～1. 0m。坑壁可用砖垒筑，也可用竹筐、木板等简易加固。当基坑挖至设计标高后，集水坑底应低于基坑底面 1. 0～2. 0m，并铺设碎石滤水层（约 0. 3m 厚）或采用双层滤水层，下部砾石（约 0. 1m 厚）、上部粗砂（约 0. 1m 厚），以免由于抽水时间过长而将泥沙抽出，并防止坑底土被扰动。

（1）流砂现象及其危害。

粒径很小、无塑性的土壤，在动水压力推动下，极易失去稳定，而随地下水一起流动涌入坑内，这种现象称为流砂现象。发生流砂现象后，土完全失去承载力，工人难以立足，施工条件恶化；土边挖边冒，难以达到设计深度；引起塌方，使附近建筑物下沉、倾斜，甚至倒塌；拖延工期，增加施工费用。因此，在施工前，必须对工程地质资料和水文资料进行详细调查研究，采取有效措施来防治流砂现象。

（2）产生流砂的原因。

产生流砂现象的原因有其内因和外因。内因取决于土壤的性质，当土的孔隙度大、含水量大、粘粒含量少、粉粒多、渗透系数小、排水性能差等均容易产生流砂现象。因此，流砂现象经常发生在细砂、粉砂和亚砂土中，但会不会发生流砂现象，还应取决于一定的外因条件，即地下水及其产生动水压力的大小。动水压力 G 为：

$$G_D = I\gamma_w = \frac{h_1 - h_2}{L}\gamma_w \tag{1.26}$$

式（1.26）中：I——水力坡度 $[I = (h_1 - h_2)/L]$；

$h_1 - h_2$——水位差；

L——地下水渗流长度；

$\gamma_w$——水的重度。

从式（1.26）中可知，当地下水位较高，基坑内排水所造成的水位差较大时，动水压力也愈大；当 $G_D \geq r$（浮土重度）时，就会推动土壤失去稳定，形成流砂现象。

此外，当基坑位于不透水层内，而不透水层下面为承压蓄水层坑底不透水层的覆盖厚度的重量小于承压水的顶托力时，基坑底部即可能发生管涌冒砂现象（见图1.22），即：

$$H\gamma_w > h\gamma \tag{1.27}$$

式（1.27）中：H——水头压力（m）；

h——坑底不透水层厚度；

$\gamma_w$——水的重度；

$\gamma$——土的重度。

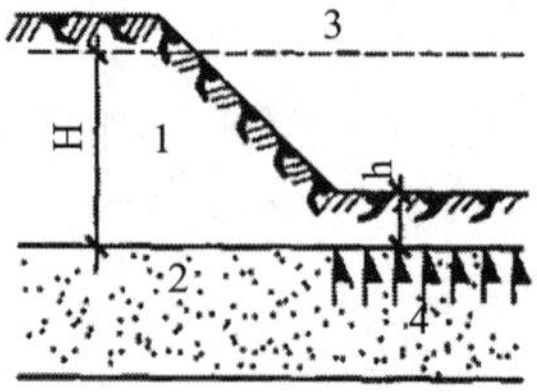


1—不透水层；2—透水层；3—压力水线；4—承压水的顶托力

**图 1.22　管涌冒砂**

（3）防治流砂的方法。

防治流砂总的原则是"治砂必治水"，其途径有三：一是减小或平衡动水压力；二是截住地下水流；三是改变动水压力的方向。具体措施如下。

①枯水期施工。

因地下水位低，坑内外水位差小，动水压力减小，从而可预防和减轻流砂现象。

②打板桩。

将板桩沿基坑周围打入不透水层，便可起到截住水流的作用；或者打入坑底面一定深度，这样将地下水引至坑底以下流入基坑，不仅增加了渗流长度，而且改变了动水压力方向，从而可达到减小动水压力的目的。

③水中挖土。

水中挖土即不排水施工，使坑内外的水压相平衡，不致形成动水压力。例如，沉井施工，不排水下沉，进行水中挖土，水下浇筑混凝土，这些都是防治流砂的有效措施。

④人工降低地下水位。

人工降低地下水位起到的作用是截住水流，不让地下水流入基坑，从而不仅可防治流砂和土壁塌方，还可改善施工条件。

⑤地下连续墙法。

此法是沿基坑的周围先浇筑一道钢筋混凝土的地下连续墙，从而起到承重、截水和防流砂的作用，它又是深基础施工的可靠支护结构。

⑥抛大石块，抢速度施工。

如在施工过程中发生局部的或轻微的流砂现象，可组织人力分段抢挖，挖至标高后，立即铺设芦席并抛大石块，增加土的压重，以平衡动水压力，力争在未产生流砂现象之前，将基础分段施工完毕。

此外，在含有大量地下水土层中或沼泽地区施工时，还可以采取土壤冻结法；对位于流砂地区的基础工程，应尽可能用桩基或沉井施工，以节约防治流砂所增加的费用。

**2. 井点降水**

人工降低地下水位（见图 1.23），就是在基坑开挖前，先在基坑周围埋设一定数量的滤水管（井），利用抽水设备从中抽水，使地下水位降落到坑底以下，直至基础工程施工完毕为止。这样，可使基坑始终保持干燥状态，防止流砂发生，改善工作条件。但降水前，应考虑在降水影响范围内的已有建筑物和构筑物可能产生附加沉降、位移，从而引起开裂、倾斜和倒塌，或引起地面塌陷，必要时应事先采取有效的防护措施。

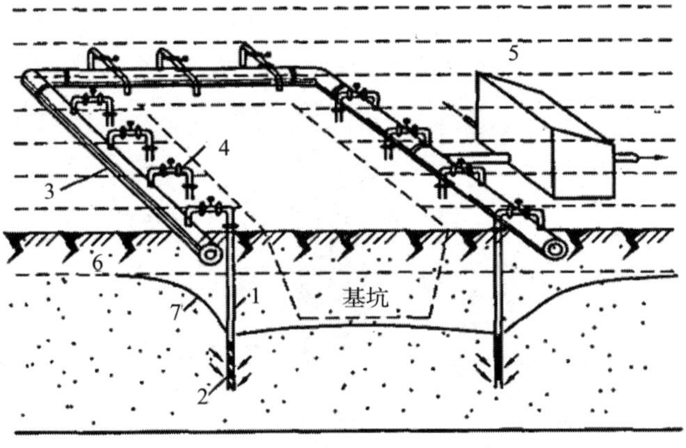


1—井点管；2—滤管；3—集水总管；4—弯联管；
5—水泵房；6—原地下水位线；7—降低后的地下水位线

**图 1.23 轻型井点降水法全貌**

人工降低地下水位的方法有轻型井点、喷射井点、电渗井点、管井井点及深井泵井点等。

（1）轻型井点。

轻型井点（见图 1.23），就是沿基坑四周将许多直径较小的井点管埋入蓄水层内，井点管上部与总管连接，通过总管利用抽水设备将地下水从井点管内不断抽出，使原有的地下水位降至坑底以下。此种方法适用于土壤的渗透系数 K＝0.1～50m/d 的土层中，降水深度为：单级轻型井点 3～6m，多级轻型井点 6～12m。

①轻型井点设备。

轻型井点设备主要包括：井点管（下端为滤管）集水总管、弯联管及抽水设备。

井点管用直径 38～55mm 的钢管，长 6～9m，下端配有滤管和一个锥形的铸铁塞头，其构造如图 1.24 所示。滤管长 1.0～1.5m，管壁上钻有内 2～18mm 成梅花形排列的滤孔；管壁外包两层滤网，内层为 30～50 孔/$cm^2$ 的黄铜丝或尼龙丝布的细滤网，外层为 3～10 孔/$cm^2$ 的粗滤网或棕皮。为避免滤孔淤塞，在管壁与滤网间用塑料管或梯形铅丝绕成螺旋状隔开，滤网外面再绕一层粗铁丝保护网。

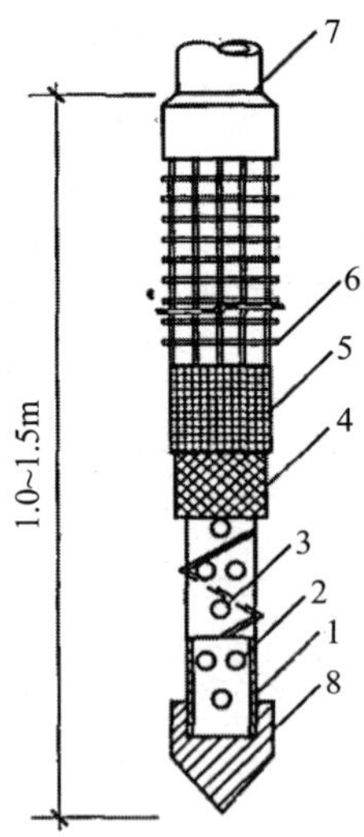


1—钢管；2—滤孔；3—缠绕的塑料管；4—细滤网；5—粗滤网；6—粗铁丝保护网；7—井点管；8—铸铁头

**图 1.24　滤管构造**

集水总管一般用75～100mm的钢管分节连接，每节长4m，其上装有与井点管连接的短接头，间距为0.8～1.6m。总管应有2.5‰～5‰坡向泵房的坡度。总管与井管用90°弯头或塑料管连接。

抽水设备常用的有真空泵、射流泵和隔膜泵井点设备。

②轻型井点布置。

轻型井点系统的布置，应根据基坑平面形状及尺寸，基坑的深度、土质、地下水位及流向、降水深度要求等确定。

A. 平面布置。

当基坑或沟槽宽度小于6m，降水深度不超过5m时，可采用单排井点s将井点管布置在地下水流的上游一侧，两端延伸长度不小于坑槽宽度（见图1.25）。反之，则应采用双排井点，位于地下水流上游一排井点管的间距应小些，下游一排井点管的间距可大些。当基坑面积较大时，则应采用环形井点（见图1.26）。井点管距离基坑壁不应小于1.0～1.5m，间距一般为0.8～1.6m。

B. 高程布置。

轻型井点的降水深度，从理论上讲可达10.3m，但由于管路系统的水头损失，其实际降水深度一般不大于6m。

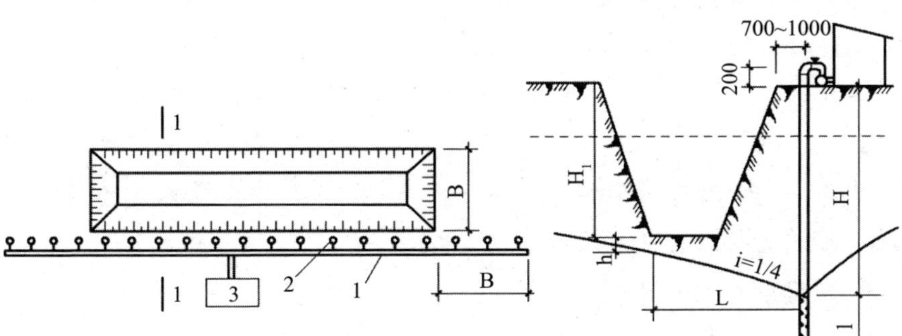

（a）平面布置　（b）高程布置1-1

1—集水总管；2—井点管；3—抽水设备

**图1.25　单排井点布置简图**

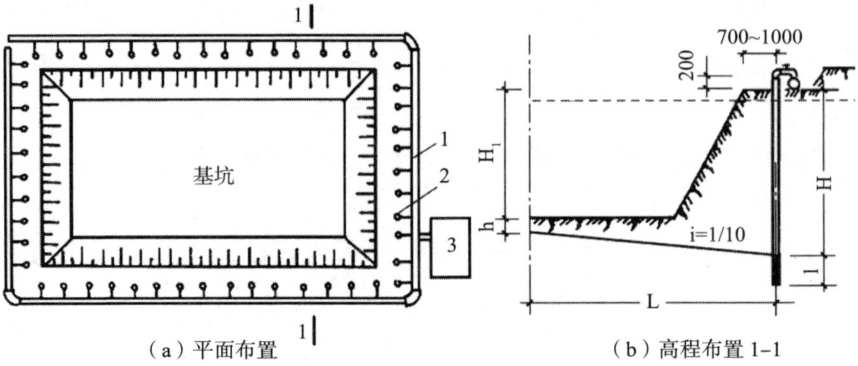


1—集水总管；2—井点管；3—抽水设备

**图 1.26　环形井点布置简图**

井点管埋置深度 H（不包括滤管），可按下式计算（见图 1.26）：

$$H_A \geqslant H_1 + h + iL \tag{1.28}$$

式（1.28）中：$H_1$——井点管埋设面至坑底面的距离（m）；

h——降低后的地下水位至基坑中心底面的距离，一般为 0.5 ~ 1m；

i——水力坡度，环形井点为 1/10，单排井点为 1/4；

L——井点管至基坑中心的水平距离（m）。

如 H 值小于降水深度 6m 时，则可用一级井点；H 值稍大于 6m 时，如降低井点管的埋置面后，可满足降水深度要求时，仍可采用一级井点；当一级井点达不到降水深度要求时，则可采用二级井点（见图 1.27）或喷射井点。

此外，在确定井点管埋置深度时，还要考虑井点管露出地面 0.2 ~ 0.3m，滤管必须埋在透水层内。

（2）轻型井点的计算。

井点系统的设计计算，必须建立在可靠资料的基础上，如施工现场地形图、水文地质勘察资料、基坑的设计资料等。

设计内容除井点系统的布置外，还需确定井点的数量、间距、井点设备的选择等。

①井点系统的涌水量计算。

井点系统所需井点管的数量，是根据其涌水量来确定的。而井点系统

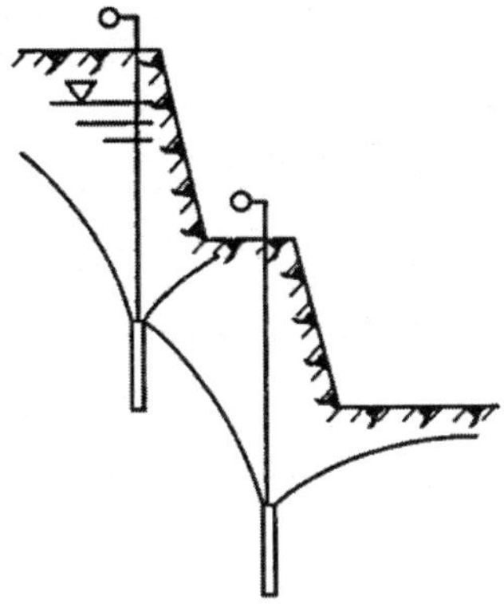

图1.27 二级井点

的涌水量，则是按水井理论进行计算。根据地下水有无压力，水井分为无压井和承压井。当水井布置在具有潜水自由面的含水层中时，称为无压井［见图1.28（a）、（b）］；布置在承压含水层中时，称为承压井［见图1.28（c）、（d）］。当水井底部达到不透水层时称完整井［见图1.28（a）、（c）］；反之，称为非完整井［见图1.28（b）、（d）］。水井类型不同，其涌水量计算的方法也不相同。

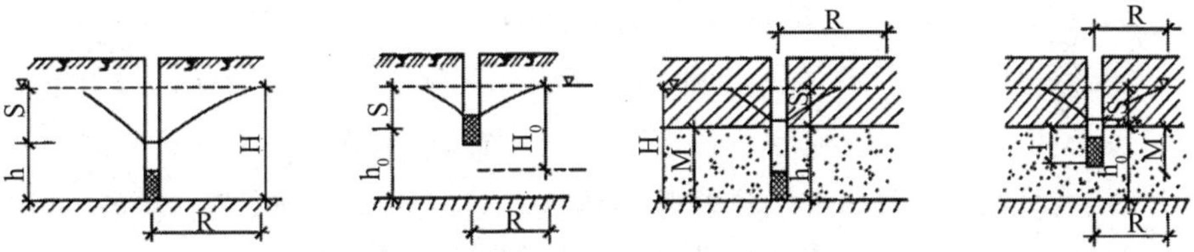

（a）无压完整井　（b）无压非完整井　（c）承压完整井　（d）承压非完整井

图1.28 水井的分类

对于无压完整的环状点系统，涌水量计算公式为：

$$Q = 1.366K\frac{(2H - S)S}{\lg R - \lg x_0} \tag{1.29}$$

式（1.29）中：Q——井点系统的涌水量（$m^3/d$）；

K——土壤的渗透系数（m/d）；

H——含水层厚度（m）；

S——降水深度（m）；

R——抽水影响半径（m）；

$x_0$——环状井点系统的假想圆半径（m）。

应用式（1.29）计算涌水量时，需事先确定 $x_0$、R、K 值的数据。由于目前计算轻型井点所用计算公式，均有一定的适用条件。例如，矩形基坑的长、宽比大于5，或基坑宽度大于2倍的抽水影响半径R时，就不能直接利用现有的公式进行计算，此时，则需将基坑分成几小块，使其符合公式的计算条件，然后分别计算每小块的涌水量，再相加即为总涌水量。因此，对矩形基坑，当其长、宽比不大于5时，即可将不规则的平面形状化成一个假想半径为 $x_0$ 的圆井进行计算：

$$x_0 = \sqrt{\frac{F}{\pi}} \tag{1.30}$$

式（1.30）中：F——环状井点系统包围的面积（$m^3$）。

抽水影响半径R，系指井点系统抽水后地下水位降落曲线稳定时的影响半径。降落曲线稳定的时间视土壤的性质而定，一般为1～5d。影响半径的计算公式较多，常用的公式为：

$$R = 1.95S\sqrt{HK} \tag{1.31}$$

式（1.31）中：S——水位降低值（m）。

渗透系数K值确定是否准确，将直接影响降水效果。因此，最好是在施工现场通过扬水试验确定。在实际工程中往往会遇到无压非完整井的井点系统，这时地下水不仅从井的侧面流入，还从井底渗入，因此涌水量要比完整井大。为了简化计算，仍可采用式（1.29）。此时，仅将式中H换成有效深度 $H_0$，$H_0$ 可查表1.11，当算得的 $H_0$ 大于实际含水层的厚度H时，则仍取H值，视为无压完整井。

**表1.11　　有效深度 $H_0$ 值**

| S/S+l | 0.2 | 0.3 | 0.5 | 0.8 |
|---|---|---|---|---|
| $H_0$ | 1.2(S+l) | 1.5(S+l) | 1.7(S+l) | 1.85(S+l) |

注：S为井点管中水位降落值；l为滤管长度。

对于承压完整环状井点，涌水量计算公式则为：

$$Q=2.73K\frac{MS}{\lg R-\lg x_0} \tag{1.32}$$

式（1.32）中：M——承压含水层的厚度（m）。

②确定井管数量及井距。

确定井管数量先要确定单根井管的出水量。单根井管的最大出水量为：

$$q=65\pi dl\sqrt[3]{K} \tag{1.33}$$

式（1.33）中：d——滤管直径（m）；

l——滤管长度（m）；

K——渗透系数（m/d）。

井点管最少数量由下式确定：

$$n=1.1\times\frac{Q}{q} \tag{1.34}$$

井点管最大间距为：

$$D=\frac{L}{n} \tag{1.35}$$

式（1.35）中：L——总管长度（m）；

1.1——考虑井点堵塞等因素，井点管备用系数。

求出的管距应大于15d，小于2m，并应与总管接头的间距（0.8m、1.2m、1.6m等）相吻合。

③抽水设备选择。

一般多采用真空泵井点设备，真空泵的型号有V5或V6型。采用V5型时，总管长度不大于100m，井点管数量约80根；采用V6型时，总管长度不大于120m，井点管数量约100根。

水泵一般也配套固定型号，但使用时还应验算水泵的流量是否大于井点系统的涌水量（应大于10%～20%），水泵的扬程是否能克服集水箱中的真空吸力，以免抽不出水。

（3）井点管的埋设与使用。

轻型井点的安装程序是按设计布置方案，先排放总管，再埋设井点管，然后用弯联管把井点管与总管连接，最后安装抽水设备。

井点管的埋设可以利用冲水管冲孔，或钻孔后将井点管沉入，也可以用带套管的水冲法及振动水冲法下沉埋设。

认真做好井点管的埋设和孔壁与井点管之间砂滤层的填灌，是保证井点系统顺利抽水、降低地下水位的关键，为此应注意：冲孔过程中，孔洞必须保持垂直，孔径一般为300mm，孔径上下要一致，冲孔深度要比滤管深0.5m左右，以保证井点管周围及滤管底部有足够的滤层。砂滤层宜选用粗砂，以免堵塞管的网眼。砂滤层灌好后，距地面下0.5～1m的深度内，应用粘土封口捣实，防止漏气。

井点管埋设完毕后，即可接通总管和抽水设备进行试抽水，检查有无漏水、漏气现象，出水是否正常。轻型井点使用时，应保证连续不断抽水，若时抽时停，滤网易于堵塞；中途停抽，地下水回升，也会引起边坡塌方等事故。正常的出水规律是“先大后小，先浑后清”。

真空泵的真空度是判断井点系统运转是否良好的尺度，必须经常观测，造成真空度不够的原因较多，但通常是由于管路系统漏气的原因，应及时检查，采取措施。

井点管淤塞，一般可从听管内水流声响，手扶管壁有振动感，夏季、冬季手摸管子有夏冷、冬暖感等简便方法检查。如发现淤塞井点管太多，严重影响降水效果时，应逐根用高压水进行反冲洗，或拔出重埋。

井点降水时，应对附近的建筑物进行沉降观测，如发现沉陷过大，应及时采取防护措施。

（4）轻型井点系统设计示例。

某基础工程需开挖，如图1.29所示的基坑，基坑底宽10m，长15m，深4.1m，边坡为1∶0.5。地质资料为：天然地面下有0.5m厚的粘土层，7.4m厚极细砂层，再下面为不透水的粘土层。试按轻型井点降水系统设计。

①井点系统布置。

该基坑底面积为10×15（$m^2$），放坡后，上口（+5.2m处）面积为13.7×18.7（$m^2$），考虑井管距基坑边缘1m，则井管所围成的平面面积为15.7×20.7（$m^2$），由于其长、宽比小于5m，故按一个环状井点布置。基坑中心降水深度S=5.00－1.50+0.50=4.00（m），故用一级井点即可。

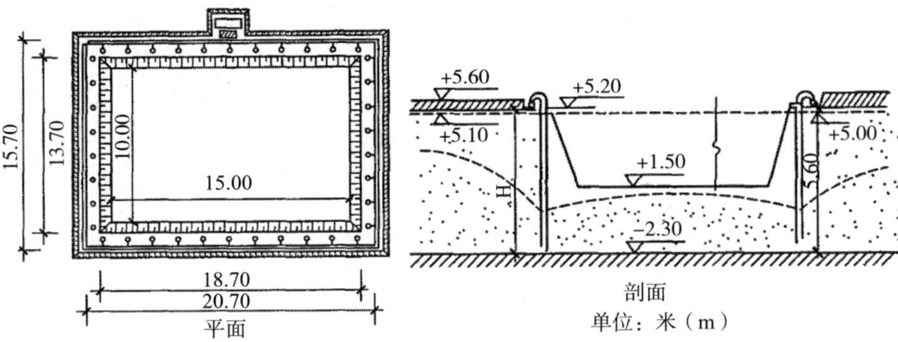


图1.29 井点布置图

表层为粘土，为使总管接近地下水位，可挖去0.4m，在+5.20m标高处布置井点系统。取井管外露0.2m，则6m长的标准井管埋入土中为5.8m。而要求埋深 $H = H + h + iL = (5.2 - 1.5) + 0.5 + (1/10) \times 15.7/2 = 4.99$（m），小于实际埋深5.8m，故高层布置符合要求。

②有效抽水影响深度 $H_0$。

取滤管长 $l = 1.2m$，井点管中水位降落 $S' = 5.6m$，则求得 $H_0 = 1.85 \times (5.6 + 1.2) = 12.6$（m），但实际含水层厚度 $H = 7.4 - 0.1 = 7.3(m)$，故取 $H_0 = 7.3m$，按无压完整井计算涌水量。

③总涌水量计算。

通过扬水试验求得 $K = 30m/d$，已知井点管所围成的面积 $F = 15.7 \times 20.7$（$m^2$），则基坑的假想半径：

$$x_0 = \sqrt{\frac{15.7 \times 20.7}{3.14}} = 10.17(m)$$

抽水影响半径：

$$R = 1.95 \times 4\sqrt{7.3 \times 30} = 115(m)$$

总涌水量：

$$Q = 1.366 \times 30 \times \frac{(2 \times 7.3 - 4) \times 4}{\lg 115 - \lg 10.17} = 1649.5(m^3/d)$$

④计算井管数量。

一根井管 φ38 的出水量为：

$$q = 65 \times 3.14 \times 0.0038 \times 1.2\ \sqrt[3]{30} = 28.9(m^3/d)$$

井点管数量：

$$n = 1.1 \times \frac{1649.5}{28.9} = 62.8(根)(取63根)$$

井管的平均间距：

$$D = \frac{2 \times (15.7 + 20.7)}{63} = 1.15(m)(取1.2m)$$

实用井管数量为：

$$n = \frac{72.8}{1.2} + 1 = 62(根)$$

（5）喷射井点。

当基坑开挖较深，采用多级轻型井点不经济时，宜采用喷射井点，其降水深度可达 8 ~ 20m。

喷射井点设备由喷射井管、高压水泵及进水、排水管路组成。喷射井管由内管和外管组成，在内管下端装有喷射扬水器与滤管相连，当高压水经内外管之间的环形空间由喷嘴喷出时，地下水即被吸入而压出地面。

（6）电渗井点。

电渗井点适用于土壤渗透系数小于 0.1m/d，用一般井点不可能降低地下水位的含水层中，尤其宜用于淤泥排水。

电渗井点排水的原理如图 1.30 所示，以井点管作负极，以打入的钢筋或钢管作正极，当通以直流电后，土颗粒则自负极向正极移动，水则自正极向负极移动而被集中排出。土颗粒的移动称电泳现象，水的移动称电渗现象，故称电渗井点。

（7）管井井点。

管井井点（见图 1.31），就是沿基坑每隔 20 ~ 50m 距离设置一个管井，每个管井单独用一台水泵不断抽水来降低地下水位。此法适用于土壤的渗透系数大（K = 20 ~ 200m/d），地下水量大的土层中。

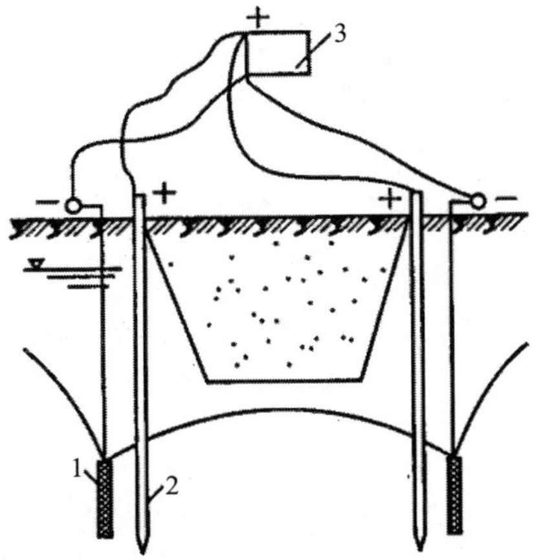


1—井点管；2—电极；3—<60V的直流电源

**图 1.30　电渗井点**

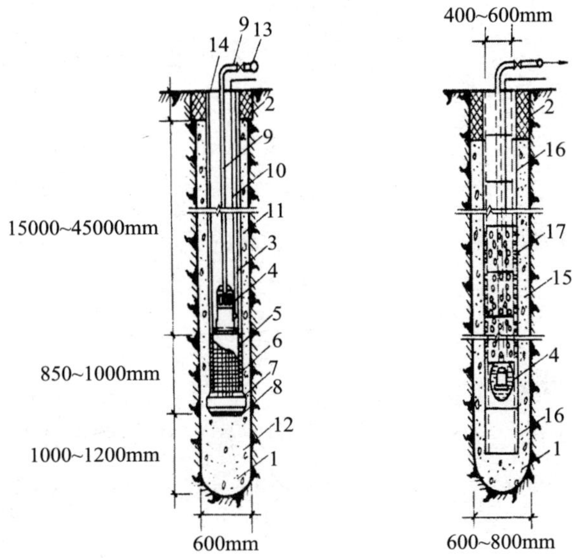


**图 1.31　管井井点**

如要求降水深度较大，在管井井点内采用一般离心泵或潜水泵不能满足要求时，可采用特制的深井泵，其降水深度大于 15m，故又称深井泵法。

### 1.2.3 填土压实

**1. 填土的要求**

土壤是由矿物颗粒、水溶液、气体组成的三相体系，具有弹性、塑性和粘滞性。土的特性是分散性，颗粒之间没有紧密的连接，水溶液易浸入。因此，分散土在外力作用下或在自然条件下遇到浸水和冻融都会产生变形，为使填土满足强度及水稳性两方面要求，就必须合理设计填方边坡，正确选择土料和填筑方法。

含有大量有机物的土壤、石膏或水溶性硫酸盐含量大于2%的土壤，冻结或液化状态的泥炭、粘土或粉状砂质粘土等，一般不作填土之用。

填方工程应分层铺土压实，最好采用同类土壤填筑。如采用不同土壤填筑时，应将透水性较大的土壤置于透水性较小的土层之下，严禁不均匀地混杂在一起使用，以免在填方内形成水囊。分层铺土的厚度，则应根据压实机具的性能确定：羊足碾每层铺土厚度为200～350mm，每层压实遍数为8～15遍；平碾为200～300mm，压6～8遍；蛙式打夯机为200～250mm，压3～4遍；人工打夯不大于200mm，压3～4遍。

回填土含水量过大、过小都难以夯压密实。为此，要求回填土应有最佳的含水量，也就是当土壤在这种含水量的条件下压实时，能获得最大的密实度，而且所需的夯击能最小。所以，当回填土过湿时，应先晒干或掺入干土及其他吸水材料；过干时，则应洒水进行湿润，尽可能使土壤保持在最佳含水量的范围内。

对于软弱地基，常采取将基础下面一定厚度的软弱土层挖除，然后用人工砂垫层、碎石垫层、灰土垫层等进行换土处理。垫层施工，也应分层还土，分层压实。

对于斜坡坡度为1/5～1/2.5上的填方，应将斜坡改做成阶梯形，阶高为0.2～0.3m，阶宽为1m，以防填方滑动。

回填基坑和管沟时，应从四周或两侧均匀地分层进行，以防基础和管道土在压力作用下产生偏移或变形。

回填以前，应清除填方区的积水和杂物，如遇软土、淤泥，必须进行换土回填。在回填时，应防止地面水流入，并预留一定的下沉高度（一般不得超过填方高度的3%）。

**2. 填土的压实方法**

填土压实方法有碾压、夯实和振动三种（见图1.32）。

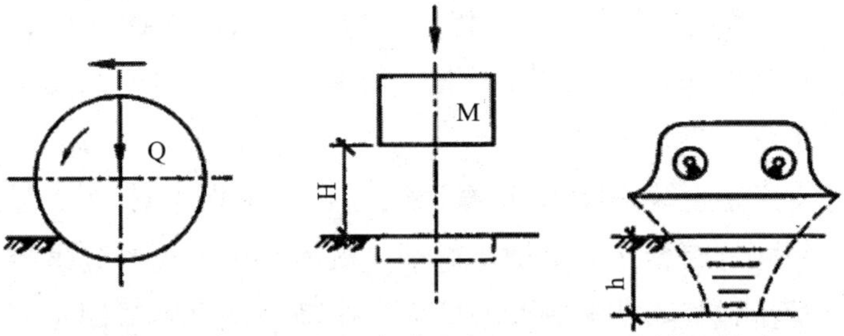


（a）碾压　（b）夯实　（c）振动

**图1.32　填土压实方法**

（1）碾压法。

碾压法［见图1.32（a）］是由沿着表面滚动的鼓筒或轮子的压力压实土壤。碾压机具如平滚碾、羊足碾和气胎碾等。

碾压法主要用于大面积的填土，如场地平整、路基、堤坝等工程。平滚碾适用于碾压粘性和非粘性土壤；羊足碾只能用来压实粘性土壤；气胎碾对土壤压力较为均匀，故其填土质量较好。

按碾轮重量，平滚碾又分为轻型（重5t以下）、中型（重8t以下）和重型（重10t）三种。轻型滚碾压实土层的厚度不大，但土层上部变得较密实，当用轻型滚碾初碾后，再用重型滚碾碾压，就会取得较好的效果。若直接用重型滚碾碾压松土，则由于强烈的起伏现象，其碾压效果较差。

用碾压法压实填土时，铺土应均匀一致，碾压遍数要一样，碾压方向应从填土区的两边逐渐压向中心，每次碾压应有15～20cm的重叠。

（2）夯实法。

夯实法［见图1.32（b）］是利用夯锤自由下落的冲击力来夯实土壤，主要用于小面积的回填土。夯实机具的类型较多，有木夯、石硊、蛙式打夯机火力夯，以及利用挖土机或起重机装上夯板后的夯土机等。其中蛙式打夯机轻巧灵活、构造简单，在小型土方工程中应用最广。

夯实法的优点是，可以夯实较厚的土层，如重锤夯其夯实厚度可达1～1.5m，强力夯可对深层土壤夯实。但对木夯、石饿或蛙式打夯机等机具，其夯实厚度则较小，一般均在20cm以内。

（3）振动法。

振动法［见图1.32（c）］是将重锤放在土层的表面或内部，借助于振动设备使重锤振动，土壤颗粒即发生相对位移达到紧密状态。此法用于振实非粘性土壤效果较好。

近年来，工程上又将碾压和振动法结合起来而设计和制造了振动平碾、振动凸块碾等新型压实机械。振动平碾适用于填料为爆破碎石渣，碎石类土、杂填土或轻亚粘土的大型填方；振动凸块碾则适用于亚粘土或粘土的大型填方。当压实爆破石渣或碎石类土时，可选用重8～15t的振动平碾，铺土厚度为0.6～1.5m，先静压、后碾压，碾压遍数由现场试验确定，一般为6～8遍。

**3. 填土压实的质量检验**

填方应具有一定密实度，以防建筑物不均匀沉陷。密实度的大小，常以干密度控制，填土压实后的干密度，应有90%以上符合设计要求，其余10%的最低值与设计值的差，不得大于0.088g/cm$^3$，且应分散，不得集中于某一区域。因此，每层土压实后，必要时均应取土壤检验其干密度。

检验方法，常采用环刀法取样测定土的实际干密度。其取样组数为：基坑回填每20～50m$^3$取一组（每个基坑不小于1组）；基槽或管沟回填每层按长度每20～50m取一组；室内填土每层按100～500m$^3$取一组；场地平整填土每层按400～900m$^3$取一组。取样部位应在每层压实后的下半部。取样后先称出土的湿密度并测定含水量，然后按下式计算土的实际干密度：

$$\rho_0 = \frac{\rho}{1 + 0.01W} \tag{1.36}$$

式（1.36）中：ρ——土的湿密度（g/cm$^3$）；

W——土的含水量（%）。

填土密实度以设计规定的控制干密度$\rho_d$作为检验标准。

$$\rho_d = \lambda_c \rho_{dmax} \tag{1.37}$$

式（1.37）中：$\lambda_c$——填土的压实系数，一般场地平整为0.9左右，地基填土为0.91～0.97；

$\rho_{dmax}$——填土的最大干密度，可由实验室实测，或计算求得。

## 1.3　土方工程机械化施工

土方工程施工机械的种类繁多，有推土机、铲运机、平土机、松土机、单斗挖土机及多斗挖土机和各种碾压、夯实机械等。而在土木工程施工中，尤以推土机、铲运机和单斗挖土机应用最广，也具有代表性。现将这几种类型机械的性能、适用范围及施工方法予以介绍。

### 1.3.1　推土机施工

推土机（见图1.33），按铲刀的操纵机构不同可分为索式和液压式两种。索式推土机的铲刀系借其本身自重切入土中，因此在硬土中切土深度较小。液压式推土机使铲刀强制切入土中，故切土深度较大；此外，还可调整铲刀的切土角度，灵活性大，是目前常用的一种推土机。

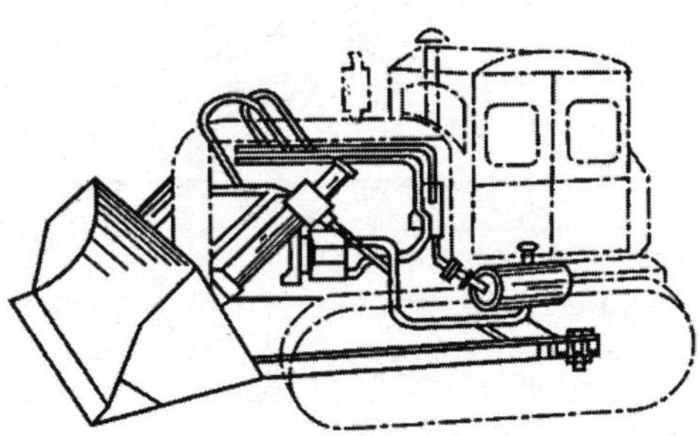

图1.33　推土机

推土机的特点是：构造简单，操纵灵活，运转方便，所需工作面较小，功率较大，行驶速度快，易于转移，能爬30°的缓坡。适用于挖土深度不大的场地平整，铲除腐殖土并运送到附近的弃土区；开挖深度不大于1.5m的基坑；回填基坑和沟槽；堆筑高度在1.5m以内的路基、堤坝；平整其他机械卸置的土堆；推送松散的硬土、岩石和冻土；配合铲运机进行助铲；配合挖土机施工，为挖土机清理余土和创造工作面。此外，将铲刀卸下后，还能牵引其他无动力的土方施工机械，如拖式铲运机、松土机、羊足碾等，进行土方其他施工过程的施工。推土机的运距宜在100m以内，当推运距离为40～60m时，最能发挥其工作效能。

为了提高推土机的生产率，必须增大铲刀前的土壤体积，减少推土过程中土壤的散失，缩短切土、运土、回程等每一工作循环的延续时间。为此，常用的施工方法有：下坡推土、并列推土、槽形推土和分批集中，一次推送。

### 1.3.2 铲运机施工

铲运机有自行式铲运机和拖式铲运机两种。自行式铲运机（见图1.34）的行驶和工作都靠本身的动力设备，不需要其他机械的牵引和操纵。拖式铲运机是由拖拉机牵引，工作时也靠拖拉机上的卷扬机或油泵进行操纵，所以，拖式铲运机又分为液压式或索式两种。

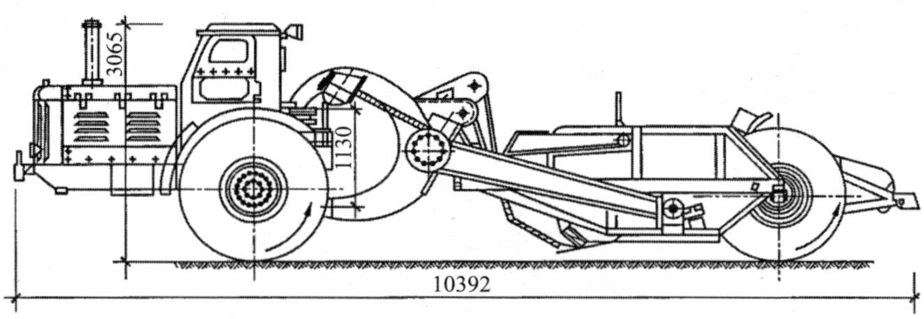


图1.34 C3－6型自行式铲运机外形图

铲运机的特点是：能独立完成铲土、运土、卸土、填筑、压实等工作。对行驶道路要求较低，行驶速度快，操纵灵活，运转方便，生产率高。它适用于大面积场地平整，开挖大型基坑、沟槽，以及填筑路基、堤坝等工程。铲运机可铲含水量不大于27%的松土和普通土，但不适于在砾石层、冻土地带和沼泽区工作。当铲运较坚硬的土壤时，宜先用松土机把土翻松0.2～0.4m，以减少机械磨损，提高生产率。

在土木工程中，常使用的铲运机的铲斗容量为2.5～8m；自行式铲运机的经济运距为800～1500m，最大可达3500m；拖式铲运机的运距以600m为宜，当运距为200～350m时效率最高，如果采用双联铲运或挂大斗铲运时，其运距可增加到1000m。运距越长，生产率越低，因此，在规划铲运机的运行路线时，应力求符合经济运距的要求。

### 1.3.3 单斗挖土机施工

单斗挖土机有正铲、反铲、拉铲和抓铲等数种（见图1.35），用以挖掘基坑、沟槽、清理和平整场地；更换工作装置后，还可进行装卸、起重、打桩等其他作业，是工程建设中常用的机械设备。

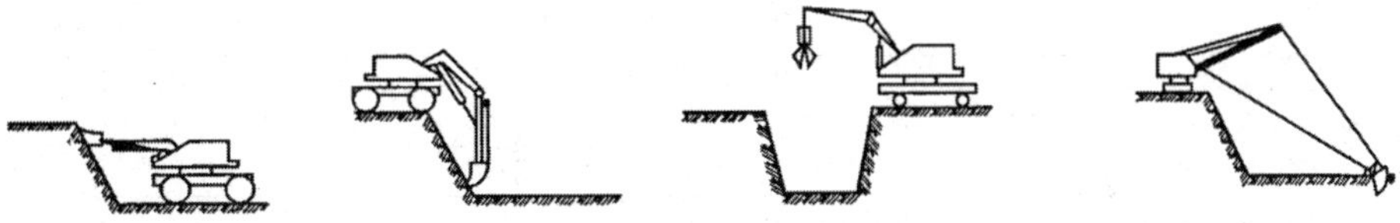

（a）正铲　（b）反铲　（c）抓铲　（d）拉铲

**图1.35 单斗挖土机工作装置的类型**

单斗挖土机有液压传动和机械传动两种。液压传动能无级调速且调速范围大；快速作用时惯性小，并且可作高速反转；传动平稳，可以减少强烈的冲击和振动；结构简单，机身轻，尺寸小；附有不同的装置，能一机多用，工作效率高，经济效果好；操作省力，易实现自动化控制。因此，为了实现土方工程施工机械化，必须大力发展和采用大中小型、多功能的液压挖掘机。

**1. 正铲挖土机**

正铲挖土机因一般只用于开挖停机面以上的土壤，所以只适宜在土质较好、无地下水的地区工作。如图1.36所示，即为正铲单斗液压挖土机的简图及主要工作运动状态。其机身可以回转360°，动臂可以升降，斗柄可以伸缩，铲斗可以转动，当更换工作装置后还可以进行其他施工作业。表1.12为国产两种正铲液压挖土机的主要技术性能。

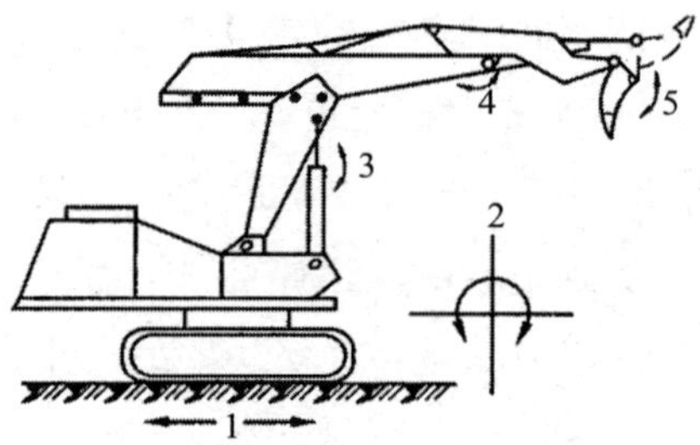


1—行走；2—回转；3—动臂升降；
4—斗柄伸缩；5—铲斗转动

**图 1.36　正铲单斗液压挖土机的主要工作运动状态**

**表 1.12　　正铲液压挖土机的主要技术性能**

| 技术参数 | 符号 | 单位 | wY100 | wY60 |
|---|---|---|---|---|
| 铲斗容量 | Q | m | 1 | 0.6 |
| 最大挖土半径 | R | m | 8 | 7.78 |
| 最大挖土高度 | H | m | 7 | 6.34 |
| 最大挖土深度 | H | m | 2.9 | 4.36 |
| 最大卸土高度 | H | m | 2.5 | 4.05 |

**2. 反铲挖土机**

反铲挖土机是开挖停机面以下的土壤，不需设置进出口通道。适用于开挖小型基坑、基槽和管沟，尤其适用于开挖独立柱基，以及泥泞的或地下水位较高的土壤。

图 1.37 为两种反铲液压挖土机的工作尺寸。

**3. 抓铲挖土机**

抓铲挖土机一般由正铲、反铲液压挖土机更换工作装置而成，或由履带式起重机改装。可用以挖掘独立柱基的基坑和沉井，以及其他的挖方工程，最适宜进行水中挖土。

**4. 拉铲挖土机**

拉铲挖土机的工作装置简单，可直接由起重机改装，其特点为铲斗悬挂在钢丝绳下而无刚性的斗柄上。由于拉铲支杆较长，铲斗在自重作用下落至地面时，借助于自身的机械能可使斗齿切入土中，故开挖的深度和宽

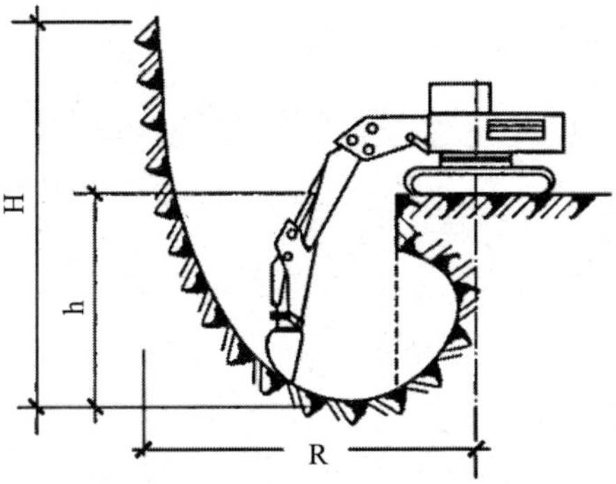


图 1.37 液压反铲工作尺寸

度均较大，常用以开挖沟槽、基坑和地下室等，也可开挖水下和沼泽地带的土壤。

### 1.3.4 土方工程综合机械化施工

土方工程综合机械化施工，就是以土方工程中某一施工过程为主导，按其工程量大小、土质条件及工期要求，适量选择完成该施工过程的土方机械；并以此为依据，合理地配备完成其他辅助施工过程的机械，做到土方工程各施工过程均实现机械化施工。主导机械与辅助机械所配备的数量及生产率，应尽可能协调一致，以充分发挥施工机械的效能。

例如：大型基坑的开挖，当弃土的距离较远时，可选择正铲、反铲或拉铲挖土，以自卸汽车相配合运土。这时就应以挖土机的生产率为依据，结合运输车辆的载重量、行驶速度、运距等因素来确定运输车辆的数量。

运输车辆的数量要保证挖土机能连续工作，且本身又无停歇等候装车现象，也就是当一辆汽车装满土后，又立刻有一辆汽车开来进行装土。

又如，在进行场地平整时，则可根据地形条件、工程量、工期等要求，全面组织铲运机（或推土机、挖土机）来开挖土壤；用松土机来松土、装载机装土、自卸汽车运土；用推土机平整土壤；用碾压机械进行压实。

对于独立的柱基，则可用小型液压轮胎式的抓铲或反铲挖土机挖土，配以自卸汽车或装载机和机动翻斗车运土。

土方工程除了实现综合机械化外，还应以流水方式组织施工，以充分发挥机械效能，加速工程进度。

## 1.4 土方工程案例分析

近年来，我国经济和建筑业蓬勃发展，大型建筑工程越来越多且基坑开挖的深度越来越深，深基坑技术的应用也越来越广泛。深基坑工程通常具有风险系数高、施工难度大、专业性强等特点，通过引进 BIM 技术，技术人员对施工技术不断改革创新，对工程施工过程进行动态化分析，开发了经济合理、广泛适用的深基坑施工技术。

在建筑施工的过程中，深基坑施工技术主要包括地下连续墙、锚杆支护、钢板桩支护、水泥搅拌桩支护、灌注桩支护及土钉支护等方式。不同的支护方式有不同的特点，在实际施工过程中，须结合现场实际情况，选择一种、两种甚至多种支护相结合的方式。

BIM 即建筑信息模型，是通过计算机将建筑工程的各项信息通过三维建筑信息模型演示出来，进而使三维建筑信息模型在建筑工程的设计、施工、改造等各个阶段被运用，可显著提高建筑信息的传达效率以及传达完整性。BIM 技术应用于建筑工程，使得工程建设具有可视化、可模拟化以及易优化改进等特点。

### 1.4.1 项目概况

某建筑高度 99.9m；总建筑面积 95496$m^2$，地下建筑面积 33275$m^2$，地上建筑面积 62221$m^2$。其中主区地下室建筑面积为 15217$m^2$，地下 3 层，基坑开挖深度为 15m ；次区地下室建筑面积为 18058m，地下 6 层，基坑开挖深度为 22m。地上建筑层数：主楼 26 层（办公），裙楼 5 层（商业）。建筑结构形式：钢筋混凝土框架剪力墙结构。该项目北侧及西侧为已建地上 5 层，地下两层的商业，距离 4m。东侧为内部道路距离基坑 10m 左右，南侧为 3 层办公楼，条形基础，埋深 3.5m，距基坑边 2m 左右。

基坑开挖土层地质概况由上向下具体为：（1） －1 层杂填土，1～2 层素填土；（2）层粉质粘土；（3）层粉质粘土；（4）层全风化闪长岩；（5）－1A 层强风化粉砂岩；（6）－1 层强风化闪长岩；（7）－2A 层中风化闪长岩；

(8) -2 层中风化闪长岩。稳定地下水位，位于地面下 1m 左右。

### 1.4.2 支护方案初步设计

运用 BIM 技术根据建筑工地地质情况和环境来选择支护形式。支护形式的选择是以深基坑支护施工的设计方案为根本依据。设计方案的安全性、可靠性以及适用范围，对于建筑施工而言意义重大。根据现场的实际情况，本工程初步设计采用的方案是使用柱列式排桩和混凝土桁架混凝土内支撑挡土，采用的止水方式是三轴深层搅拌桩止水。在主区地下室设计 2 道内支撑，在次区地下室设置 4 道内支撑，因主区、次区深度相差较大，在主次区交接部位再设置一圈排桩。

### 1.4.3 设计方案优化

经运用 BIM 技术设计优化修改，取消了主区地下室的对撑，在基坑南侧竖向增设 3 道锚索，再适当增大支护桩的直径。这样可以最大程度减少对土方开挖的影响以及后期主体结构的施工。

### 1.4.4 深基坑施工过程

运用 BIM 技术进行施工模拟，基于进度、成本、安全等因素考虑，本工程深基坑支护的施工流程包括：施工前准备→支护桩施工→三轴深搅止水帷幕施工→管井施工→首层土方开挖→首道支撑梁与压顶梁施工→第二层土方开挖→第二道支撑梁施工→第三层土方开挖→次区第三道支撑梁施工同时主区底板施工→主区底板施工完成后方可进行次区第四层土方开挖→次区第四道支撑施工→次区第五层土方开挖→逐层施工主体结构及换撑结构→逐层拆除支撑梁。

### 1.4.5 施工控制要点

(1) 止水帷幕：确保止水帷幕的质量关键是，当钻孔灌注桩和深层搅拌桩位置接近时，为了保证深层搅拌桩的搭接良好，应首先确保深层搅拌桩的连续施工，以避免水泥初凝后形成的搭接。

(2) 土方开挖：因为基础结构设计设有后浇带，基础被后浇带分成 6

块。土方开挖遵循“分层开挖，先撑后挖”的原则。根据支护设计的要求，每层土方开挖前，相应的支撑梁强度需达到设计强度的80%。因本工程土方开挖采用分区开挖，支撑梁也同步分段施工，为加快施工进度，最后一段支撑梁可适当提高砼的强度，使其强度早日达到设计要求，提前进行土方开挖，加快施工，控制进度。

（3）基坑到底后，为防止地基土扰动，减少坑底土回弹，尽早约束支护结构的水平位移，应立即分块浇好混凝土垫层和底板。

（4）本工程主、次地下室的开挖深度相差较大，根据支护设计图纸，需在主地下室基础底板施工完成后，方可开挖次地下室土方。

## 思考题

1. 试述土方工程的特点，进行土方规划时应考虑什么原则？
2. 试述土的可松性及其对土方规划的影响。
3. 试述土壁边坡的作用、表示方法、留设原则及影响边坡的因素。
4. 土方量计算的基本方法有哪几种？
5. 确定场地计划标高H时应考虑哪些因素？
6. 试述按挖填平衡定H的步骤和方法。
7. 为什么对计划标高H要进行调整？如何调整？
8. 试述场地有单向、双向泄水坡度土方量和边坡土方量的计算方法。
9. 如何计算沟槽和基坑的土方量？
10. 土方调配应遵循哪些原则，调配区如何划分，如何确定平均运距？
11. 试述用“表上作业法”确定土方最优调配方案的步骤和方法。
12. 试分析土壁塌方的原因和预防塌方的措施。
13. 进行明排水和人工降水时应注意什么问题？
14. 试述管井井点、轻型井点、喷射井点、电渗井点的构造及适用范围。
15. 试述水井的类型及涌水量计算方法。
16. 试述轻型井点的布置方案和设计步骤。
17. 试分析产生流砂的外因和内因及防治流砂的途径和方法。
18. 影响填土压实的主要因素有哪些？如何检查填土压实的质量？

19. 试解释土的最佳含水量和最大干密度，它们与填土压实的质量有何关系？

20. 常用的土方机械有哪些？试述其工作特点及适用范围。

21. 如何提高推土机、铲运机和单斗挖土机的生产率？如何组织土方工程综合机械化施工？

# 第 2 章

# 地基处理与桩基工程

**本章提要**

本章内容包括基坑验槽、地基加固处理和桩基三部分。重点阐述了地基加固的原理和方法；系统介绍了钢筋混凝土预制桩沉击法施工工艺和质量要求；着重分析了灌注桩施工中常易产生的质量问题的原因和预防处理的措施；简要概述了静力沉桩、振动沉桩、射水沉桩、成孔灌注桩、爆扩桩等的工艺原理、优缺点及适用范围。

**学习要求**

1. 了解基坑验槽和地基加固的方法，掌握地基加固的原理和拟订加固方案的原则。

2. 了解钢筋混凝土预制桩的构造，静力沉桩、振动沉桩和射水沉桩的施工方法；重点掌握锤击法的施工工艺，桩锤的选择，打桩顺序与土质和桩距的关系，产生桩锤回跃、贯入度变化和浮桩的原因，保证质量的技术措施。

3. 了解各类成孔灌注桩的工艺原理和施工要点，重点分析灌注桩常易发生质量事故的原因及预防、处理的方法。

## 2.1 基坑验槽

当基坑（槽）挖至基底设计标高后，施工单位必须会同勘察、设计、监理单位和业主共同进行验槽，合格后方能进行基础工程施工。

### 2.1.1 观察验槽

观察验槽除检查基坑（槽）的位置、断面尺寸、标高和边坡等是否符合设计要求外，重点应对整个坑（槽）底的土质进行全面观察：

（1）土质和颜色是否一样；

（2）土的坚硬程度是否均匀一致，有无局部过软或过硬；

（3）土的含水量是否异常，有无过干或过湿；

（4）在坑（槽）底行走或夯拍时有无振颤或空穴声音等现象。

通过以上观察来分析判断坑（槽）底是否挖至老土层（地基持力层），

是否需继续下挖或进行处理。

验槽的重点应以柱基、墙角、承重墙下或其他受力较大的部位为主。如有异常部位应会同设计等有关单位进行处理。

### 2.1.2　钎探验槽

钎探是用锤将钢钎打入坑（槽）底以下土层内的一定深度，根据锤击次数和入土难易程度来判断土的软硬情况及有无土洞、枯井、墓穴和软弱下卧土层等。

钎探步骤如下：

（1）根据坑（槽）平面图进行钎探布点，并将钎探点依次编号绘制钎探点平面布置图；

（2）准备锤和钢钎，同一工程应钎径一致，锤重一致；

（3）按钎探顺序号进行钎探施工；

（4）打钎时，要求用力一致，锤的落距一致，每贯入 30cm（称为一步），记录一次锤击数，填入钎探记录表内；

（5）钎探结束后，要从上而下逐步分析钎探记录情况，再横向分析钎孔相互之间锤击次数，便可判断土层的构造和土质的软硬，并应将锤击次数过多或过少的钎孔予以标注，以备到现场重点检查和处理；

（6）钎探后的孔要用砂填实。

## 2.2　地基加固处理

### 2.2.1　地基加固的原理

当工程结构的荷载较大，地基土质又较软弱（强度不足或压缩性大），不能作为天然地基时，可针对不同情况，采取各种人工加固处理的方法，以改善地基性质，提高承载力、增加稳定性，减少地基变形和基础埋置深度。

地基加固的原理是“将土质由松变实”“将土的含水量由高变低”，即可达到地基加固的目的。工程实践中各种加固方法，诸如机械碾压法、重锤夯实法、挤密桩法、化学加固法、预压固结法、深层搅拌法等均是从这一加固原理出发。

但需指出，在拟订地基加固处理方案时，应充分考虑地基与上部结构共同工作的原则，从地基处理、建筑、结构设计和施工方面均应采取相应的措施进行综合治理，绝不能单纯地对地基进行加固处理，否则，不仅会增加工程费用，反而难以达到理想的效果。其具体措施如下。

（1）改变建筑体形，简化建筑平面。

（2）调整荷载差异。

（3）合理设置沉降缝。沉降缝位置宜设在：①地基不同土层的交接处，或地基同一土层厚薄不一处；②建筑平面的转折处；③荷载或高度差异处；④建筑结构或基础类型不同处；⑤分期建筑的交界处；⑥局部地下室的边缘；⑦过长房屋的适当部位。

（4）采用轻型结构、柔性结构。

（5）加强房屋的整体刚度。例如，采用横墙承重方案或增加横墙；增设圈梁；减小房屋的长高比；采用筏式基础、筏片基础、箱形基础；等等。

（6）对基础进行移轴处理，当偏心荷载较大时，可使基础轴线偏离柱的轴线。

（7）施工中正确安排施工顺序和施工进度。例如，对相邻的建筑，应先施工重、高（即荷载重、高度大）的建筑，后施工轻、低（即荷载轻、高度小）的建筑；对软土地基则应放慢施工速度，以便使地基能排水固结，提高承载力，否则，施工速度过快，将造成较大的孔隙水压力，甚至使地基发生剪切破坏。

### 2.2.2 地基加固的方法

根据地基加固的原理，可采取不同的加固方法。这些加固方法，可归纳为“挖、填、换、夯、压、挤、拌”七个字。

**1. “挖”**

就是挖去软土层，把基础埋置在承载力大的基岩或坚硬的土层中。此种方法当软土层不厚时，利用坚硬的土层作天然地基，甚为经济。

**2. “填”**

当软土层很厚，而又需大面积对地基进行加固处理时，则可在软土层上直接回填一层一定厚度的好土，以提高地基的承载力，减小软土层的承压力。

**3. “换”**

“换”就是将“挖”与“填”相结合，即换土垫层法。此法适用于软土层较厚，而仅对局部地基进行加固处理。它是将基础下面一定范围内的软土层挖去，而代之以人工填筑的垫层作为持力层。垫层材料有砂石、碎石、三合土［石灰∶砂∶碎砖(石)＝1∶2∶4］、灰土(石灰∶土＝3∶7)、矿渣、素土等，分别称砂石地基、三合土地基、粉煤灰地基。换土垫层可提高持力层的承载力，减小软土层的承压力，加速软土层排水固结，且减少基础沉降量。图 2.1 为砂石垫层做法，垫层厚 H 一般为 0.5～2.5m，不宜大于 3m、小于 0.5m。采用换土垫层能有效解决中小型工程的地基处理问题，其优点是能就地取材、施工简便、工期短、造价低。

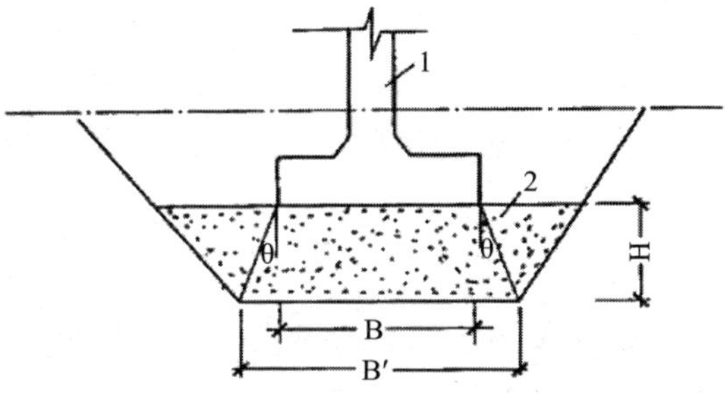


1—基础；2—砂垫层

**图 2.1　砂石垫层剖面图**

**4. “夯”**

就是利用打夯工具或机具（如石碱、铁碱、蛙式打夯机、火力夯、电力夯、重锤夯、强力夯等）夯击土壤，排出土壤中的水分，加速土壤的固结，以提高土壤的密实度和承载力。其中强力夯是用起重机械将大吨位夯锤（一般不小于 8t）起吊到很高处（一般不小于 6m），自由落下，对土体进行强力夯实。其作用机理是用很大的冲击能（一般为 500～800kJ），使土中出现冲击波和很大的应力，迫使土中孔隙压缩，土体局部液化，夯击点周围产生裂隙，形成良好的排水通道，土体迅速固结。适用于粘性土、湿陷性黄土及人工填土地基的深层加固，但强力夯所产生的振动对现场周围已建成或在建的建筑物及其他设施有影响时，不得采用，必要时，应采取防震措施。

强夯法有效加固深度 H(m)，可用下式估算：

$$H = k\sqrt{\frac{M \cdot h}{10}} \tag{2.1}$$

式（2.1）中：M——夯锤重力（kN）；

H——落距（m）；

k——折减系数，与土质、锤型、能级、施工工艺等有关，一般粘性土取 0.5，砂性土取 0.7，黄土取 0.35 ~ 0.50。

**5. “压”**

就是利用压路机、羊足碾、轮胎碾等机械碾压地基土壤，使地基压实排水固结。也可采用预压固结法，即先在地基范围的地面上，堆置重物预压一段时间，使地基压密，以提高承载力，减少沉降量。为了在较短时间内取得较好的预压效果，要注意改善预压层的排水条件，常用的方法有砂井堆载预压法、袋装砂井堆载预压法、塑料排水带堆载预压法和真空预压法。

（1）砂井堆载预压法。

砂井堆载预压法是在预压层的表面铺砂层，并用砂井穿过该土层，以利排水固结（见图 2.2）。砂井直径一般为 300 ~ 400mm，间距为砂井直径的 6 ~ 9 倍。

（2）袋装砂井堆载预压法。

袋装砂井堆载预压法是将砂先装入用聚丙烯编织布或玻璃纤维布、黄麻片、再生布等所制成的砂袋中，再将砂袋置于井中。井径一般为 70 ~ 120mm，间距为 1.5 ~ 2.0m。此法不会产生缩颈、断颈现象，透水性好、费用低、施工速度快。

（3）塑料排水带堆载预压法。

塑料排水带堆载预压法是将塑料排水带用插排机将其插入软土层中，

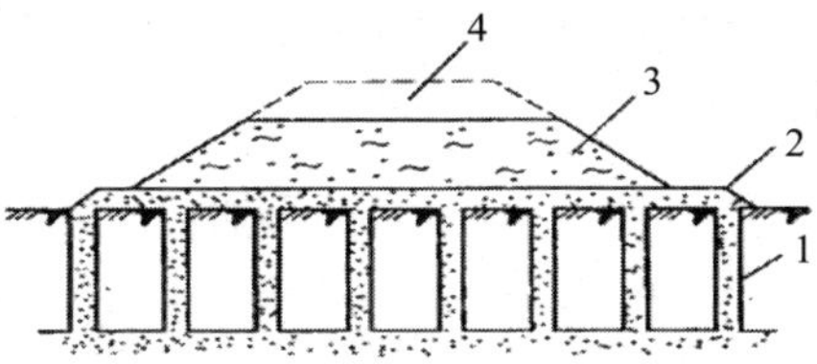


1—砂井；2—砂垫层；
3—永久性填土；4—临时超载填土

**图 2.2　典型的砂井地基剖面**

组成垂直和水平排水体系，然后堆载预压，土中孔隙水沿塑料带的沟槽上升溢出地面，从而使地基沉降固结。

（4）真空预压法。

真空预压法是利用大气压力作为预压载荷，无须堆载加荷。它是在地基表面砂垫层上覆盖一层不透气的塑料薄膜或橡胶布，四周密封，与大气隔绝，然后用真空设施进行抽气，使土中孔隙水产生负压力，将土中的水和空气逐渐吸出，从而使土体固结（见图 2.3）。为了加速排水固结，也可在加固部位设置砂井、袋装砂井或塑料排水带等竖向排水系统。

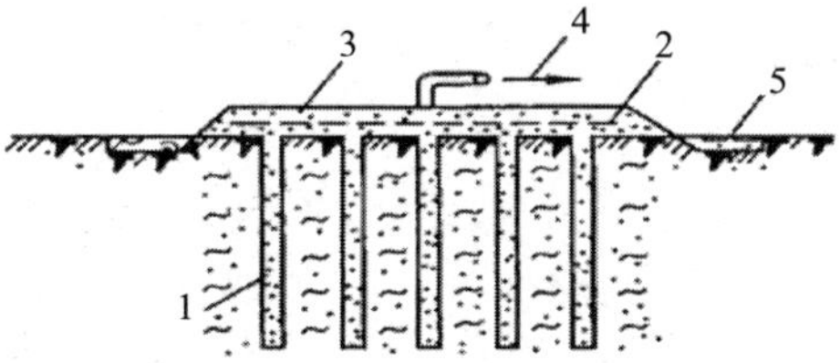


1—砂井；2—砂垫层；3—薄膜；
4—抽水、气；5—粘土

**图 2.3　真空预压地基**

**6. “挤”**

先用带桩靴的工具式桩管打入土中，挤压土壤形成桩孔，然后拔出桩管，再在桩孔中灌入砂石或石灰、素土、灰土等填充料进行捣实，或者随着填充料的灌入逐渐拔出桩管。这种方法最适用于加固松软饱和土地基，其原理就是挤密土壤，排水固结，以提高地基的承载力，所以也称为挤密桩。

图2.4即为水泥粉煤灰碎石挤密桩的施工工艺。这种桩的填充料是水泥、石屑、碎石、粉煤灰和水的拌和物，是一种低强度混凝土桩，是近年发展起来的处理软弱地基的一种新方法，具有较好的技术性能和经济效果，不但能提高地基的承载力，还可将荷载传递到深层地基中去。

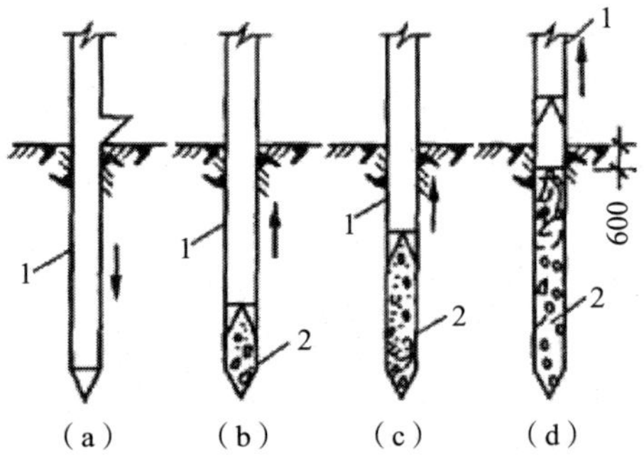


1—桩管；2—水泥、粉煤灰、碎石桩

**图2.4　水泥粉煤灰碎石桩工艺流程**

注：(a) 打入桩管；(b)、(c) 灌水泥、粉煤灰、碎石振动拔管；(d) 成桩。

此外，根据地基土质不同，也可采用振动成孔器或振冲器成孔后灌入砂石挤密土壤。

**7. “拌”**

“拌”是指用旋喷法或深层搅拌法加固地基。其原理是利用高压射流切削土壤，旋喷浆液（水泥浆、水玻璃、丙凝等），搅拌浆土，使浆液和土壤混合，凝结成坚硬的柱体或土壁。同理，化学加固中的硅化法、水泥硅化法和电动硅化法均是将水玻璃［即硅酸钠（$Na_2O \cdot nSiO_2$）和氯化钙（$CaCl_2$）］或水泥浆注入土中，使其扩散生成二氧化硅的胶体与土壤胶结“岩化”，也是属于拌和的结果。

图2.5为水泥土深层搅拌桩施工工艺流程。深层搅拌机定位启动后，叶片旋转切削土壤，借设备自重下沉至设计深度；然后缓慢提升搅拌机，同时喷射水泥浆或水泥砂浆进行搅拌；待搅拌机提升到地面时，再原位下

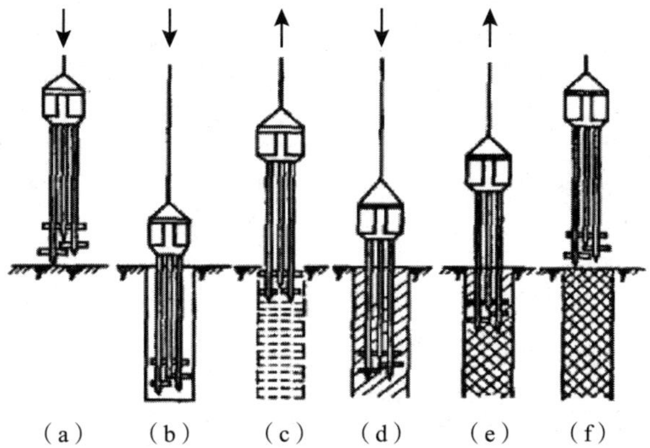


**图 2.5　水泥土深层搅拌桩施工工艺流程**

注：(a) 定位下沉；(b) 深入到设计深度；(c) 喷浆搅拌提升；(d) 原位重复搅拌下沉；(e) 重复搅拌提升；(f) 搅拌完成形成加固体。

沉提升搅拌一次，这样便可使浆土均匀混合形成水泥土桩。

水泥土桩由于水泥在土中形成水泥石骨架，使土颗粒凝聚、固结，从而成为具有整体性、水密性较好、强度较高的水泥加固体。在工程中除用于对软土地基进行深层加固外，也常用于深基坑的支护结构和防水、防流砂的防渗墙。

图 2.6 为单管旋喷桩的施工流程。它是利用钻机把带有特殊喷嘴的注

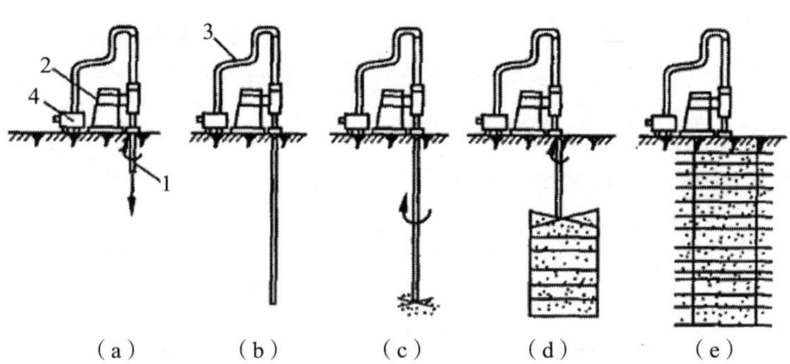


1—旋喷管；2—钻孔机械；3—高压胶管；4—超高压脉冲泵

**图 2.6　单管旋喷桩的施工流程**

注：(a) 钻机就位钻孔；(b) 钻孔至设计标高；(c) 旋喷开始；(d) 边旋喷边提升；(e) 旋喷结束成桩。

浆管钻至设计深度后，用高压脉冲泵将水泥浆液由喷嘴向四周高速喷射切削土层，与此同时，将旋转的钻杆徐徐提升，使土体与水泥浆在高压射流作用下充分搅拌混合，胶结硬化后即形成具有一定强度的旋喷桩。

单管旋喷浆液射流衰减大，成桩直径较小，为了获得大直径截面的桩，可采用二重管（即两根同心管，分别喷水、喷浆）旋喷，或三重管（三根同心管，分别喷水、喷气、喷浆）旋喷。单管法和二重管法还可用注浆管射水成孔，勿需用钻机成孔。

喷浆方式有旋喷、定喷和摆喷三种，能分别获得柱状、壁状和块状加固体。为此，旋喷法可用于处理地基，控制加固范围；可用于桩、地下连续墙、挡土墙、防渗墙、深基坑支护结构的施工和防管涌、流砂的技术措施。

## 2.3 桩基施工

桩基础是一种常用的深基础形式，它由桩和桩顶的承台组成。按桩的受力情况，桩分为摩擦桩和端承桩两类，如图 2.7 所示。摩擦桩上的荷载由桩侧摩擦力和桩端的阻力共同承受；端承桩上的荷载主要由桩端阻力承受。按桩的施工方法，桩分为预制桩和灌注桩两类。预制桩是在工厂或施工现场制成的各种材料和类型的桩（如木桩、钢筋混凝土方桩、预应力钢筋混凝土管桩、钢管或型钢的钢桩等)，而后用沉桩设备将桩打入、压入、旋入或振入土中。灌注桩是在施工现场的桩位上用机械或人工成孔，然后在孔内灌注混凝土或钢筋混凝土而成。根据成孔方法的不同分为钻、挖、冲孔灌注桩，沉管灌注桩和爆扩桩。

### 2.3.1 钢筋混凝土预制桩锤击法施工

钢筋混凝土预制桩分为实心桩与管桩两种。为了便于预制，实心桩一般做成方形断面，断面尺寸一般为 200mm × 200mm 至 500mm × 500mm。单根桩的最大长度，根据打桩架的高度而定，目前一般在 27m 以内，如需打设 30m 以上的桩，则将桩预制成几段，在打桩过程中逐段接长。管桩外径

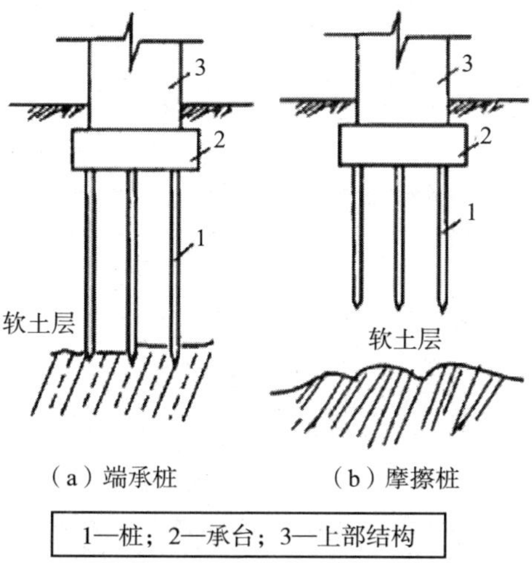


图 2.7　桩基

为 400～500mm 的空心圆柱形截面，是在工厂内采用离心法制成，它与实心桩相比，可以大大减轻桩的自重。

**1. 桩的预制、起吊、运输和堆放**

较短的钢筋混凝土预制桩一般在预制厂制作，较长的一般在施工现场预制。制作预制桩有并列法、间隔法、重叠法、翻模法等。现场预制桩多用重叠法制作，重叠层数不宜超过 4 层，层与层之间应涂刷隔离剂，上层桩或邻近桩的灌筑，在下层桩或邻桩混凝土达到设计强度等级的 30% 以上方可进行。

钢筋混凝土预制桩的钢筋骨架的主筋连接宜采用对焊，且几根主筋接头位置应相互错开。桩尖一般用钢板制作，在绑扎钢筋骨架时就把钢板桩尖焊好。钢筋骨架的偏差应符合有关规定。

预制桩的混凝土宜用机械搅拌，机械振捣。由桩顶向桩尖连续浇筑捣实，一次完成，严禁中断。制作完后，应洒水养护不少于 7d。桩的制作偏差应符合有关规定。制桩时，应按规定要求做好灌筑日期、混凝土强度等级、外观检查、质量鉴定记录，以供验收时查用。

当桩的混凝土达到设计强度等级的 70% 方可起吊，达到 100% 方可运输和打桩。如提前起吊，必须作强度和抗裂度验算。桩在起吊和搬运时，必须平稳，不得损坏。吊点应符合设计要求，满足吊桩弯矩最小的原则，如图 2. 8 所示。

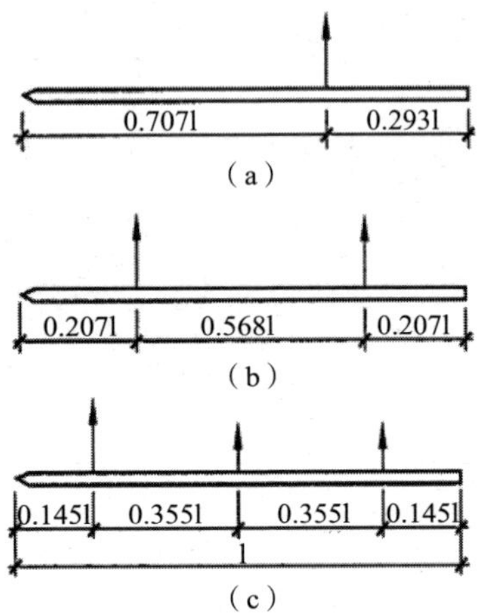


**图 2. 8　桩的合理吊点位置**

注：(a) 一点起吊；(b) 二点起吊；(c) 三点起吊。

打桩前桩应运到现场或桩架处，宜随打随运，以避免二次搬运。桩的运输方式，在运距不大时，可用起重机吊运或在桩下垫以滚筒，用卷扬机拖拉；当运距较大时，可采用轻便轨道小平台车运输。桩堆放时，地面必须平整、坚实，垫木间距应与吊点位置相同，各层垫木应位于同一垂直线上，堆放层数不宜超过 4 层。不同规格的桩应分别堆放。

**2. 打桩设备**

打桩设备包括桩锤、桩架和动力装置。

（1）桩锤。

桩锤是对桩施加冲击、把桩打入土中的主要机具。桩锤主要有落锤、汽锤、柴油锤和液压锤等，目前应用最多的为柴油锤。

落锤为一铸铁块，重 0. 5 ~ 2. 0t，构造简单，使用方便，能调整落距，但锤击速度慢，贯入能力低，效率不高且对桩的损伤较大。

汽锤利用蒸汽或压缩空气为动力进行锤击。根据其工作情况可分为单动汽锤与双动汽锤，如图 2. 9 与图 2. 10 所示。单动汽锤重 1 ~ 15t，当蒸汽或压缩空气进入汽缸内活塞上部空间时，由于活塞杆不动，迫使汽缸上升，当它达到一定高度，停止供气的同时排出缸内气体，使汽缸下落击桩。这种桩锤落距短，打桩速度及冲击力大，效率较高，适宜于打各种类型的桩。双动汽锤，重 1～7t。锤固定在桩头上不动，当气体从活塞上下交替进入和排出汽缸时，迫使活塞杆来回上升和下压，带动冲击部分进行打桩工作。这种桩锤冲击次数多、冲击力大、效率高，不仅适用于一般打桩工程，而且还可用于打斜桩、水下打桩和拔桩。

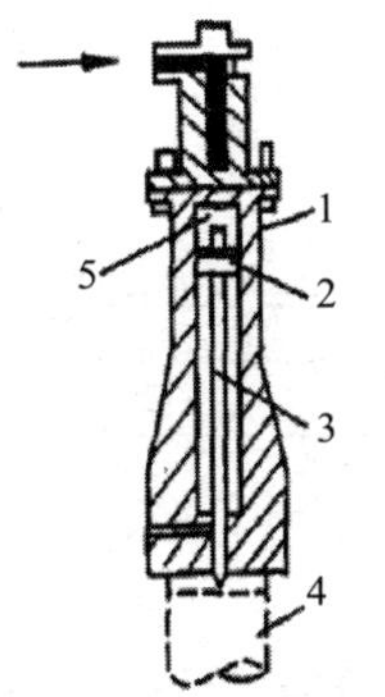


1—汽缸；2—活塞；3—活塞杆；4—桩；5—活塞上部空间

**图 2.9　单动汽锤**

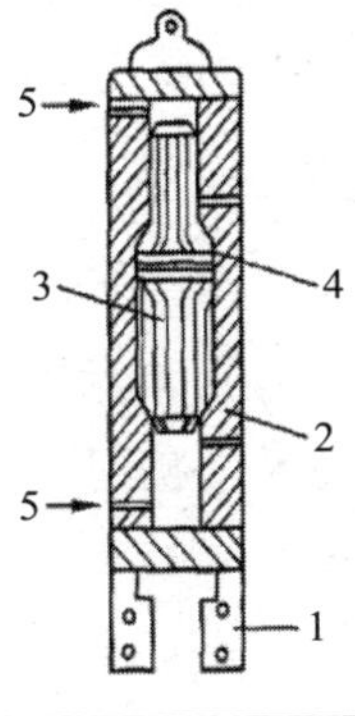


1—桩帽；2—汽缸；3—活塞；4—活塞杆；5—进气阀

**图 2.10　双动汽锤**

柴油锤按其构造分筒式、活塞式和导杆式三种，重 0.3～10t。它利用燃油爆炸，推动活塞往复运动进行锤击打桩。图 2.11 为导杆式打桩锤工作原理图。汽缸落下击桩，同时汽缸中空气压缩，温度骤增，喷嘴喷油，柴油在汽缸内自行燃烧爆发，使汽缸上抛，落下时又击桩进入下一循环。柴油锤本身附有桩架、动力等设备，不需要外部能源，即可做到机架轻便、打桩迅速，常用以打设木桩、钢板桩和长度在 12m 以内的钢筋混凝土桩。但不适用在硬土和松软土中打桩，并且由于噪声、振动和空气的污染等公害，在城市施工受到一定的限制。

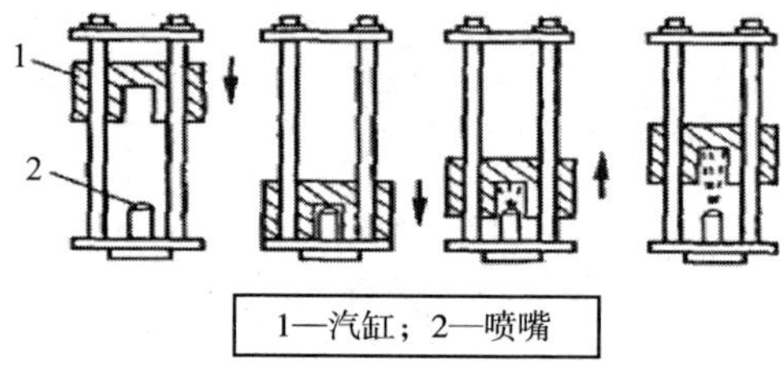


**图 2.11　柴油打桩锤的工作原理**

液压锤的冲击缸体通过液压油提升与降落，冲击缸体下部充满氮气。当冲击缸体下落时，首先是冲击头对桩施加压力，其次是通过压缩的氮气对桩施加压力，使冲击缸体对桩施加压力的过程延长，因此，每一击能获得更大的贯入度。液压锤不排出任何废气，无噪声，冲击频率高，并适合水下打桩，是理想的冲击式打桩设备，但构造复杂，造价较高。

用锤击法沉桩时，选择桩锤是关键。桩锤的选择应先根据施工条件确定桩锤的类型，然后再决定锤重。要求锤重应有足够的冲击能，锤重应大于或等于桩重。实践证明，当锤重大于桩重的 1.5 ~2 倍时，能取得良好的效果，但桩锤也不能过重，过重易将桩打坏；当桩重大于 2t 时，可采用比桩轻的桩锤，但也不能小于桩重的 75%。这是因为在施工中，宜采用“重锤低击”，即锤的重量大而落距小，这样，桩锤不易产生回跃，不致损坏桩头，且桩易打入土中，效率高；反之，若“轻锤高击”，则桩锤易产生回跃，易损坏桩头，桩难以打入土中，不仅拖延工期，更影响桩基的质量。

（2）桩架。

桩架支持桩身和桩锤，在打桩的过程中引导桩的方向使桩不至于偏移。桩架的形式很多，常用的有多功能桩架及履带式桩架两种。多功能桩架由立柱、斜撑、回转工作台、底盘及传动机构组成，如图 2. 12 所示。这种桩架机动性和适应性很强，在水平方向可作 360°回转，立柱可前后倾斜，可适应各种预制桩及灌注桩施工。缺点是机构庞大，组装拆迁较麻烦。履带式桩架以履带式起重机为底盘，增加立柱与斜撑用以打桩，如图 2. 13 所示。此种桩架性能灵活，移动方便，适应各种预制桩及灌注桩施工。

（3）动力装置。

动力装置取决于所选的桩锤。当选用蒸汽锤时，则需配备蒸汽锅炉和卷扬机。

**3. 打桩施工**

打桩前应做好各项准备工作：清除妨碍施工的地上和地下的障碍物；平整施工场地；定位放线；设置供电、供水系统；安设打桩机等。

桩基轴线的定位点，应设置在不受打桩影响的地点，打桩地区附近需设置不少于 2 个水准点。在施工过程中可据此检查桩位的偏差及桩的入土深度。

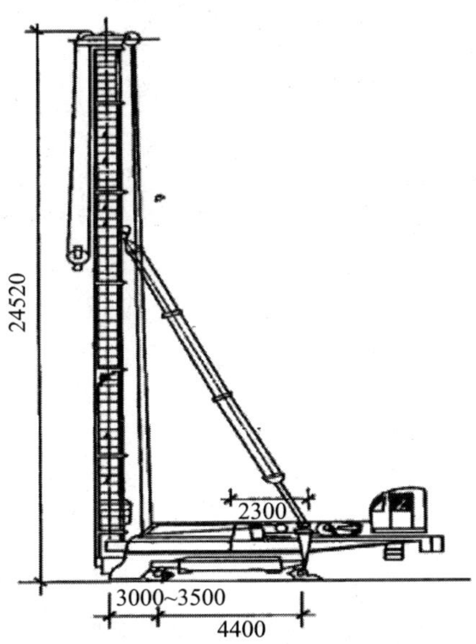


**图 2. 12　多功能桩架（单位：mm）**

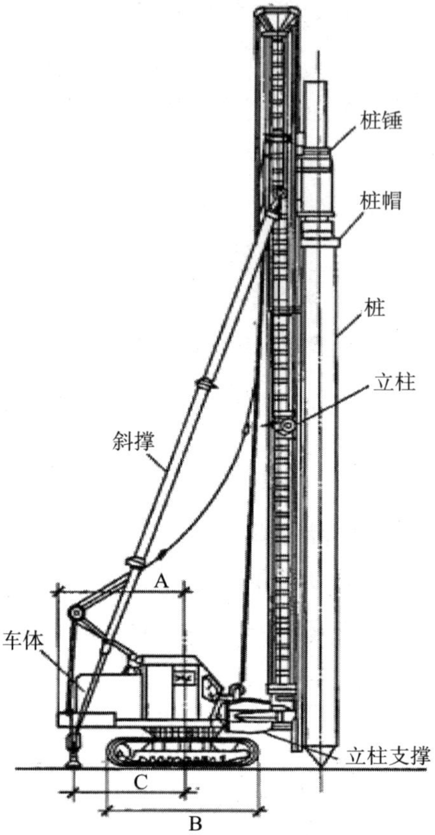


图 2.13　履带式打桩架

打桩时应注意下列一些问题。

（1）打桩顺序。

打桩顺序一般分为：由一侧向单一方向打、自中间向两个方向对称打、自中间向四周打（见图 2.14）。打桩顺序直接影响打桩速度和桩基质量。因此，应结合地基土壤的挤压情况，桩距的大小，桩机的性能，工程特点及工期要求，经综合考虑予以确定，以确保桩基质量，减少桩机的移动和转向，加快打桩速度。由一侧向单一方向打，桩机系单向移动，桩的就位与起吊均很方便，故打桩效率高，但它会使土壤向一个方向挤压，导致土壤挤压不均匀，易引起建筑物的不均匀沉降。但若桩距大于或等于 4 倍桩的直径或边长时，试验证明土壤的挤压与打桩顺序关系不大，这时，采取此种打法仍可保证桩基质量。对于大面积的桩群，则宜采用自中间向两个方向对称打或自中间向四周边缘打，这样均有利于避免土壤的挤压使桩产生倾斜或浮桩现象。

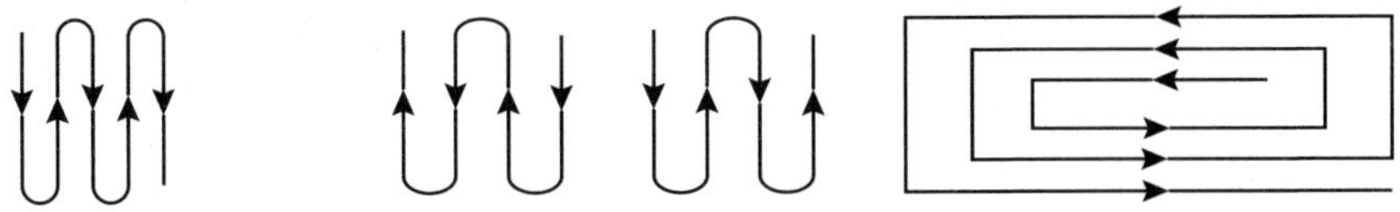

（a）由一侧向单一方向进行　（b）自中间向两个方向对称进行　（c）自中间向四周进行

**图 2.14　打桩顺序**

（2）打桩方法。

打桩机就位后，将桩锤和桩帽吊起来，然后吊桩并送至导杆内；垂直对准桩位缓缓送下插入土中，垂直度偏差不得超过 0.5%，然后固定桩帽和桩锤，使桩、桩帽、桩锤在同一垂线上，确保桩能垂直下沉。在桩锤和桩帽之间应加弹性衬垫，桩帽与桩顶周围应有 5～10mm 的间隙，以防损伤桩顶。

开始打桩时，锤的落距应较小，待桩入土一定深度（约 2m）并稳定后，再按要求的落距锤击，用落锤或单动汽锤打桩时，最大落距不宜大于 1m；用柴油锤时应使锤跳动正常。在打桩过程中，遇有贯入度剧变，桩身突然发生倾斜、移位或有严重回弹，桩顶或桩身出现严重裂缝或破碎等异常情况时，应暂停打桩，及时研究处理。

如用送桩法将桩送入土中时，桩与送桩杆的纵轴线应在同一轴线上，拔出送桩杆后，桩孔应及时回填或加盖。

多节桩的接桩，可用焊接、法兰或硫磺胶泥锚接，前两种接桩方法适用于各类土层，后者只适用于软弱土层。各类接桩均要严格按规范执行。在打桩过程中，应做好沉桩记录，以便工程验收。

（3）打桩的质量控制。

打桩的质量视打入后的偏差是否在允许范围内，最后贯入度与沉桩标高是否满足设计要求，桩顶、桩身是否打坏以及对周围环境有无造成严重危害而定。

桩的垂直偏差应控制在 1% 之内，平面位置的偏差，单排桩不大于

100mm，多排桩一般为 1/2 ~1 个桩的直径或边长。

承受轴向荷载的摩擦桩的入土深度控制，应以标高为主，而以最后贯入度（施工中一般采用最后三阵，每阵十击的平均入土深度作为标准）作为参考；端承桩的入土深度应以最后贯入度控制为主，而以标高作为参考。设计与施工中的控制贯入度应以合格的试桩数据为准。最后贯入度的测量应在下列正常条件下进行：桩顶没有破坏，锤击没有偏心，锤的落距符合规定，桩帽和弹性垫层正常。如果沉桩尚未达到设计标高，而贯入度突然变小，则可能土层中夹有硬土层，或遇到孤石等障碍物，此时切勿盲目施打，应会同设计勘探部门共同研究解决。此外，打桩过程中断，由于土的固结作用，使桩难以打入，因此应保证施打连续进行。

打桩时桩顶过分破碎或桩身严重裂缝，应立即暂停，待采取相应的技术措施后，方可继续施打。

打桩时，除了注意桩顶与桩身由于桩锤冲击破坏外，还应注意桩身受锤击应力而导致的水平裂缝，在软土中打桩，桩顶以下 1/3 桩长范围内常会因反射的应力波使桩身受拉而引起水平裂缝。开裂的地方往往出现在吊点和蜂窝处，这些地方容易形成应力集中。采用重锤低击和较软的桩垫可减少锤击拉应力。

打桩时，引起桩区及附近地区的土体隆起和水平位移虽然不属单桩本身的问题，但由于邻桩相互挤压导致桩位偏移、产生浮桩现象，则影响整个工程质量。若已产生浮桩现象，则必须采取有效的措施对浮桩纠正处理后进行静荷载试验。在已有建筑群中施工，打桩还会引起已有地下管线、地面交通道路和建筑物的损坏和不安全。因此，在邻近建筑物（构筑物）打桩时，应采取适当措施，如挖防振沟、砂井排水、预钻孔取土打桩、控制打桩速度等。

### 2.3.2 静力压桩、振动沉桩、射水沉桩

**1. 静力压桩**

静力压桩是利用无振动、无噪声的静压力将桩压入土中，用于软弱土层和严防振动的情况下。静力压桩如图 2.15 所示，是利用桩架的自重和压重，通过滑轮组或液压将桩压入土中。近年来多用液压的静力压桩机，压

力可达 400t。压桩一般是分节压入，逐段接长，为此桩需分节预制。当第一节桩压入土中，其上端距地面 2m 左右时将第二节桩接上，继续压入。压同一根桩应连续施工，以防停压后再压则阻力增大而压不下去。

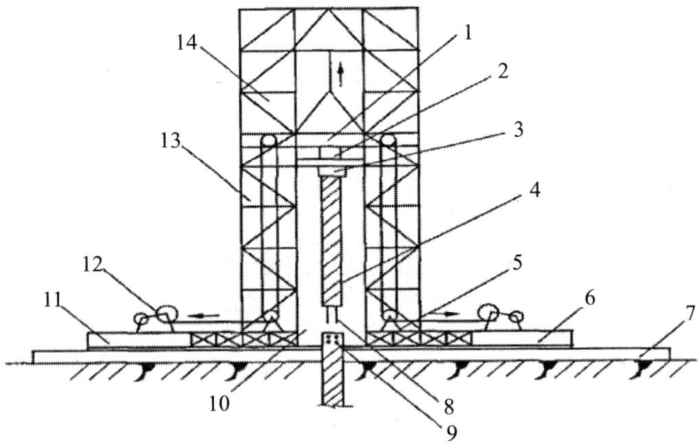


1—活动压梁；2—油压表；3—桩帽；4—上段桩；5—加重物；6—底盘；7—轨道；8—上段接桩锚筋；9—下段接桩锚筋孔；10—导笼口；11—操作平台；12—卷扬机；13—加压钢丝绳滑轮组；14—桩架导向笼

**图 2.15　静力压桩**

**2. 振动沉桩**

振动法沉桩是利用振动桩锤（见图 2.16），将桩与振动桩锤接在一起。振动桩锤产生的振动力通过桩身使土体振动，土体的内摩擦角减小，强度降低而将桩沉入土中。振动法沉桩在砂土中效率较高。

**3. 射水沉桩**

射水沉桩是锤击沉桩的一种辅助方法。利用高压水流经过桩侧面或空心桩内部的射水管冲击桩尖附近土层，便于锤击。一般是边冲水边打桩，当沉桩至最后 1 ~ 2m 时停止冲水，用锤击至规定标高。此法适用于砂土和碎石土，有时对于特长的预制桩，单靠锤击有困难时，也用此法辅助。

### 2.3.3　混凝土灌注桩施工

灌注桩是直接在桩位上就地成孔，然后在孔内灌注混凝土而成。根据

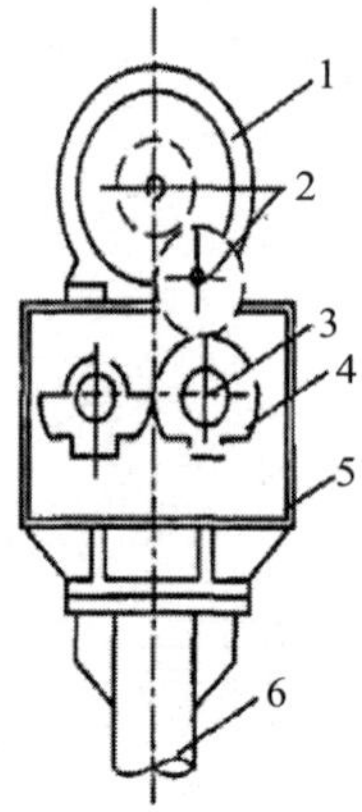


1—电动机；2—传动齿轮；3—轴；
4—偏心块；5—箱壳；6—桩

**图 2.16　振动沉桩机**

成孔工艺的不同，分为干作业成孔的灌注桩、泥浆护壁成孔的灌注桩、套管成孔的灌注桩、爆扩成孔的灌注桩和挖孔灌注桩。灌注桩施工工艺近年来发展很快，还出现端夯扩沉管灌注桩、钻孔压浆成桩等一些新工艺。

灌注桩能适应地层的变化，无须接桩，施工时无振动、无挤压和噪声小，适用于建筑物密集区使用。但其操作要求严格，施工后需一定的养护期，不能立即承受荷载。

**1. 干作业成孔灌注桩**

干作业成孔灌注桩适用于地下水位较低、在成孔深度内无地下水的土质，无须护壁可直接取土成孔。目前常用螺旋钻机成孔，也有用洛阳铲成孔的。

螺旋钻机利用动力旋转钻杆，使钻头的螺旋叶片旋转削土，土块沿螺旋叶片上升排出孔外（见图 2.17）。在软塑土层含水量大时，可用疏纹叶片钻杆，以便较快地钻进。一节钻杆钻入后，应停机接上第二节，继续钻到要求深度，操作时要求钻杆垂直，钻孔过程中如发现钻杆摇晃或难钻进时，可能遇到石块等异物，应立即停车检查。全叶片螺旋钻机成孔直径一般为 300 ~ 600mm，钻孔深度 8 ~ 12m。在钻进过程中，应随时清理孔口积土，遇有塌孔、缩孔等异常情况，应及时研究解决。

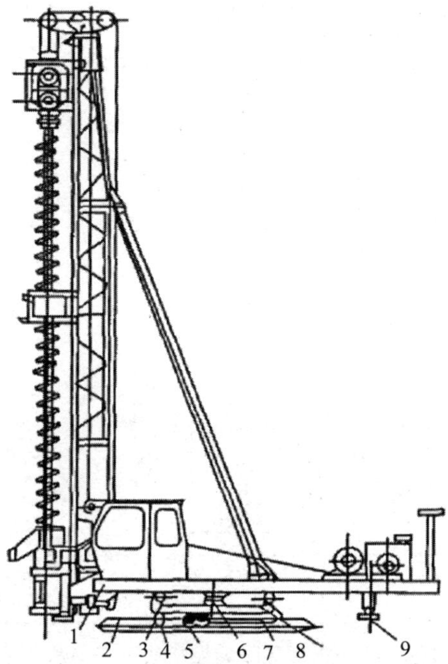


1—上盘；2—下盘；3—回转滚轮；4—行走滚轮；5—钢丝滑轮；6—回转中心轴；7—行车油缸；8—中盘；9—支承盘

**图 2.17　步履式螺旋钻机**

钢筋笼应一次绑扎好，放入孔内后再次测量虚土厚度。混凝土应连续浇筑，每次浇筑高度不得大于 1.5m。如为扩底桩，则需于桩底部用扩孔刀片切削扩孔，扩底直径应符合设计要求。孔底虚土厚度，对以摩擦力为主的桩，不得大于 300mm；对以端承力为主的桩，则不得大于 100mm。

**2. 泥浆护壁成孔灌注桩**

泥浆护壁成孔是用泥浆保护孔壁、防止塌孔和排出土渣而成孔，对不论地下水位高或低的土层都适用。成孔机械有回转钻机、潜水钻机、冲击钻等，其中以回转钻机应用最多。

（1）回转钻机成孔。

回转钻机是由动力装置带动钻机回转装置转动，再由其带动带有钻头的钻杆移动，由钻头切削土壤。根据泥浆循环方式的不同，分为正循环回转钻机和反循环回转钻机。

正循环回转钻机成孔工艺原理图如图 2. 18 所示。由空心钻杆内部通入泥浆或高压水，从钻杆底部喷出，携带钻下的土渣沿孔壁向上流动，由孔口将土渣带出流入泥浆池。

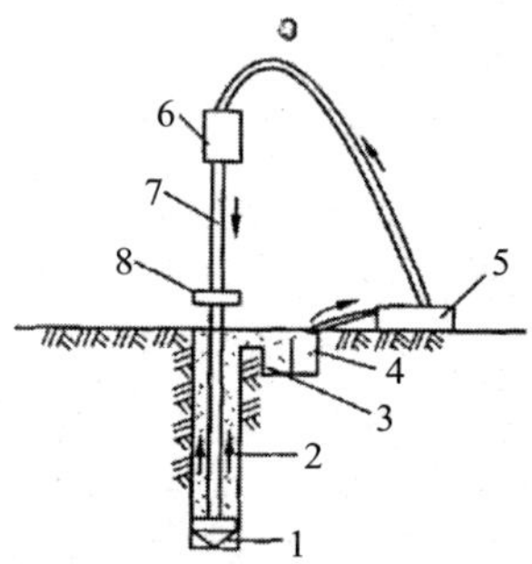


1—钻头；2—泥浆循环方向；3—沉淀池；4—泥浆池；
5—泥浆泵；6—水龙头；7—钻杆；8—钻机回转装置

**图 2. 18　正循环回转钻机成孔工艺原理图**

反循环回转钻机成孔工艺原理图如图 2. 19 所示。泥浆带渣流动的方向与正循环回转机成孔的情形相反。反循环工艺的泥浆上流的速度较高，能携带较大的土渣。

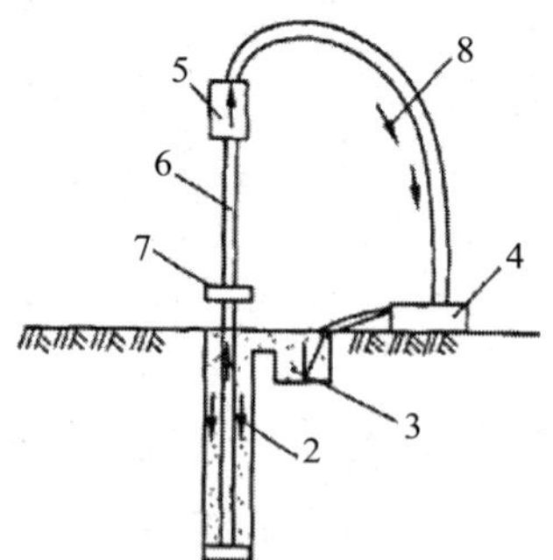


1—钻头；2—新泥浆流向；3—沉淀池；4—砂石泵；
5—水龙头；6—钻杆；7—钻杆回转装置；8—混合液流向

**图 2. 19　反循环回转钻机成孔工艺原理图**

在杂填土或松软土层中钻孔时，应在桩位处埋设钢护筒，以起定位、保护孔口、维持水头等作用。护筒内径应比钻头直径大 10mm，埋入土中深度不宜小于 1.0 ~ 1.5m。在护筒顶部应开设 1 ~ 2 个溢浆口。在钻孔过程中，应保持护筒内泥浆水位高于地下水位。在粘土中钻孔，可采用清水钻进，自造泥浆护壁；在砂土中钻孔，则应注入制备泥浆钻进，注入的泥浆密度控制在 1.1 左右，排出泥浆的密度宜为 1.2 ~ 1.4。钻孔达到要求的深度后，测量沉渣厚度，进行清孔。以原土造浆的钻孔，清孔可用射水法，同时钻具只转不进，待泥浆相对密度降到 1.1 左右即认为清孔合格；注入制备泥浆的钻孔，采用换浆法清孔，至换出泥浆的相对密度小于 1.15 时方为合格。

清孔后，应尽快吊放钢筋笼并水下灌注混凝土。灌注混凝土至桩顶时，应适当超过桩顶设计标高，以保证在凿除浮浆层后，桩顶标高和质量符合设计要求。

施工后的灌注桩应保证没有缩颈、夹渣、夹层、断桩等严重的质量问题，其平面位置及垂直度也都需要满足规范的规定。

（2）潜水钻机成孔。

潜水钻机是一种旋转式钻孔机械，其动力、变速机构和钻头连在一起，可以下放至孔中的地下水中成孔（见图 2.20），用正循环工艺将土渣排出孔外。

潜水钻机成孔，也需先埋设护筒，其他施工过程皆与回转钻机成孔相似。

（3）冲击钻成孔。

冲击钻主要用于岩土层中成孔，成孔时将冲锥式钻头提升到一定高度后以自由下落的冲击力来破碎岩层，然后用掏渣筒来掏取孔内的渣浆。冲击钻成孔示意图如图 2.21 所示。

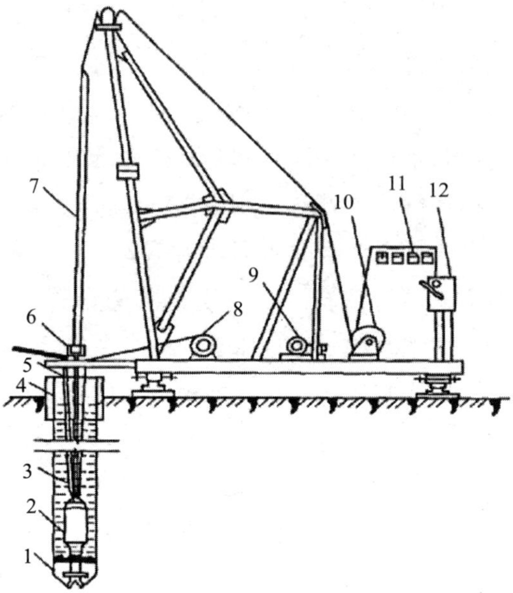


1—钻头；2—潜水钻机；3—电缆；4—护筒；5—水管；6—滚轮（支点）；7—钻杆；8—电缆盘；9—0.5t卷扬机；10—卷扬机；11—电流电压表；12—启动开关

**图 2.20　潜水钻机示意图**

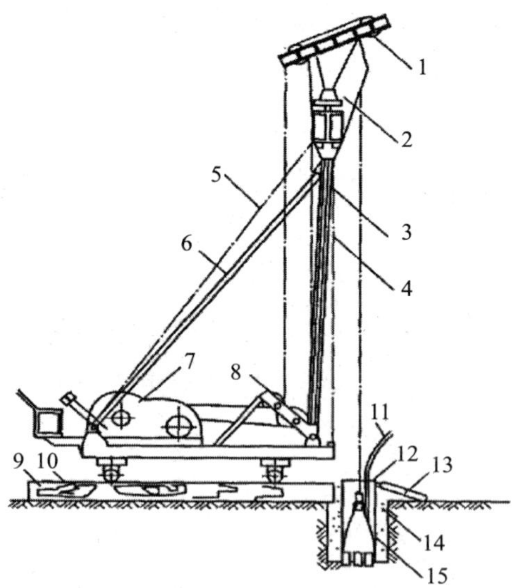


1—副滑轮；2—主滑轮；3—主杆；4—前拉索；5—后拉索；6—斜撑；7—双滚筒卷扬机；8—导向轮；9—垫木；10—钢管；11—供浆管；12—溢流口；13—泥浆流槽；14—护筒回填土；15—钻头

**图 2.21　冲击钻成孔示意图**

### 3. 套管成孔灌注桩

套管成孔灌注桩是利用锤击打桩法或振动打桩法，将带有钢筋混凝土桩靴或带有活瓣式桩靴（见图 2. 22）的钢套管沉入土中，然后灌注混凝土并拔管而成。若配有钢筋时，在规定标高处应吊放钢筋骨架。利用锤击沉桩设备沉管、拔管时，称为锤击灌注桩；利用激振器的振动沉管、拔管时，称为振动灌注桩。图 2. 23 为沉管灌注桩施工过程示意图。

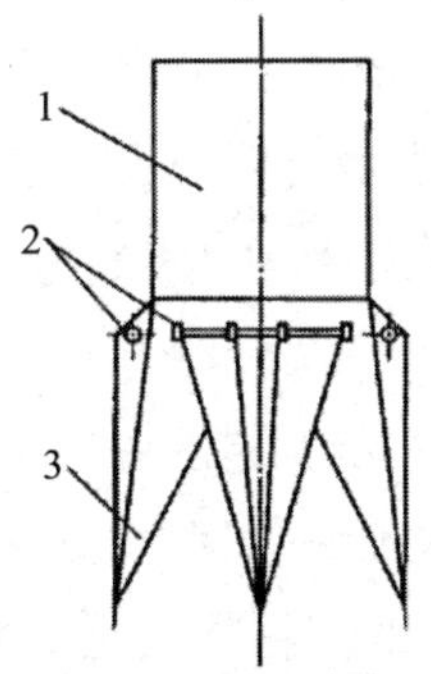


1—桩管；2—锁轴；3—活瓣

**图 2. 22　活瓣桩尖示意图**

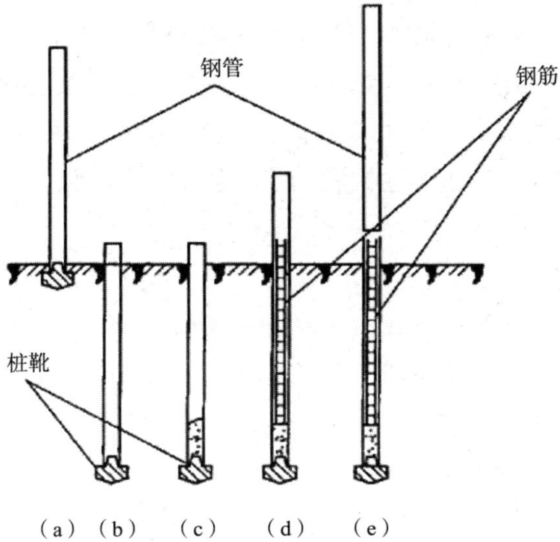


**图 2. 23　沉管灌注桩施工过程示意图**

注：（a）就位；（b）沉套管；（c）开始灌注混凝土；（d）下钢筋骨架继续浇灌混凝土；（e）拔管成型。

（1）锤击灌注桩。

当锤击灌注桩施工时，用桩架吊起钢套管，对准预先设在桩位处的预制钢筋混凝土桩靴。套管与桩靴连接处要垫以麻、草绳，以防止地下水渗入管内。然后缓缓放下套管，套入桩靴压进土中。套管上端扣上桩帽，检查套管与桩锤是否在一垂直线上，套管偏斜≤0.5%时，即可起锤沉套管。先用低锤轻击，观察后如无偏移才正常施打，直至符合设计要求的贯入度或沉入标高，检查管内有无泥浆或水进入，即可灌注混凝土。套管内混凝土应尽量灌满，然后开始拔管。拔管要均匀，第一次拔管高度控制在能容纳第二次所需的混凝土灌注量为限，不宜拔管过高。拔管时应保持连续密锤低击不停，并控制拔出速度，对一般土层，以不大于1m/min为宜；在软弱土层及软硬土层交界处，应控制在0.8m/min以内。拔管时还要经常探测混凝土落下的扩散情况，注意管内的混凝土保持略高于地面，一直到全管拔出为止。桩的中心距在5倍桩管外径以内或小于2m时，均应跳打，中间空出的桩须待邻桩混凝土达到设计强度的50%以后，方可施打。

为了提高桩的质量和承载力，常采用复打扩大灌注桩。其施工顺序为：在第一次灌注桩施工完毕拔出套管后，清除管外壁上的污泥和桩孔周围地面的浮土，立即在原桩位再预埋桩靴或合好活瓣第二次复打沉套管，使未凝固的混凝土向四周挤压扩大桩径，然后再浇筑第二次混凝土。施工时要注意：前后两次沉管的轴线应重合；复打施工必须在第一次灌注的混凝土初凝之前进行。锤击灌注桩宜用于一般粘性土、淤泥质土、砂土和人工填土地基。

（2）振动灌注桩。

振动灌注桩采用激振器或振动冲击锤沉管，其设备如图2.24所示。施工时，先安装好桩机，将桩管下活瓣合起来，对准桩位，缓慢放下套管，压入土中，勿使偏斜，即可开动激振器沉管。激振器又称振动锤，由电动机带动装有偏心块的轴旋转而产生振动。振动沉套管与振动法沉桩相似。沉管时必须严格控制最后两个两分钟的贯入速度，其值按设计要求，或根据试桩和当地长期的施工经验确定。

振动灌注桩可采用单打法、反插法或复打法施工。

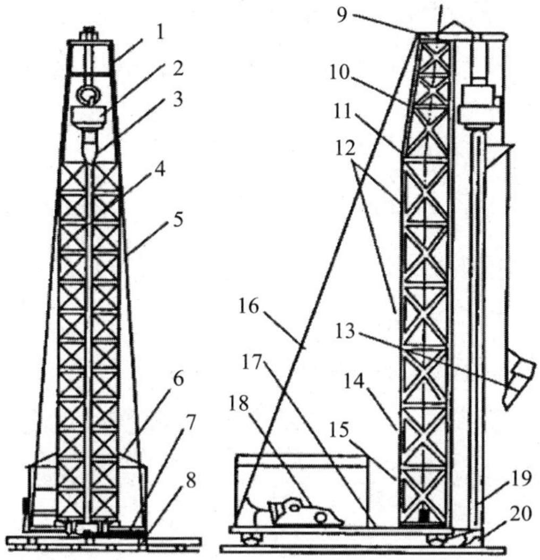


1—滑轮组；2—激振器；3—漏斗口；4—桩管；5—前拉索；6—遮栅；7—滚筒；8—枕木；9—架顶；10—架身顶段；11—钢丝绳；12—架身段；13—吊斗；14—架身下段；15—导向滑轮；16—后拉索；17—架底；18—卷扬机；19—加压滑轮；20—活瓣桩尖

**图 2.24　振动沉管设备示意图**

单打施工时，在沉入土中的套管内灌满混凝土，开动激振器，振动 5～10s，开始拔管，边振边拔。每拔 0.5～1m，停拔振动5～10s，如此反复，直到套管全部拔出。在一般土层内拔管速度宜为 1.2～1.5m/min，在较软弱土层中，不得大于 0.8～1.0m/min。

反插法施工时，在套管内灌满混凝土后，先振动再开始拔管，每次拔管高度 0.5～1.0m，向下反插深度 0.3～0.5m。如此反复进行并始终保持振动，直到套管全部拔出地面。反插法能使桩的截面增大，从而提高桩的承载力，宜在较差的软土地基上应用。

复打法要求与锤击灌注桩相同。

振动灌注桩的适用范围除与锤击灌注桩相同外，并适用于稍密及中密的碎石土地基。

（3）套管成孔灌注桩易产生的质量问题及处理。

①断桩。

断桩一般常见于地面下 1～3m 的不同软硬层交接处。其裂痕呈水平或略倾斜，一般都贯通整个截面。原因主要有：桩距过小，邻桩施打时土的挤压所产生的水平横向推力和隆起上拔力的影响；软硬土层间传递水平力大小不同，对桩产生剪应力；桩身混凝土终凝不久，强度弱，承受不了外力的影响。避免断桩的措施有：桩的中心距宜大于3.5倍桩径；考虑打桩顺序及桩架行走路线时，应注意减少对新打桩的影响；采用跳打法或控制时间法以减少对邻桩的影响。断桩检查，在2~3m深度内可用木棰敲击桩头侧面，同时用脚踏在桩头上，如桩已断，会感到浮振。也可用动测法，由波形曲线和频波曲线图形判断断桩的质量与完整程度。断桩一经发现，应将断桩段拔出，将孔清理干净后，略增大面积或加上铁箍连接，再重新灌注混凝土补做桩身。

②缩颈。

缩颈的桩又称瓶颈桩。部分桩颈缩小，截面积不符合要求。其原因是：在含水量大的粘性土中沉管时，土体受强烈扰动和挤压，产生很高的孔隙水压力，桩管拔出后，这种水压力便作用到新灌注的混凝土桩上，使桩身发生不同程度的颈缩现象；拔管过快，混凝土量少，或和易性差，使混凝土出管时扩散差等。施工中应经常测定混凝土落下情况，发现问题及时纠正，一般可用复打法处理。

③吊脚桩。

即桩底部混凝土隔空，或混凝土中混进泥砂而形成松软层。原因为桩靴强度不够，沉管时被破坏变形，水或泥砂进入桩管，或活瓣未及时打开。处理办法：将桩管拔出，纠正桩靴或将砂回填桩孔后重新沉管。

④桩靴进水进泥。

桩靴进水进泥常发生在地下水位高或饱和淤泥或粉砂土层中。原因是桩靴活瓣闭合不严、预制桩靴被打坏或活瓣变形。处理方法：拔出桩管，清除泥砂，整修桩靴活瓣，用砂回填后重打。地下水位高时，可待桩管沉至地下水位时，先灌入0.5m厚的水泥砂浆作封底，再灌1m高混凝土增压，然后再继续沉管。

**4. 人工挖孔大直径灌注桩**

人工挖孔大直径灌注桩是指用人工挖土成孔、灌注混凝土而成的桩；

当需扩大桩底的断面尺寸时，则称挖孔扩底灌注桩。这类桩单桩承载力大，受力性能好，质量可靠，沉降量小，施工操作工艺简单，无须大型机械设备，无振动、噪声，无环境污染，在荷载大的重型结构和超高层建筑深基础中得到广泛应用。

挖孔桩的直径一般为 800 ~ 2000mm，最大直径可达 3500mm；桩长（埋深）一般在 20m 左右，最深可达 40m。为了确保人工挖孔桩施工安全，要有预防孔壁坍塌和产生流砂、管涌的措施，要有可靠的排水、通风、照明设施。

人工挖孔桩预防孔壁坍塌的措施有采用现浇混凝土护圈、钢套管和沉井三种。

图 2.25 即为常用的混凝土护圈挖孔桩，其施工方法是分段开挖（每段为 1m），分段浇筑护圈混凝土直至设计深度后，再将桩的钢筋骨架放入护圈井筒内，然后浇筑井筒桩身混凝土。当工程地质有承压水的含水层或软土层时，为防止产生管涌、流砂，则可采用钢套管护壁，利用钢套管切断承压含水层或软土层。在软土层地压也有的采用沉井连续下沉方法进行挖孔桩施工。

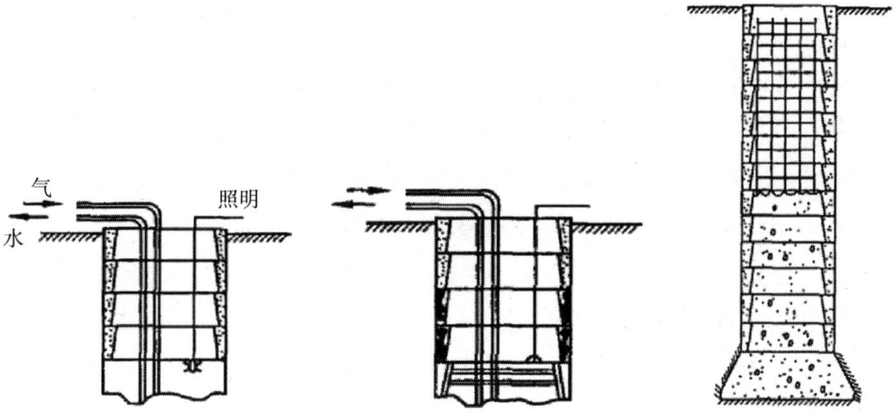


（a）在护圈保护下开挖土方　（b）支模浇筑混凝土护圈　（c）浇筑桩身混凝土

**图 2.25　混凝土护圈挖孔桩**

## 2.4 地基处理案例分析

### 2.4.1 工程概况[①]

青藏线西格二线应急工程察尔汉站信号楼，坐落于我国最大的高原盐湖——察尔汗盐湖上。这里海拔2780m，戈壁瀚海，盐海闪烁。夏季气候炎热干燥，湖内逐渐形成了高浓度的卤水，腐蚀性极强，湖面板结成了厚厚的盐盖。盐盖下0.2～3m处出现盐层，厚度达2～20m。

根据地质勘察报告，察尔汉站信号楼地基水分两层：第一层水位埋深约10mm，水质具有强腐蚀性；第二层水位埋深大于15m，水质具有细弱腐蚀性。

根据有关气象资料表明：这里属于我国典型的高原性气候。年平均风速26～28m/s，风向NE；定时最大风速17.7～26m/s，风向W、WNW。年平均八级以上大风日数15～33.3d，最大积雪厚度9～18cm，最大冻结深度166～204m，冬季气温达－27.7～－1℃。

### 2.4.2 地基处理的难点

察尔汗信号楼所处地区为高原盐湖区，卤水含量大，卤水水位埋深0.2～0.8m，此水为矿化度极高的卤水，在冬季施工，地基开挖和地基处理如果方法选择不当，就可能导致卤水流入基坑，影响基坑开挖和工程的进展。

（1）盐湖地区地基开挖难度大。

由于盐湖地区地下卤水丰富，在开挖方法上就应选择阻止卤水流入基坑的方法，防止基坑被卤水浸泡，因此选择合适的开挖方法十分重要。

（2）确定地基土壤处理的方案难度大。

由于本工程地处青海省察尔汗盐湖地区，没有成熟的经验可借鉴。因

① 张玲．高原盐湖区地基处理施工技术［J］．岩土工程，2008（5）．

此在确定地基处理方案时，选择合适的施工方案是解决地基处理的关键所在。

（3）高原缺氧，机械降耗幅度大。

在高原地区施工，由于高原缺氧，机械设备降耗幅度大，容易发生故障，影响施工进展。

（4）人员组织困难。

房屋工程开工正值严寒的冬季，在高原地区，缺少劳动力，人员组织困难。

### 2.4.3　地基处理施工方案

回填采用片石、级配良好的卵石做大面积的透水层，使地下水能够自由扩散。回填后及时分层碾压夯实，保证地基承载力达到设计要求，防止基础出现不均匀沉降。在卤水常年水位线以上 0 ~ 5m 处，采用砂夹石换填，降低成本。

基坑填土料采用片石、卵石、砂夹石，这些材料在戈壁滩上含量丰富，可以就地取材，降低成本。另外，片石、卵石透水性大，当地下水通过时可以向下自由渗透，这样在卤水位下形成一个 3 ~ 5m 厚的反滤层，保证基础下无积水，防止基础被卤水侵蚀。

（1）片石换填。

片石换填总厚度 10m，地基换填第一层采用 30cm × 30cm × 30cm 大小的片石进行换填，施工时，片石摆放应从周边开始，向内依次排开，摆放应均匀，保证基础承载力均匀一致，防止基础出现不均匀沉降。片石之间的孔隙用级配良好的卵石填充，再用压路机进行振动碾压，合格后（密实度大于 0.96），进行第二层换填。

（2）卵石换填。

片石换填完毕后，再用卵石进行换填，总厚度 25m，每层厚度 0.5m，分层换填、碾压并检测密实度。卵石换填高度超过正常卤水水位 0.5m。

### 2.4.4　实施效果

（1）经过察尔汗信号楼地基处理的施工实践，采用大面积换填的施工方法与碎石桩相比，此种方法施工简单，检测方便，比计划工期提前 3d 完成。

（2）采用砂石料做主材，在戈壁滩上材料丰富，可以就地取材，与钢筋混凝土桩基相比，节约了水泥、钢筋，降低了成本。

（3）采取上述施工方法处理的察尔汗信号楼地基，经过试验检测及正常的运行，无不良情况出现，保证了工程质量，取得了良好的社会和经济效益。

## 思考题

1. 试述地基验槽的目的和方法。

2. 试述地基加固处理的原理和拟订加固方案的原则。

3. 有哪些加固地基的方法？试述这些方法加固地基的机理。

4. 将地基处理与上部结构共同工作相结合可采取哪些措施？

5. 换土垫层为什么能加固地基？

6. 试述钢筋混凝土预制桩的制作、起吊、运输、堆放等环节的主要工艺要求。

7. 试分析打桩顺序、土壤挤压与桩距的关系。

8. 端承桩和摩擦桩的质量控制以什么为主？

9. 什么是沉管灌注桩的复打法？起什么作用？

10. 套管成孔灌注桩施工中常遇到哪些质量问题？如何处理？

11. 人工挖孔灌注桩有哪些特点？如何预防孔壁坍塌？

# 第3章

# 砌体工程

**本章提要**

本章内容包括砖砌体、石砌体、中小型砌块砌体三部分，重点介绍了砌体材料的性能及要求，砌筑用的脚手架及垂直运输设施，砌体的施工工艺、组砌原则、质量控制及检验方法。

**学习要求**

1. 了解砌体工程所用材料的性能，熟悉砖砌体、石砌体、砌块砌体的施工工艺和石拱桥的施工方法，掌握砖砌体、石砌体、砌块砌体的质量要求。

2. 通过现场参观，了解脚手架的类型、构造及适用范围，了解垂直运输设施的选用及布置要求。

3. 熟悉脚手架和垂直运输设施安全使用的技术措施。

## 3.1 砌体材料

砌体是用砂浆将块材粘结成整体，以满足使用功能和承受结构荷载。因此，块材及砂浆的质量是影响砌体质量的重要因素。

### 3.1.1 块材

砌体工程用的块材有砖、石材及砌块三大类。

**1. 砖**

砖有实心砖、多孔砖和空心砖，按其生产方式不同又分为烧结砖和蒸压（或蒸养）砖两大类。

（1）烧结砖。

烧结砖有烧结普通砖（为实心砖）、烧结多孔砖和空心砖，它们是以粘土、页岩、煤矸石、粉煤灰为主要原料，经压制成型、焙烧而成。按所用原料不同，分别为粘土砖、页岩砖或粉煤灰砖。

烧结普通砖的外形为直角六面体，其规格为 240mm × 115mm × 53mm（长 × 宽 × 高）。根据抗压强度分为 MU30、MU25、MU20、MU15、MU10 五个强度等级。烧结多孔砖和空心砖的规格有 190mm × 190mm × 90mm、

240mm×115mm×90mm、240mm×180mm×115mm 等多种。承重多孔砖的强度等级与烧结普通砖相同，非承重空心砖的强度等级为 MU5、MU3、MU2。

（2）蒸压砖。

蒸压砖有煤渣砖和灰砂空心砖。

蒸压煤渣砖是以煤渣为主要原料，掺入适量的石灰、石膏，经混合、压制成型、通过蒸压（或蒸养）而成的实心砖；其规格同烧结普通砖，强度等级由抗压、抗折强度而定，有 MU20、MU15、MU10、MU7.5 四个强度等级。

蒸压灰砂空心砖以石灰、砂为主要原料，经坯料制备、压制成型、蒸压养护成型而制成的孔洞率大于 15% 的空心砖。

砖的尺寸：长均为 240mm，宽均为 115mm，高有 53mm、90mm、115mm、175mm 四种，强度等级有 MU25、MU20、MU15、MU10、MU7.5 五级。

**2. 石材**

砌筑用的石材分为毛石、料石两类。

毛石又分为乱毛石和平毛石。乱毛石指形状不规则的石块；平毛石指形状不规则，但有两个平面大致平行的石块。毛石的中部厚度不应小于 150mm。

料石按其加工面的平整程度分为细料石、半细料石、粗料石和毛料石四种。料石的宽度、厚度均不宜小于 200mm。

因石材的大小和规格不一，通常用边长为 70mm 的立方体试块进行抗压强度实验，取 3 个试块破坏强度的平均值作为确定石材强度等级的依据，其强度等级有 MU100、MU80、MU60、MU50、MU40、MU30、MU20、MU15 和 MU10。

**3. 砌块**

砌块的种类较多，一般常用的有混凝土空心砌块、加气混凝土砌块及粉煤灰实心砌块。通常把高度为 180～350mm 的称为小型砌块，360～900mm 的称为中型砌块。砌块的类型不同，其强度等级各异。为此，生产单位供应砌块时，必须提供产品出厂合格证，标明砌块的强度等级和质量指标。

### 3.1.2 砂浆

**1. 原材料要求**

一般常用的砂浆有水泥砂浆、石灰砂浆和混合砂浆三种，其主要原材料为水泥、砂、石灰膏及外掺料。

水泥品种及强度等级应根据设计要求、砌体的部位和所处的环境来选择。水泥砂浆采用的水泥，其强度等级不应大于32.5；水泥混合砂浆采用的水泥，其强度等级不宜大于42.5。

砂宜用中砂，其中毛石砌体宜用粗砂。砂应过筛，不得含有杂物，其含泥量一般不应超过5%，对强度等级小于M5的混合砂浆也不应超过10%。

生石灰熟化成石膏时，应用孔径不大于3mm×3mm的网过滤，熟化时间不得少于7天。灰地中储存的石灰膏应防干燥、冻结和污染，严禁使用脱水硬化的石灰膏。

砂浆掺外掺料可改善其和易性，常用的外掺料有粘土膏、电石膏和粉煤灰等。

凡在砂浆中掺入有机塑化剂、早强剂、缓凝剂、防冻剂等外加剂时，应经检验和试配符合要求后，方可使用。

**2. 砂浆的强度等级**

砂浆的强度等级是用边长70.7mm的立方体试块，在20±5℃及正常湿度条件下，置于室内不通风处养护28d的平均抗压极限强度确定的，其强度等级有M20、M15、M10、M7.5、M5、M2.5。

砂浆试块强度验收时其合格标准应符合以下规定：同一验收批砂浆试块抗压强度平均值必须大于或等于设计强度等级所对应的立方体抗压强度，其中强度最小一组的平均值必须大于或等于设计强度等级所对应的立方体抗压强度的0.75倍。

**3. 砂浆制备与使用**

砂浆制备应采用经试配调整后的配合比，配料要准确。水泥配料的精确度应控制在±2%以内，砂、石灰膏和外掺料应控制在±5%以内。掺用外加剂时，应先将外加剂按规定浓度溶于水中，再将外加剂溶液与拌和水一起投入拌和，不得将外加剂直接投入拌制的砂浆中。

砂浆应采用机械拌和，拌和时间为：水泥砂浆、水泥混合砂浆不得少于2min；水泥粉煤灰砂浆和掺用外加剂的砂浆不得少于3min。砂浆的稠度对砖砌体宜控制在70～90mm，对石砌体宜为30～50mm。砂浆应随拌随用，水泥砂浆和水泥混合砂浆必须在拌和后3～4h内使用完毕。如施工期最高气温超过30℃时，则应在2～3h内使用完毕。

# 3.2 脚手架及垂直运输设施

## 3.2.1 脚手架

### 1. 脚手架的种类

脚手架是为了便于施工活动和安全操作的一种临时设施。实践证明，砖砌体施工中，在距地面0.6m时生产率最高，低于或高于0.6m时生产率均下降。当砌筑到一定高度后，不搭设脚手架就无法进行施工操作。为此，考虑到工作效率和施工组织等因素，每次脚手架的搭设高度以1.2m为宜，称为“一步架高”，又叫砌体的可砌高度。

脚手架的种类及形式多样，最常用的有外脚手架、里脚手架、吊式脚手架和悬挑脚手架。

图3.1所示为扣件式钢管外脚手架，脚手架立面图如图3.1（a）所示，可搭设成双排式［见图3.1（b）］或单排式［见图3.1（c）］。

图3.2为一种框组式（又称多功能门式）脚手架的基本单元，可用作里脚手架搭设在每层楼板上，层层往上翻；也可组合成整片脚手架（见图3.3），作为外脚手架或满堂红脚手架使用；还可用于搭设垂直运输的井字架或模板的支撑架。

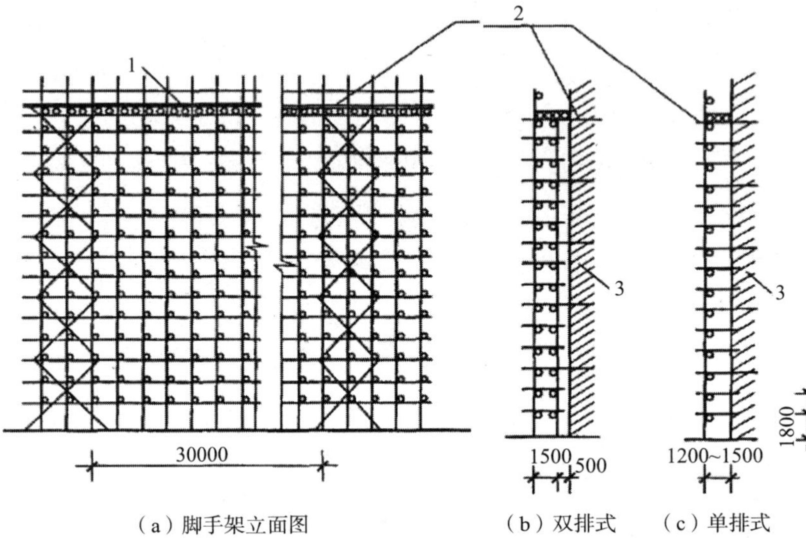


1—脚手板；2—连墙杆；3—墙身

**图 3.1　钢管扣件式外脚手架（单位：mm）**

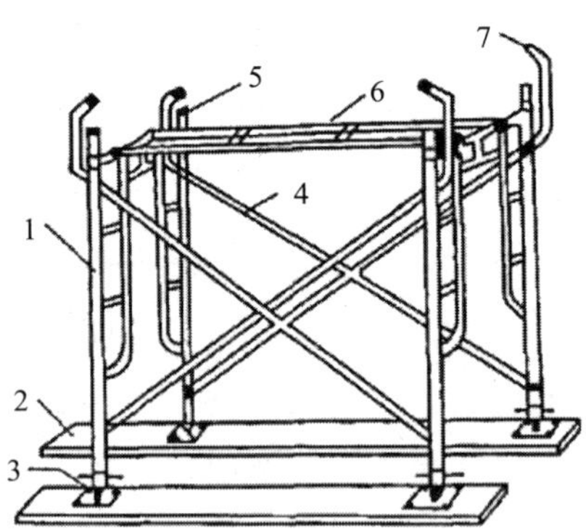


1—门架；2—平板；3—螺旋基脚；4—剪刀撑；
5—连接棒；6—水平梁架；7—锁臂

**图 3.2　门型脚手架的基本单元**

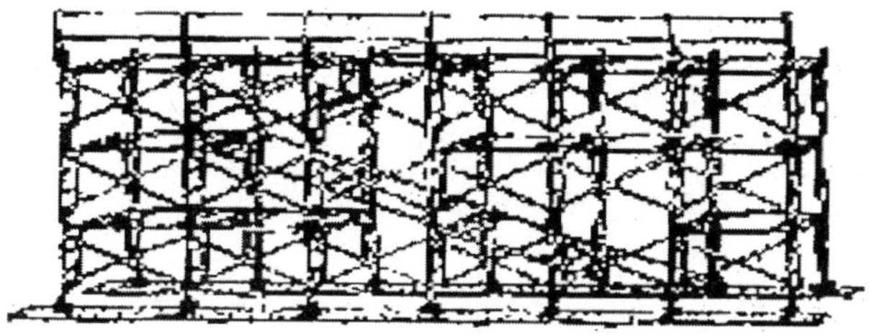

图 3.3 整片门型脚手架

图 3.4 为带有升降装置的吊式脚手架，即吊篮或吊架脚手架。悬挑脚手架（简称挑脚手架）是在建筑结构上采用悬挑方式搭设的脚手架。

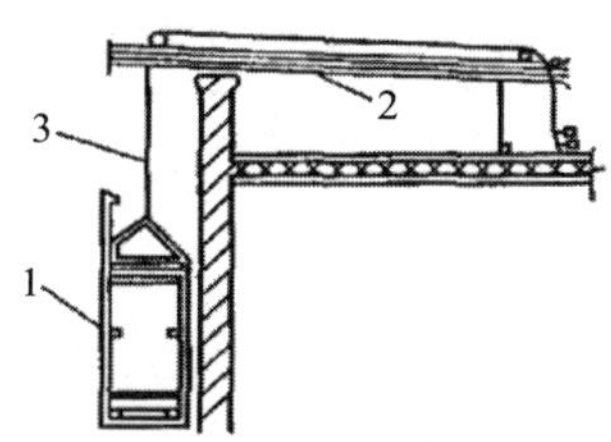


1— 吊架；2—支承设施；3— 吊索

图 3.4 吊式脚手架

**2. 脚手架搭设和使用要求**

脚手架搭设应满足工人操作、材料堆放及运输要求。其宽度一般为 1.5 ~2m，每步架高为 1.2 ~1.4m，外脚手架所承受的施工荷载不得大于 $3kN \cdot m^2$。脚手架应具有足够的强度和刚度，应铺满、铺稳，不得有空头板。过高的外脚手架和钢脚手架应设防雷接地装置，外侧应设安全网。

对脚手架的基本要求是：构造合理，坚固稳定，与结构拉结、支撑可靠，不沉降、变形、摇晃、失稳；且搭设、拆除和搬运方便，能长期周转使用。此外，还应考虑多层作业、交叉作业和多工种作业的需要，减少搭拆次数；还应与垂直运输设施和楼层作业相适应，以确保材料从垂直运输安全转入楼层水平运输。

脚手架搭设后，要严格验收。在使用期中要加强检查，防止局部失稳和整体失稳，造成人身安全事故。

### 3.2.2 垂直运输设施

常用的垂直运输设施有塔式起重机、井架、龙门架和建筑施工电梯等。

井架多用型钢或钢管加工成定型产品，也可用脚手架部件搭设。为了满足运输多种材料的需要和扩大服务范围，可在井架内设吊盘，在井架上安装悬臂拔杆（见图3.5）。龙门架由两立柱及天轮梁（横梁）构成，在龙门架上装设滑轮、导轨、吊盘（上料平台）及起重索、缆风绳等，即构成一个完整的垂直运输体系（见图3.6）。

人货两用建筑施工电梯如图3.7所示。其吊笼装在井架外侧，沿齿条式轨道升降。它附着在外墙或建筑结构上，可载货1.0～1.2t，可乘12～15人，可随建筑主体结构施工往上接高100m，特别适合用于高层建筑。

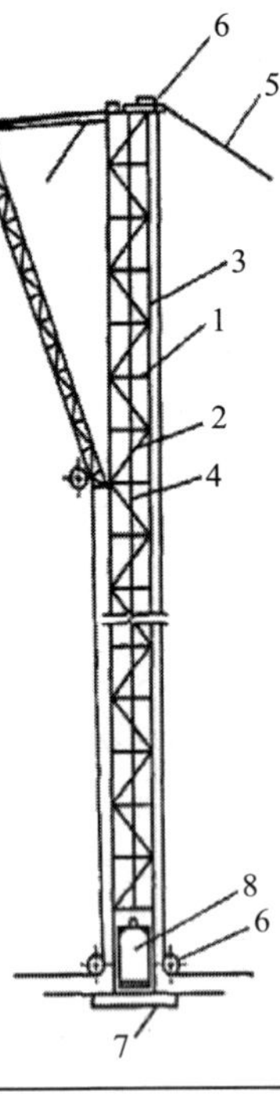


1—平撑；2—斜撑；3—立柱；4—钢丝绳；
5—缆风绳；6—滑轮；7—垫木；8—内吊盘

**图3.5 井架**

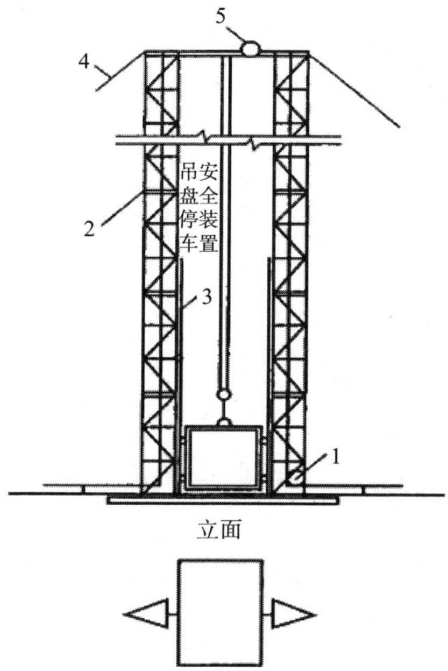


1—地轮；2—立柱；3—导轨；4—缆风绳；5—天轮

**图 3.6 龙门架**

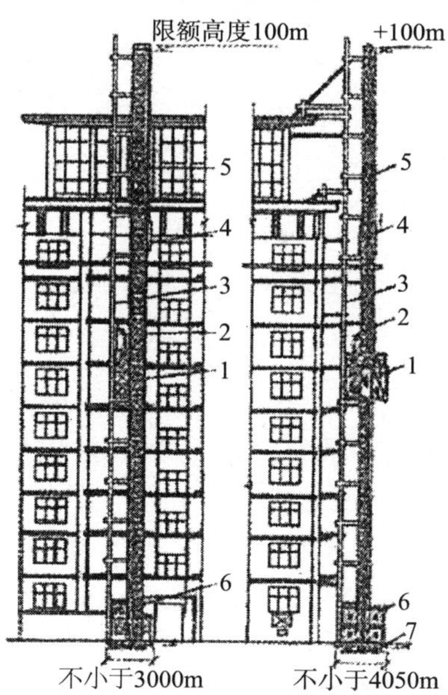


1—吊笼；2—小吊杆；3—架设安装杆；4—平衡箱；5—导轨架；6—底笼；7—混凝土基础

**图 3.7 建筑施工电梯**

## 3.3 砖砌体施工

砖砌体类型较多，现仅以砖墙砌体为例阐述有关施工问题。

### 3.3.1 一般规定

（1）砖的品种、强度等级必须符合设计要求，并应规格一致。用于清水砌体表面的砖尚应边角整齐，色彩均匀。

（2）普通砖、空心砖应提前浇水湿润，其含水率宜为10% ~15%，灰砂砖、粉煤灰砖含水率宜为5% ~8%。

（3）砂浆品种、强度等级及稠度应符合设计和规范的要求。

（4）灰砂砖、粉煤灰砖早期收缩值大，要求出窑后停放时间不应小于28天，以预防砌体早期开裂。

（5）多孔砖的孔洞应垂直于受压面，有利于砂浆结合层进入上下砖块的孔洞中，以提高砌体的抗剪强度和整体性。

（6）不得在下列墙体或部位设置脚手眼：①12cm厚墙、料石清水墙和独立柱；②过梁上与过梁呈60°角的三角形范围及过梁净跨度1/2的高度范围内；③宽度小于1m的窗间墙；④砌体门窗洞口两侧20cm（石砌体为30cm）和转角处45cm（石砌体为30cm）和转角处45cm（石砌体为60cm）范围内；⑤梁或梁垫下及其左右50cm范围内。

### 3.3.2 施工工艺

砌筑砖墙通常有抄平、放线、摆砖样、立皮数杆、立头角和勾缝等工序。

（1）抄平。

砌砖前，在基础防潮层或楼面上定出各层标高，并用水泥砂浆或C10细石混凝土抄平。

（2）放线。

在抄平的墙基上，按龙门板上轴线定位钉为准拉麻线，弹出墙身中心轴线，并定出门窗洞口位置。

（3）摆砖样在弹好线的基面上，由经验丰富的瓦工，根据墙身长度（按门、窗洞口分段）和组砌方式进行摆砖样，使每层砖的砖块排列和灰缝宽度均匀。

（4）立皮数杆。

皮数杆是一根控制每皮砖砌筑的竖向尺寸，并使铺灰、砌砖的厚度均匀，保证砖皮水平的一根长约2m的木板条。上面标有砖的皮数、门窗洞、过梁、楼板的位置，用来控制墙体各部分构件的标高。皮数杆一般立于墙的转角处，用水准仪校正标高，如墙很长，可每隔10~12m再立一根。

（5）盘角砌筑。

头角即墙角，是确定墙身两面横平竖直的主要依据。盘角时，主要大角盘角不要超过5皮砖，应随砌随盘，然后将麻线挂在墙身上（称为挂准线）；盘角时还要与皮数杆对照，检查无误后才能挂线，再砌中间墙。

（6）勾缝。

勾缝使清水墙面美观、牢固。勾缝宜用1∶1.5的水泥砂浆，砂应用细砂，也可用原浆勾缝。

（7）楼板安装。

安装前，应在墙顶面铺上砂浆。安装时，楼板端支承部位坐浆饱满，楼板表面平整，板缝均匀，最好事先将楼板安放位置划好线。注意楼板搁在墙上的尺寸和按设计规定放置构造筋。阳台安装时，挑出部分应用临时支撑。

### 3.3.3 质量要求

砌筑质量应符合《砌体结构工程施工规范》（GB50203—2020）的要求。做到“横平竖直、砂浆饱满、组砌得当、接槎可靠”。

**1. 横平竖直**

砖砌体主要承受垂直力，为使砖砌筑时横平竖直、均匀受压，要求砌体的水平灰缝应平直、竖向灰缝应垂直对齐，不得游丁走缝。

**2. 砂浆饱满**

砂浆层的厚度和饱满度对砖砌体的抗压强度影响很大，这就要求水平灰缝和垂直灰缝的厚度控制在 8 ~ 12m 以内，且水平灰缝的砂浆饱满度不得小于 80%（可用百格网检查）。这样可保证砖均匀受压，避免受弯、受剪和局部受压状态的出现。

**3. 组砌得当**

为提高砌体的整体性、稳定性和承载力，砖块排列应遵守上下错缝的原则，避免垂直通缝出现，错缝或搭砌长度一般不小于 60mm。为满足错缝要求，实心墙体组砌时，一般采用一顺一丁（见图 3.8）、三顺一丁（见图 3.9）和梅花丁（同一皮中丁砖与顺砖相间排列）的砌筑形式。砌筑方法一般采用“三一”砌法，即用大铲一铲灰、一块砖、一挤揉的砌筑方法。

**图 3.8　一顺一丁砌法**

**图 3.9　三顺一丁砌法**

**4. 接槎可靠**

接槎是指墙体临时间断处的接合方式，一般有斜槎和直槎两种方式。

规范规定：砖砌体的转角处和交接处应同时砌筑，对不能同时砌筑而又必须留置的临时间断处，应砌成斜槎，且实心砖砌体的斜槎长度不应小于高度的 2/3（见图 3.10）；如临时间断处留斜槎有困难时，除转角处外，也可留直槎，但必须做成凸槎，并加设拉结筋；拉结筋的数量为每 12cm 墙厚放置一根 +6 的钢筋（墙厚为 12cm 时为 2φ6），间距沿墙高不得超过 50cm，埋入长度从墙的留槎处算起，每边不应小于 50cm，末端应有 90°弯钩（见图 3.11）。墙砌体接槎时，必须将接槎处的表面清理干净，浇水湿润，并应填实砂浆，保持灰缝平直。

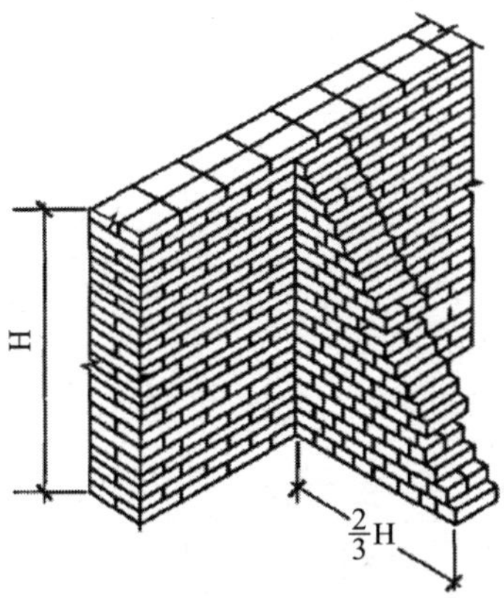


**图 3.10　斜槎**

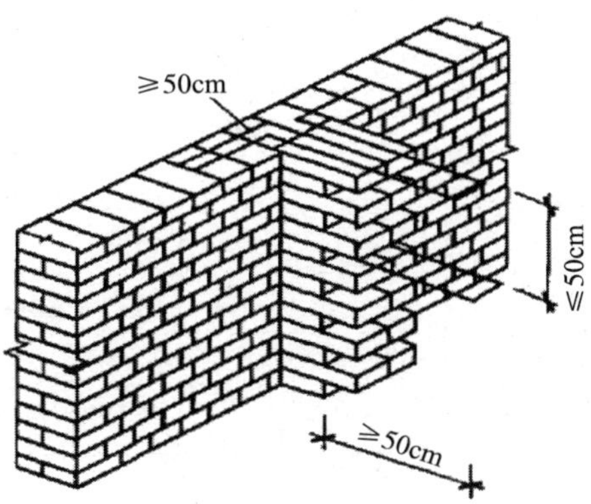


**图 3.11　直槎**

另外，在砌筑过程中，砌体的位置、垂直度及一般尺寸的允许偏差，应符合表 3.1 和表 3.2 的规定。

表 3.1　　砖砌体的位置及垂直度允许偏差表

| 项次 | 项目 | | 允许偏差（mm） | 检验方法 | 抽检数量 |
|---|---|---|---|---|---|
| 1 | 基础顶面和楼面标高 | | ±15 | 用水平仪和尺检查 | 不应少于 5 处 |
| 2 | 表面平整度 | 清水墙、柱 | 5 | 用 2m 靠尺和楔形塞尺检查 | 有代表性自然间的 10%，但不应少于 3 间，每间不应少于 2 处 |
| | | 混水墙、柱 | 8 | | |
| 3 | 门窗洞口高、宽（后塞口） | | ±5 | 用尺检查 | 检验批洞口的 10%，且不应少于 5 处 |
| 4 | 外墙上下窗口偏移 | | 20 | 以底层窗口为准，用经纬仪或吊线检查 | 检验批的 10%，且不应少于 5 处 |
| 5 | 水平灰缝平直度 | 清水墙 | 7 | 拉 10m 线和尺检查 | 有代表性自然间的 10%，但不应少于 3 间，每间不应少于 2 处 |
| | | 混水墙 | 10 | | |
| 6 | 清水墙游丁走缝 | | 20 | 用线和尺检查，以每层第一皮砖为准 | 有代表性自然间的 10%，但不应少于 3 间，每间不应少于 2 处 |

表 3.2　　砖砌体一般尺寸允许偏差表

| 项次 | 项目 | | | 允许偏差（mm） | 检验方法 |
|---|---|---|---|---|---|
| 1 | 轴线位置偏移 | | | 10 | 用经纬仪和尺检查或用其他测量仪器检查 |
| 2 | 垂直度 | 每层 | | 5 | 用 2m 托线板检查 |
| | | 全高 | ≤10m | 10 | 用经纬仪、吊线和尺检查，或用其他测量仪器检查 |
| | | | >10m | 20 | |

### 3.3.4　砖砌体冬期施工

当室外日平均气温连续 5d 稳定低于 5℃时，砌体工程应采取冬期施工措施。冬期施工时，砖在砌筑前应清除冰霜，在正温条件下应浇水，在负温条件下，若浇水困难，则应增大砂浆的稠度。砌筑时，不得使用无水泥配制的砂浆，所用水泥宜采用普通硅酸盐水泥；石灰膏、粘土膏等不应受冻；砂不得有大于1cm的冻结块；为使砂浆有一定的正温度，拌和前，水和砂可预先加热，但水温不得超过80℃，砂的温度不得超过40℃。每日砌筑后，应在砌体表面覆盖保温材料。

砖石工程冬期施工常用方法有掺盐砂浆法和冻结法。

**1. 掺盐砂浆法**

是在砂浆中掺入一定数量的氯化钠（单盐）或氯化钠加氯化钙（双盐），以降低冰点，使砂浆中的水分在一定的负温下不冻结。这种方法施工简便、经济、可靠，是砖石工程冬期施工广泛采用的方法。掺盐砂浆的掺盐量应符合表3.3的规定。

**表3.3　掺盐砂浆的掺盐量（占用水量的百分比）**

<table>
<tr><th>项次</th><th colspan="3">日最低气温</th><th>等于或高于<br>-10℃</th><th>-15～<br>-11℃</th><th>-20～<br>-16℃</th><th>低于<br>-20℃</th></tr>
<tr><td rowspan="2">1</td><td rowspan="2">单盐</td><td rowspan="2">氯化钠</td><td>砌砖</td><td>3</td><td>5</td><td>7</td><td></td></tr>
<tr><td>砌石</td><td>4</td><td>7</td><td>10</td><td></td></tr>
<tr><td rowspan="2">2</td><td rowspan="2">双盐</td><td rowspan="2">氯化钠<br>氯化钙</td><td rowspan="2">砌砖</td><td></td><td></td><td>5</td><td>7</td></tr>
<tr><td></td><td></td><td>2</td><td>3</td></tr>
</table>

另外，为便于施工，砂浆在使用时的温度不应低于5℃，且当日最低气温等于或小于-15℃时，对砌筑承重墙体的砂浆标号应按常温施工提高1级。

**2. 冻结法**

冻结法是采用不掺外加剂的水泥砂浆或水泥混合砂浆砌筑砌体，允许砂浆遭受冻结。砂浆解冻时，当气温回升至0℃以上后，砂浆继续硬化，但此时的砂浆经过冻结、融化、再硬化以后，其强度及与砖石的粘结力都有不同程度的下降，且砌体在解冻时变形大，对于空斗墙、毛石墙、承受侧压力的砌体、在解冻期间可能受到振动或动力荷载的砌体、在解冻期间不允许发生沉降的砌体（如筒拱支座），不得采用冻结法。

冻结法施工时，砂浆使用的温度不应低于10℃；当日最低气温≥-25℃时，砌筑承重砌体的砂浆标号应按常温施工提高1级；当日最低气

温低于 -25℃时，则应提高 2 级。

为保证砌体在解冻时正常沉降，尚应符合下列规定：每日砌筑高度及临时间断的高度差，均不得大于 1.2m；门窗框的上部应留出不小于 5mm 的缝隙；砌体水平灰缝厚度不宜大于 10mm；留置在砌体中的洞口和沟槽等，宜在解冻前填砌完毕；解冻前应清除结构的临时荷载。

在解冻期间，应经常对砌体进行观测和检查，如发现裂缝、不均匀下沉等情况，应及时分析原因并采取加固措施。

## 3.4 中小型砌块砌体施工

### 3.4.1 普通混凝土小型空心砌块砌体

普通混凝土小型空心砌块主要规格尺寸为 390mm × 190mm × 190mm，有两个方形孔，强度等级为 MU3.5、MU5、MU7.5、MU10、MU15、MU20。

小砌块要使龄期大于 28d 后方能进行砌筑，砌筑时不宜浇水，应立皮数杆、拉准线控制。从转角或定位处开始，内外墙同时砌筑，纵横墙交错搭接。外墙转角处应使小砌块隔皮露端面：T 字交接处应使横墙小砌块隔皮露端面，纵墙在交接处改砌两块辅助规格小砌块（尺寸为 290mm × 190mm × 190mm，一头开口），所有露端面用水泥砂浆找平（见图 3.12）。

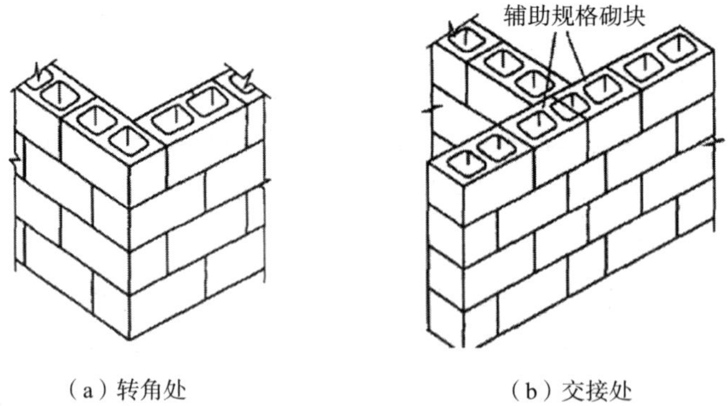


图 3.12　小砌块墙转角处及 T 字交接处砌法

小砌块应对孔错缝搭砌，上下皮小砌块竖向灰缝相互错开190mm。个别情况当无法对孔砌筑时，错缝长度不应小于90mm，当不能保证此规定时，应在水平灰缝中设置2φ4钢筋网片，钢筋网片每端均应超过该垂直灰缝，其长度不得小于300mm。

小砌块砌体的灰缝应横平竖直，全部灰缝均应铺填砂浆，水平灰缝的砂浆饱满度不得低于90%，竖向灰缝的砂浆饱满度不得低于80%，砌筑中不得出现瞎缝、透明缝。水平灰缝厚度和竖向灰缝宽度应控制在8～12mm。当缺少辅助规格小砌块时，砌体通缝不应超过两皮砌块。

小砌块砌体临时间断处应砌成斜槎，斜槎长度不应小于斜槎高度的2/3（一般按一步脚手架高度控制）；如留斜槎有困难，除外墙转角处及抗震设防地区，砌体临时间断处不应留直槎外，可从砌体面伸出200mm砌成阴阳槎，并沿砌体高每三皮砌块（600mm），设拉结筋或钢筋网片，接槎部位宜延至门窗洞口（见图3.13）。

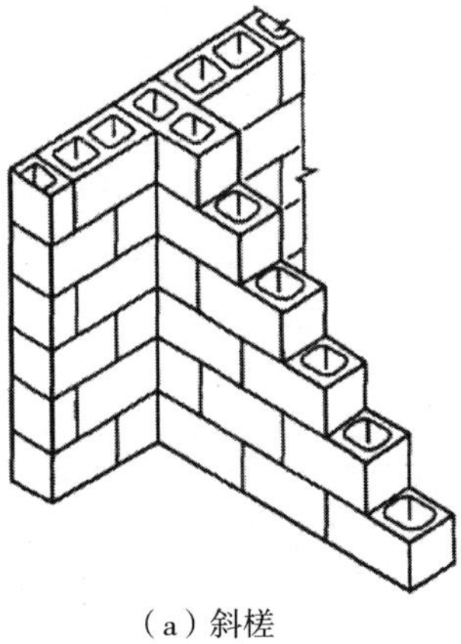
(a) 斜槎

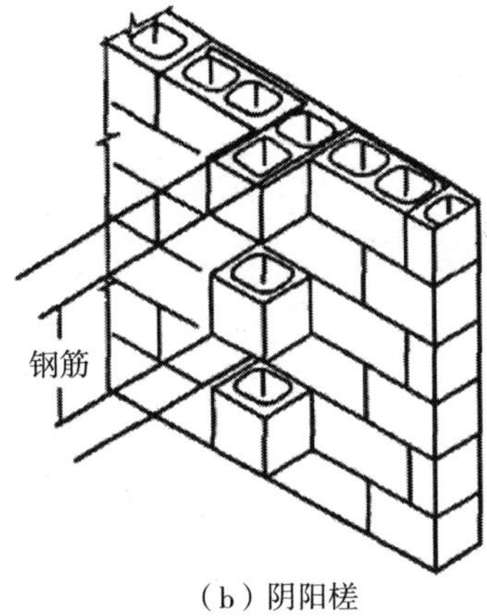

(b) 阴阳槎

**图3.13 小砌块砌体斜槎和直槎**

承重砌体严禁使用断裂小砌块或壁肋中有竖向凹形裂缝的小砌块砌筑，也不得采用小砌块与烧结普通砖等其他块体材料混合砌筑。

常温条件下，普通混凝土小砌块的日砌筑高度应控制在1.8m内。对砌体表面的平整度和垂直度，灰缝的厚度和砂浆饱满度应随时检查，校正偏差。在砌完每一楼层后，应校核砌体的轴线尺寸和标高，允许范围内的轴线及标高的偏差，可在楼板面上予以校正。

砌体的轴线、垂直度及一般尺寸的允许偏差应符合表3.4和表3.5的要求。

表3.4　　混凝土小砌块砌体的轴线及垂直度允许偏差表

| 项次 | 项目 | | | 允许偏差（mm） | 检验方法 |
|---|---|---|---|---|---|
| 1 | 轴线位置偏移 | | | 10 | 用经纬仪和尺检查或用其他测量仪器检查 |
| 2 | 垂直度 | 每层 | | 5 | 用2m托线板检查 |
| | | 全高 | ≤10m | 10 | 用经纬仪、吊线和尺检查，或用其他测量仪器检查 |
| | | | >10m | 20 | |

表3.5　　小砌块砌体一般尺寸允许偏差表

| 项次 | 项目 | | 允许偏差（mm） | 检验方法 | 抽检数量 |
|---|---|---|---|---|---|
| 1 | 基础顶面和楼面标高 | | ±15 | 用水平仪和尺检查 | 不应少于5处 |
| 2 | 表面平整度 | 清水墙、柱 | 5 | 用2m靠尺和楔形塞尺检查 | 有代表性自然间的10%，但不应少于3间，每间不应少于2处 |
| | | 混水墙、柱 | 8 | | |
| 3 | 门窗洞口高、宽（后塞口） | | ±5 | 用尺检查 | 检验批洞口的10%，且不应少于5处 |
| 4 | 外墙上下窗口偏移 | | 20 | 以底层窗口为准，用经纬仪或吊线检查 | 检验批窗口的10%，且不应少于5处 |
| 5 | 水平灰缝平直度 | 清水墙 | 7 | 拉10m线和尺检查 | 有代表性自然间的10%，但不应少于3间，每间不应少于2处 |
| | | 混水墙 | 10 | | |

### 3.4.2　加气混凝土砌块砌体

**1. 加气混凝土砌块砌体构造**

加气混凝土砌块可砌成单层墙或双层墙。单层墙是将加气混凝土砌块立砌，墙厚为砌块的宽度。双层墙是将加气混凝土砌块立砌两层中间夹以空气层，两层砌块间，每隔600mm墙高在水平灰缝中放置 ϕ4～ϕ6 的钢筋扒钉，扒钉间距为600mm，空气层厚度为70～80mm（见图3.14）。

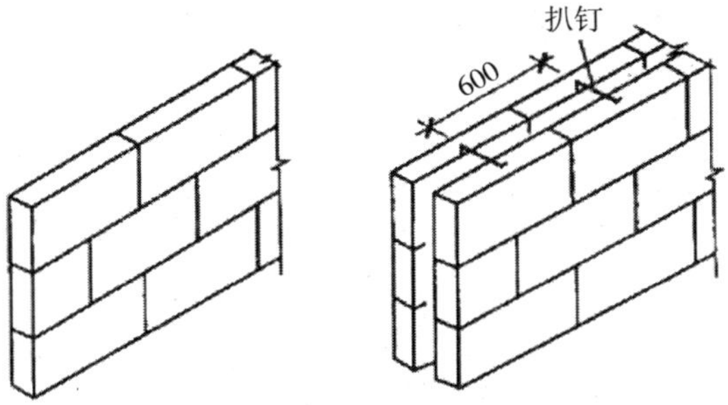


（a）单层砌块墙　　（b）双层砌块墙

**图3.14　加气混凝土砌块墙**

承重加气混凝土砌块墙的外墙转角处、墙体交接处，均应沿墙高1m左右，在水平灰缝中放置拉结钢筋，拉结钢筋为3ϕ6，钢筋伸入墙内不少于1000mm（见图3.15）。

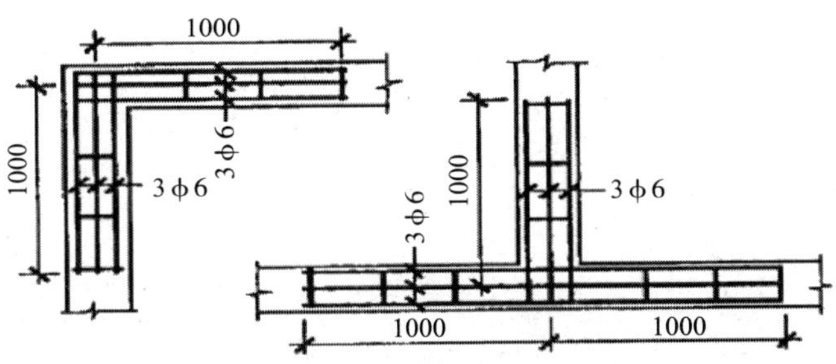


**图3.15　承重砌块墙的拉结钢筋**

非承重加气混凝土砌块墙的转角处、与承重墙交接处，均应沿墙高1m左右，在水平灰缝中放置拉结钢筋，拉结钢筋为2ϕ6，钢筋伸入墙内不少于700mm。

加气混凝土砌块外墙的窗口下一皮砌块下的水平灰缝中应设置拉结钢筋，拉结钢筋为3ϕ6，钢筋伸过窗口侧边应不小于500mm。

**2. 加气混凝土砌块砌体施工**

承重加气混凝土砌块砌体所用砌块强度等级应不低于MU7.5，砂浆强度不低于 M5。

加气混凝土砌块砌筑前，应根据建筑物的平面、立面图绘制砌块排列图。在墙体转角处设置皮数杆，在皮数杆上画出砌块皮数及砌块高度，并在相对砌块上边线间拉准线，依准线砌筑。

加气混凝土块出厂后要经充分干燥才能上墙，砌筑时要适量洒水，每一楼层内的墙体应连续砌完，不留接搓，不得留设脚手眼。砌块墙的上下皮砌块的竖向灰缝应相互错开，相互错开长度宜为 300mm，并不小于 150mm。如不能满足时，应在水平灰缝设置 2φ6 的拉结钢筋或 φ4 钢筋网片，拉结钢筋或钢筋网片的长度应不小于 700mm。

加气混凝土砌块墙的灰缝应横平竖直，砂浆饱满。水平灰缝的砂浆饱满度不应小于 90%，竖向灰缝的砂浆饱满度不应小于 80%。水平灰缝厚度宜为 15mm，竖向灰缝宽度宜为 20mm。

在墙的转角处，应使纵横墙的砌块相互搭砌，隔皮砌块露端面，在墙的 T 字交接处，应使横墙砌块隔皮露端面，并坐中于纵墙砌块（见图 3.16）。

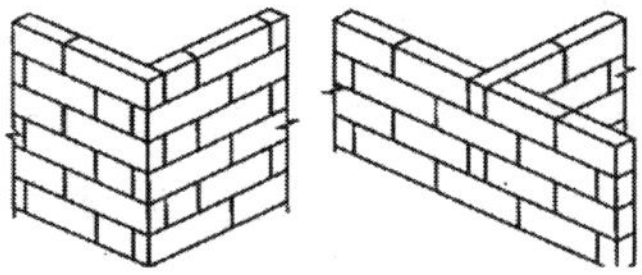

（a）转角处　　（b）交接处

**图 3.16　加气混凝土砌块墙的转角处、交接处砌法**

加气混凝土砌块不应与其他块材混砌，砌体一般尺寸的允许偏差应符合表 3.6 的要求。

**表 3.6　加气混凝土砌块砌体一般尺寸允许偏差表**

| 项次 | 项目 | | 允许偏差（mm） | 检验方法 |
|---|---|---|---|---|
| 1 | 轴线位移 | | 10 | 用尺检查 |
| | 垂直度 | 小于或等于 3m | 5 | 用 2m 托线板或吊线、尺检查 |
| | | 大于 3m | 10 | |

续表

| 项次 | 项目 | 允许偏差（mm） | 检验方法 |
|---|---|---|---|
| 2 | 表面平整度 | 8 | 用2米靠尺和楔形塞尺检查 |
| 3 | 门窗洞口高、宽（后塞口） | ±5 | 用尺检查 |
| 4 | 外墙上、下窗口偏移 | 20 | 用经纬仪或吊线检查 |

### 3.4.3 粉煤灰砌块砌体

粉煤灰砌块是以粉煤灰、石灰、石膏和轻集料为原料，加水搅拌，振动成型、蒸汽养护而成的密实砌块。其主要规格尺寸为880mm×380mm×240mm，180mm×430mm×240mm；其强度等级为MU10和MU13两个等级。

粉煤灰砌块适用于砌筑墙体，墙厚为240mm，所用砌筑砂浆强度等级应不低于M2.5。

粉煤灰砌块墙砌筑前，应按设计图绘制砌块排列图，并在墙体转角处设置皮数杆。粉煤灰砌块的砌筑面适量浇水，砌筑方法可采用“铺灰灌浆法”。先在墙顶上摊铺砂浆，然后将砌块按砌筑位置摆放到砂浆层上并与前一块砌块靠拢，留出不大于20mm的空隙。待砌完一皮砌块后，在空隙两旁装上夹板或塞上泡沫塑料条，在砌块的灌浆槽内灌砂浆，直至灌满。等到砂浆开始硬化不流淌时，即可卸掉夹板或取出泡沫塑料条（见图3.17）。

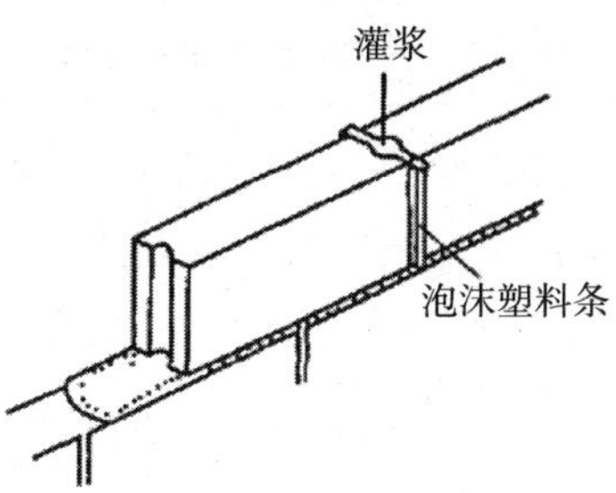


图3.17 粉煤灰砌块砌筑

粉煤灰砌块上下皮的垂直灰缝应相互错开，错开长度应不小于砌块长度的1/3。灰缝应横平竖直，砂浆饱满。水平灰缝的砂浆饱满度不应小于

90%，竖向灰缝的砂浆饱满度不应小于 80%。水平灰缝厚度不得大于 15mm，竖向灰缝宽度不得大于 20mm。

粉煤灰砌块墙的转角处，应使纵横墙砌块相互搭砌，隔皮砌块露端面，露端面应锯平灌浆槽。粉煤灰砌块墙的 T 字交接处，应使横墙砌块隔皮露端面，并坐中于纵墙砌块，露端面应锯平灌浆槽（见图 3.18）。粉煤灰砌块墙砌到接近上层楼板底时，因最上一皮不能灌浆，可改用烧结普通砖或煤渣砖斜砌挤紧。

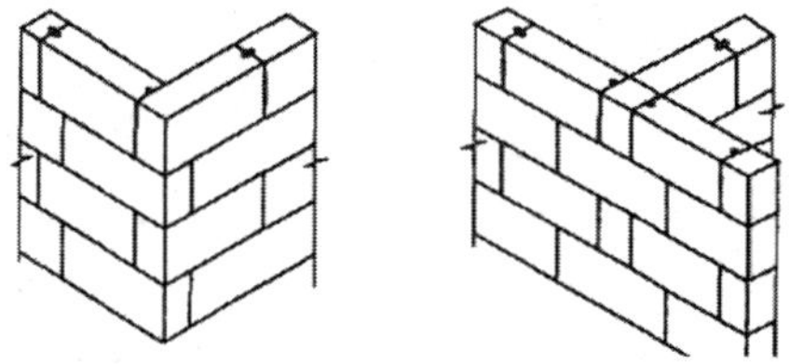

（a）转角处　　（b）交接处

**图 3.18　粉煤灰砌块墙转角处、交接处的砌法**

砌筑粉煤灰砌块外墙时，不得留脚手眼。每一楼层内的砌块墙应连续砌完，尽量不留接槎。如必须留槎时应留成斜槎，或在门窗洞口侧边间断。

粉煤灰砌块砌体允许偏差应符合表 3.7 的规定。

**表 3.7　粉煤灰砌块砌体允许偏差表**

| 项次 | 项目 | | | 允许偏差（mm） | 检验方法 |
|---|---|---|---|---|---|
| 1 | 轴线位置 | | | 10 | 用经纬仪、水平仪复查或检查施工记录 |
| 2 | 基础或楼面标高 | | | ±15 | 用经纬仪、水平仪复查或检查施工记录 |
| 3 | 垂直度 | 每楼层 | | 5 | 用吊线法检查；<br>用经纬仪或吊线尺检查；<br>用经纬仪或吊线尺检查 |
| | | 全高 | 10m 以下 | 10 | |
| | | | 10m 以上 | 20 | |
| 4 | 表面平整 | | | 10 | 用 2m 长直尺和塞尺检查 |
| 5 | 水平灰缝平直度 | 清水墙 | | 7 | 灰缝上口处用 10m 长的线拉直并用尺检查 |
| | | 混水墙 | | 10 | |

续表

| 项次 | 项目 | 允许偏差（mm） | 检验方法 |
| --- | --- | --- | --- |
| 6 | 水平灰缝厚度 | +10、-5 | 与线杆比较，用尺检查 |
| 7 | 竖向灰缝宽度 | +10、-5<br>>30 用细石混凝土 | 用尺检查 |
| 8 | 门窗洞口宽度（后塞框） | +10、-5 | 用尺检查 |
| 9 | 清水墙面游丁走缝 | 2.0 | 用吊线和尺检查 |

## 3.5 砌体工程案例分析

灵谷寺无梁殿位于江苏省南京市东郊钟山南麓，是一座规模宏大的砖拱券佛殿。这种砖构无梁殿出现并兴盛于明代，在现存的约 10 余座明代无梁殿中，灵谷寺无梁殿规模最大，建造年代最早。

### 3.5.1 灵谷寺无梁殿概况①

南京灵谷寺为明初敕建的国家大寺之一，前身是原位于玩珠峰下的蒋山寺，寺内原有南朝梁著名僧人宝志的墓塔。洪武初年（1368 年），因寺院临近新建的宫阙，更因为蒋山寺址被选作太祖陵寝的吉地，寺院需迁址重建。新建地址历经两次迁移，于洪武十四年到洪武十五年（1381～1382 年），由官方出资，在朝阳门外十里的独龙冈麓，建造了一座规模宏大、可容千僧的寺院，朱元璋为新寺赐额“灵谷寺”。洪武年间的灵谷寺中轴线上前为天王殿，中为正殿，殿后为法堂，法堂后为高 5 层的志公塔，塔前有供僧人礼诵的殿。永乐年间又添建了山门（金刚殿）及五方殿和中轴线东侧的大宝法王殿。

灵谷寺的正殿，明嘉靖年间大学士吕楠游览灵谷寺，称无梁殿“皆瓴颜，作三券洞，不以木为梁”。

① 白颖，陈涛．砖塑造的空间：明初南京灵谷寺无梁殿研究［J］．建筑学报，2023（4）．

### 3.5.2 初建时的灵谷寺无梁殿①

现存的灵谷寺已非明代原貌，明末清初寺内主要木构建筑都毁于战火，包括无梁殿，并在清康熙、嘉庆年间进行了修缮，清末咸丰年间，无梁殿又遭损坏，寺庙的主要功能转移至东侧新建的龙王庙，主轴线上的建筑荒废。1931 年开工重建，形成了今日所见灵谷寺的样貌。

在此次建设中，无梁殿被保留下来，并被加以改造、修缮。平面上，外圈厚约 4m 的砖墙和两道东西向厚 2.4 ~ 2.9m 的内墙，形成三跨的室内空间，之间以券洞连通；结构上，东西向的墙体支撑着 3 个筒拱，中筒拱高度最高、跨度最大，净跨约 11.30m，高约 14.8m，前后筒拱跨度较小，净宽分别为 4.83m 和 4.32m，高分别约 7.34m 和 6.64m。外观为重檐歇山顶建筑，正面三门两窗，背面开三门，两侧对应三跨筒拱开三券窗，屋脊正中有 3 座小喇嘛塔。主体结构为砖砌筑，局部使用钢筋混凝土，如屋脊喇嘛塔、檐椽、飞椽、斗栱以及门窗券洞外的券脸等部位。

### 3.5.3 外观与空间设计

在木结构的强大影响下，在中国古代建筑中以砖仿木有着相当久远的历史。汉代以来在地下墓葬中就开始以砖石模仿木构建筑，唐宋以来地面砖塔的外观与室内都以模仿木构建筑为设计目标。用砖石模仿木构建筑，无论在观念上和技术上都是约定俗成的选择。

灵谷寺无梁殿同中国历史上大部分的砖构建筑一样，受到了中国木构传统的影响，集中表现在外观形象上对木构建筑的模仿。外观上看，灵谷寺无梁殿是一座重檐歇山顶的大殿。下檐砖墙顶部为单昂斗栱，上承椽子和屋面。在砖券上部，砖砌体从外墙表面内收 2.73m，形成上檐内收的殿身，上檐为单昂单翘斗栱，翘头做成麻叶头的形状，斗烘上挑出椽子及屋面。在歇山顶做法上，为了模仿木构也特意进行了细部构造的设计。

室内空间上，无梁殿却摆脱了木构建筑的影响，直接表现出砖券建筑的结构与空间特点，与其外观的仿木形象呈现出迥然不同的设计追求。

---

① 白颖，陈涛．砖塑造的空间：明初南京灵谷寺无梁殿研究［J］．建筑学报，2023（4）．

明初的皇家建筑中出现了对砖的新尝试，砖防火、耐久、坚固的功能性得到充分发掘，可作为木构建筑的围护、墙基、大门或城墙。材料观念变化的影响并未止于功能性的使用，与木对立的砖被赋予了新的意义。相较于木，砖有着坚硬、朴素、阴冷的特质与体验。在明初的高等级皇家建筑中，史无前例地把砖用在了最高等级佛寺正殿和圜丘斋宫中，并在室内空间中强调了砖的特点。

## 思考题

1. 砌筑工程对砂浆有什么要求？
2. 砌筑用脚手架的作用和基本要求是什么？其主要类型有哪些？
3. 多层砖混结构施工，其垂直运输机械主要有哪些？
4. 砖砌体有哪几种组砌形式？
5. 简述砖砌体的施工工艺。
6. 简述砖砌体的质量要求及保证措施。
7. 砖墙临时间断处的接槎方式有哪些？有何要求？
8. 在什么条件下，砖砌体必须采取冬期施工措施？其方法有哪些？
9. 什么叫掺盐砂浆法？什么叫冻结法？施工时，应注意些什么？
10. 石材的类型有哪些？石砌体对砂浆有什么要求？
11. 为什么中小型砌块砌筑前要绘制砌块排列图？
12. 中小型砌块的施工要点有哪些？

# 第 4 章

# 钢筋混凝土结构工程

**本章提要**

本章内容包括钢筋工程、模板工程和混凝土工程。在钢筋工程中主要介绍了钢筋种类、性能、加工方法和质量要求，重点阐述了钢筋的种类及性能，钢筋的连接，钢筋的配料、加工及代换，植筋施工的方法。在模板工程中，主要介绍了模板的构造、安装及拆除，重点阐述了现浇结构中常用模板的构造特点、模板设计等。在混凝土工程中，全面介绍了混凝土的原材料、制备、运输、浇筑、养护、质量检查及冬期施工等。

**学习要求**

1. 了解钢筋混凝土结构工程的特点及施工过程，掌握钢筋与混凝土共同工作的原理。

2. 了解钢筋的种类、性能及加工工艺，掌握钢筋冷拉、对焊工艺及配料、代换的计算方法和植筋。

3. 了解模板的构造要求、受力特点，掌握模板设计、安装、拆除的方法。

4. 了解混凝土原材料、施工设备和机具的性能，掌握混凝土施工工艺的原理、施工配料、质量检查和评定。

5. 了解混凝土冬期施工工艺要求和常用措施。

## 4.1 钢筋混凝土结构工程概述

钢筋混凝土结构工程是指按设计要求，将钢筋和混凝土两种材料利用模板浇筑而成的各种形状和大小的构件或结构。混凝土由胶结料、骨料、水和外加剂按一定比例拌和而成的混合物，经硬化后所形成的一种人造石。混凝土的抗压能力大，但抗拉能力却很低（约为抗压能力的 1/10），受拉时容易产生断裂现象。为了弥补这一缺陷，施工时在构件受拉区配上抗拉能力很强的钢筋与混凝土共同工作，各自发挥其受力特性，从而使构件既能受压，也能受拉。这种配有钢筋的混凝土称为钢筋混凝土。

钢筋和混凝土这两种不同性质的材料之所以能够共同工作，主要是由于混凝土硬化后紧紧握裹钢筋，钢筋又受混凝土保护而不致锈蚀，而钢筋与混凝土的线膨胀系数又比较接近（钢筋为 0.000012，混凝土为 0.000010～0.000014），当外界温度变化时，不会因胀缩不均而破坏两者间的粘结。

钢筋混凝土结构工程包括钢筋工程、模板工程和混凝土工程，其施工工艺流程如图 4.1 所示。

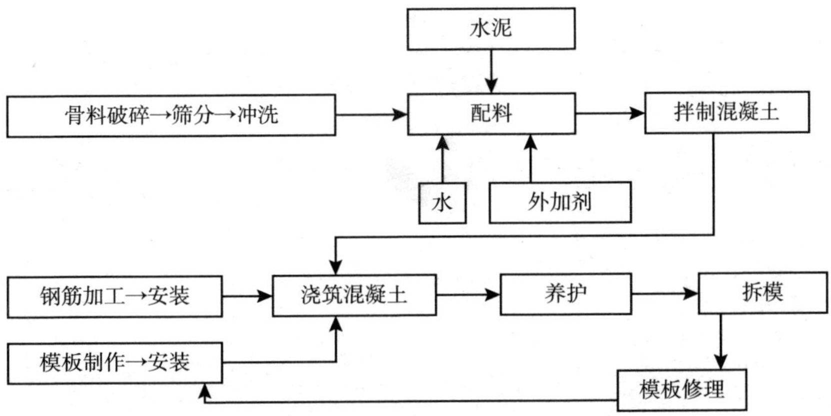


**图 4.1　混凝土结构工程施工工艺流程**

钢筋混凝土结构工程具有耐久性、耐火性、整体性、可塑性好、节约钢材、可就地取材等优点，在工程建设中应用极为广泛。但混凝土结构工程也存在自重大、抗裂性差、现场浇筑受季节气候条件的限制、补强修复较困难等缺点。不过，随着科学技术的发展，新材料、新技术、新工艺不断出现，上述一些缺点正逐步得到改善，如预应力混凝土工艺技术的不断发展和广泛应用，从而提高了混凝土构件的刚度、抗裂性和耐久性，减小了构件的截面和自重，节约了材料。

## 4.2　钢 筋 工 程

### 4.2.1　钢筋的种类及性能

钢筋混凝土结构用的普通钢筋按生产工艺可分为热轧钢筋和冷加工钢

筋两大类。

热轧钢筋具有软钢的性质，为最常用的一类钢筋，有热轧光圆钢筋（HPB）、热轧带肋钢筋（HRB）和余热处理钢筋（RRB）三种，其强度等级按屈服强度（MPa）分为300级、335级、400级和500级。热轧钢筋和余热处理钢筋强度等级代号及力学性能应符合表4.1。

表4.1 钢筋力学性能表

| 牌号 | 符号 | 公称直径 d(mm) | 屈服强度标准值 $f_{yk}$ | 极限强度标准值 $f_{tk}$ |
|---|---|---|---|---|
| HPB300 | | 6～22 | 300 | 420 |
| HRB335<br>HRBF335 | | 6～50 | 335 | 455 |
| HRB400<br>HRBF400<br>RRB400 | | 6～50 | 400 | 540 |
| HRB500<br>HRBF500 | | 6～50 | 500 | 630 |

冷加工钢筋可达到提高强度、节约钢材的目的，有冷轧带肋钢筋、冷轧扭钢筋、冷拔螺旋钢筋。而冷拉钢筋与冷拔低碳钢丝则已逐渐淘汰，不再使用。

钢筋按化学成分可分为：碳素钢钢筋和普通低合金钢钢筋。碳素钢钢筋按含碳量多少，又可分为：低碳钢钢筋（含碳量低于0.25%）、中碳钢钢筋（含碳量0.25%～0.7%）和高碳钢钢筋（含碳量0.7%～1.4%）。普通低合金钢钢筋是在低碳钢和中碳钢的成分中加入少量合金元素（其含量一般不超过总量的3%），能获得强度高和综合性能好的钢种。碳素钢的含碳量直接影响它的强度，含碳量增高，强度和硬度都增大，但塑性和韧性随之降低，性质变脆。对于强度高，但塑性、韧性差的高碳钢筋，因其破坏时无明显的信号而突然断裂，故一般不宜用于建筑工程中。而在普通低合金钢筋中，不少钢种虽然含碳量较高，但由于加入某些钛、锰、硅等合金元素后，结果不但强度提高，而且性能也好。所以，随着冶金技术的发展，我国生产了多种高强度低合金钢钢筋，这就大大改变了过去建筑工程中主要应用普通碳素钢筋的落后面貌，从而大量地节约了钢材。

钢筋按轧制外形可分为：光圆钢筋和变形钢筋（月牙形、螺旋形、人字形钢筋）。钢筋按供应形式可分为：盘圆钢筋（直径不大于 10mm）和直条钢筋（长度为 6 ~ 12m，根据需方要求，可按定尺供应）。钢筋按直径大小可分为：钢丝（直径 3 ~ 5mm）、细钢筋（直径 6 ~ 10mm）、中粗钢筋（直径 12 ~ 20mm）和粗钢筋（直径大于 20mm）。此外，按钢筋在结构中的作用不同可分为受力钢筋、架立钢筋和分布钢筋三类。

钢筋运到工地时，应有出厂质量证明书或试验报告单，并按品种、批号及直径分批验收，验收内容包括钢筋标牌和外观检查，并按有关规定取样进行机械性能试验。

外观检查要求热轧钢筋表面不得有裂缝、结疤和折叠，表面凸块不得超过横肋的最大高度，外形尺寸应符合规定；对钢绞线要求其表面不得有折断、横裂和相互交叉的钢丝，表面无润滑剂、油渍和锈坑；对冷轧扭钢筋要求其表面光滑，不得有裂纹、折叠夹层等，也不得有深度超过 0.2mm 的压痕或凹坑。

在进行机械性能试验时，应从每批外观尺寸检查合格的钢筋中任选两根，每根取两个试件分别进行拉力试验（包括屈服点、抗拉强度和伸长率的测定）和冷弯次数试验。如有一项试验结果不符合规定，则应从同一批钢筋另取双倍数量的试件重做各项试验，如果仍有一个试件不合格，则该批钢筋为不合格品，应不予验收或降级使用。

钢筋在加工使用中如发现焊接性能或机械性能不良，还应进行化学成分分析，验收有害成分如硫（S）、磷（P）的含量是否超过规定范围。

进场后钢筋在运输和储存时，不得损坏标志，应根据品种、规格按批分别挂牌堆放，并标明数量。

钢筋加工一般集中在车间采用流水作业法进行，然后运至现场进行安装和绑扎。钢筋加工过程包括调直、切断、弯曲、焊接、机械连接和绑扎等。

### 4.2.2　钢筋焊接

采用焊接代替绑扎，可节约钢材、改善结构受力性能、提高工效、降低成本。钢筋焊接常用的方法有：对焊、点焊、电弧焊和电渣压力焊等。

**1. 对焊**

对焊是钢筋接触对焊的简称。对焊具有成本低、质量好、工效高，并对各种钢筋均能适用的特点，因而得到普遍的应用。

对焊原理如图4.2所示，是利用对焊机使两段钢筋接触，通过低电压强电流，把电能转化为热能，使钢筋加热到一定温度后，即施以轴向压力顶锻，使两根钢筋焊合在一起。钢筋对焊常用闪光焊。根据钢筋品种、直径和所用焊机功率不同，闪光焊的工艺又分连续闪光焊、预热闪光焊、闪光—预热—闪光焊。

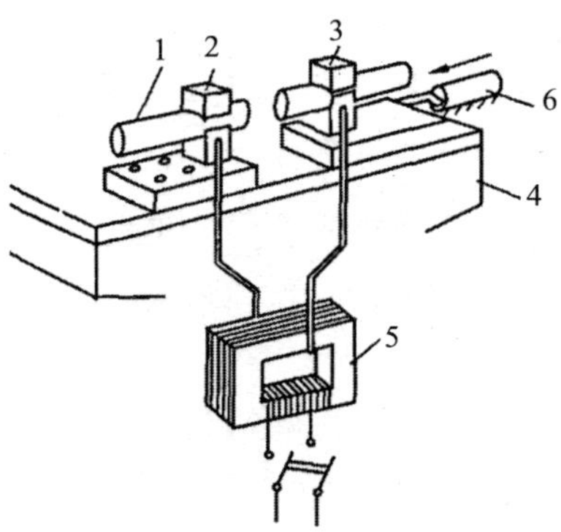


1—钢筋；2—固定电极；3—可动电机；4—机座；5—变压器；6—动压力机构

**图4.2　钢筋对焊原理**

（1）连续闪光焊。

连续闪光焊的工艺过程包括连续闪光和顶锻过程，即先将钢筋夹在焊机电极钳口上（钢筋与电极接触处应清除锈污，电极内应通入循环冷却水），然后闭合电源，使两端钢筋轻微接触，由于钢筋端部凸凹不平，开始仅有一点或数点接触，接触面很小，故电流密度和接触电阻很大，接触点很快熔化，形成金属过梁气过梁进一步加热，产生金属蒸气飞溅形成闪光现象，而后再徐徐移动钢筋，保持接头轻微接触，形成连续闪光过程，接头也同时被加热，直至接头端面烧平、杂质闪掉、接头熔化后，随即施加适当的轴向压力迅速顶锻，先带电顶锻，随之断电顶锻到一定长度，使两根钢筋对焊成为一体。在焊接过程中，由于闪光的作用，使空气不能进入接头处；同时又闪去接口中原有的杂质的氧化膜，通过挤压，把已熔化的氧化物全部挤出，因而接头质量得到保证。

（2）预热闪光焊（断续闪光—闪光—顶锻）。

由于连续闪光焊焊接大直径钢筋受到一定限制，为了发挥焊机效用，对于直径为 25mm 以上且端面较平整的钢筋，则可采用预热闪光焊。这种方法是在连续闪光焊接之前，增加一次预热过程，以扩大焊接热影响区。即在闭合电源后使两钢筋端面交替地接触和分开，这时在钢筋端面的间隙中即发出断续的闪光，而形成预热过程。当钢筋达到预热温度后，随即进行连续闪光和顶锻。

（3）闪光—预热—闪光焊（闪光—断续闪光—闪光—顶锻）。

在预热闪光焊前再增加一次闪光过程，使预热均匀。采用这种工艺焊接钢筋时，其操作要点为：一次闪光，闪平为准；预热充分，频率较高（3～5 次/s）；二次闪光，短、稳、强烈；顶锻过程快速有力。闪光—预熔闪光焊比较适合焊接直径大于 25mm 且端面不够平整的钢筋，这是对焊中最常用的一种方法。

钢筋对焊完毕，应对全部接头进行外观检查，并按批切取部分接头进行机械性能试验。外观检查要求：接头表面无裂纹和明显烧伤；接头应有适当镦粗的均匀的毛刺；接头如有弯折，其角度不大于 4°；接头轴线的偏移不应大于 0.1d①，也不应大于 2mm。外观检查不合格的接头，可将距接头左右各 15mm 处切除重焊。

对焊接头机械性能的试验，应按同一类型分批进行，每批切取 6%，但不得少于 6 个试件，其中三个做抗拉试件，三个做冷弯试验。接头试件抗拉强度实测值不应小于钢筋母材的抗拉强度规定值且断于接头以外处。对于冷弯，应做正弯和反弯试验。冷弯不应在焊缝处或热影响区断裂，否则不论强度多高均不合格：冷弯后外侧横向裂缝宽度也不得大于 0.15mm，对于 HRB400 级、RRB400 级钢筋，冷弯则不允许有裂纹出现。

**2. 点焊**

在各种预制构件中，利用点焊机进行交叉钢筋焊接，使单根钢筋成型

---

① d 表示钢筋直径。

为各种网片、骨架，以代替人工绑扎，是实现生产机械化、提高工效、节约劳动力和材料（钢筋端部不需弯钩）、保证质量、降低成本的一种有效措施。而且采用焊接骨架和焊接网，可使钢筋在混凝土中能更好地锚固，可提高构件的刚度和抗裂性，因此钢筋骨架成型应优先采用点焊。

点焊的工作原理如图 4.3 所示，就是将已除锈的钢筋交叉点放在点焊机的两电极间，使钢筋通电发热至一定温度后，加压使焊点金属焊合。

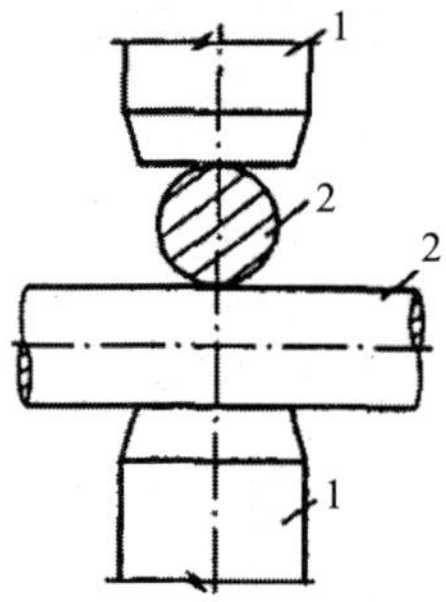


1—电极；2—钢筋

**图 4.3　点焊的工作原理**

当圆钢筋交叉点焊时，由于接触只有一点，而在接触处有较大的接触电阻，因此，在接触的瞬间，全部热量都集中在这一点上，使金属很快地受热达到熔化连接的温度。

不同直径钢筋点焊时，大小钢筋直径之比，在小钢筋直径小于 10mm 时，不宜大于 3；在小钢筋直径为 12～14mm 时，不宜大于 2。同时应根据小直径钢筋选择焊接参数。为使焊点有足够的抗剪能力，焊点处钢筋互相压入的深度为细钢筋直径的 1/4～2/5 倍。

钢筋焊点的外观检查应无脱落、漏焊、气孔、裂缝、空洞及明显烧伤现象。焊点处应挤出饱满而均匀的熔化金属，并应有适量的压入深度；焊接网的长、宽及骨架长度的允许偏差为 ±10mm；焊接骨架高度允许偏差为 ±5mm；网眼尺寸及箍筋间距允许偏差为 ±10mm。焊点的抗剪强度不应低于小钢筋的抗拉强度；抗拉试验时，不应在焊点断裂；弯角试验时，不应有裂纹。

### 3. 电弧焊

电弧焊的工作原理如图 4.4 所示。电焊时，电焊机送出低压的强电流，使焊条与焊件之间产生高温电流，将焊条与焊件金属熔化，凝固后形成一条焊缝。

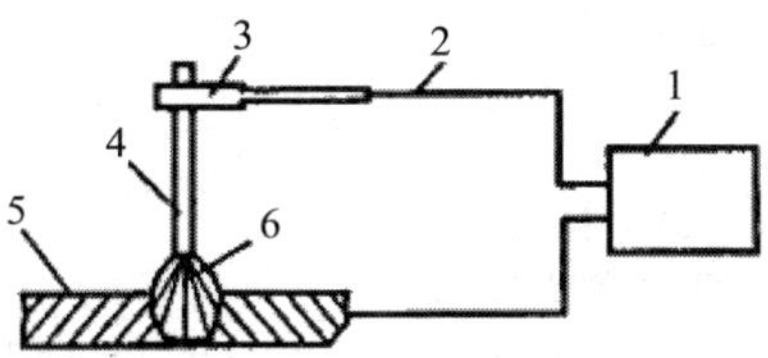


1—电源；2—导线；3—焊钳；4—焊条；5—焊件；6—电弧

**图 4.4　电弧焊的工作原理**

电弧焊应用较广，如整体式钢筋混凝土结构中钢筋接长、装配式钢筋接头、钢筋骨架焊接及钢筋与钢板的焊接等。

钢筋电弧焊的接头形式主要有搭接接头、帮条接头、坡口接头、钢筋与预埋件接头四种。

（1）搭接接头。

焊接时，先将主钢筋的端部按搭接长度预弯，使被焊钢筋与其在同一轴线上，并采用两端点焊定位，焊缝宜采用双面焊，当双面施焊有困难时，也可采用单面焊。

（2）帮条接头。

帮条钢筋宜与主筋同级别、同直径，如帮条与被焊接钢筋的级别不相同时，还应按钢筋的计算强度进行换算。所采用帮条的总截面面积应满足：当被焊接钢筋为 HPB300 级时，应不小于被焊接钢筋截面的 1.2 倍；为 HRB335 级、HRB400 级时则应不小于 1.5 倍。主筋端面间的间隙应为 2 ~5mm，帮条和主筋间用四点对称定位焊加以固定。

钢筋搭接接头与帮条接头焊接时，焊缝厚度应不小于 0.3d，且大于 4mm；焊缝宽度不小于 0.7d，且不小于 10mm。

（3）坡口（剖口）接头。

坡口（剖口）接头分平焊和立焊，如图 4.5 所示。当焊接 HRB400

级、RRB400级钢筋时，应先将焊件加温处理。坡口接头较上两种接头节约钢材。

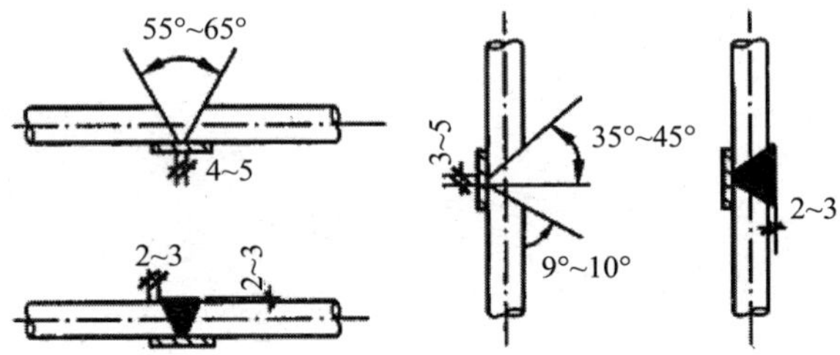

（a）坡口平焊　（b）坡口立焊

**图4.5　钢筋坡口接头**

（4）钢筋与预埋件接头。

钢筋与预埋件接头可分对接接头和搭接接头两种。对接接头又分为角焊和穿孔塞焊。如图4.6所示，当钢筋直径为6～25mm时，可采用角焊；当钢筋直径为20～30mm时，宜采用穿孔塞焊。角焊缝焊脚K对于HPB300级、HRB335级钢筋分别不小于钢筋直径的0.5～0.6倍。

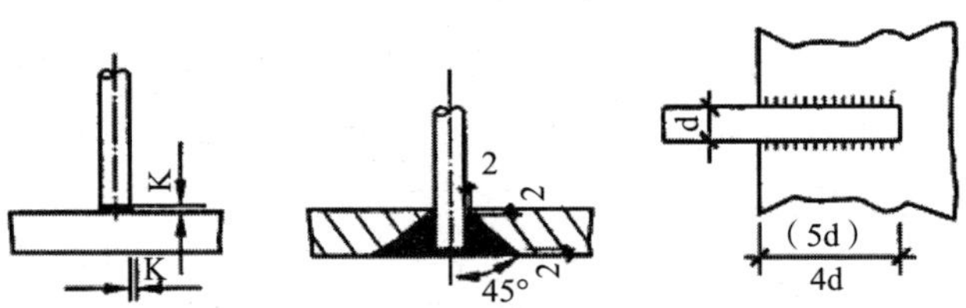

（a）角焊　（b）穿孔塞焊　（c）搭接焊

**图4.6　钢筋与预埋件焊接**

电弧焊接头的质量检验主要是外观检查，其要求是：焊缝要平顺，不得有裂纹；没有明显的咬边、凹陷、焊瘤、夹渣及气孔；用小锤敲击焊缝时，应发出与其本金属同样的清脆声；焊缝尺寸与缺陷的偏差不得大于表4.2的规定。

表 4.2　　　　电弧焊钢筋接头尺寸和缺陷的允许偏差

| 项次 | 偏差名称 | 单位 | 允许偏差 | 项次 | 偏差名称 | 单位 | 允许偏差 |
|---|---|---|---|---|---|---|---|
| 1 | 帮条对焊接头中心纵向偏移 | mm（毫米） | 0.5d | 6 | 焊缝长度 | mm（毫米） | -0.5d |
| 2 | 接头处钢筋轴线的曲折 | °（度） | 4d | 7 | 咬肉深度 | mm（毫米） | 0.05d 或 1d |
| 3 | 接头处钢筋轴线的偏移 | mm（毫米） | 0.1d 或 3d | 8 | 焊缝表面上气孔和夹渣：（1）在 2d 长度上不得多于；（2）直径不得大于 | | |
| 4 | 焊缝高度 | mm（毫米） | -0.05d | | | 个 | 2d |
| 5 | 焊缝宽度 | mm（毫米） | -0.1d | | | mm（毫米） | 3d |

注：允许偏差值在同一项目内如有两个数值时应按其中较严的数值控制。

坡口接头，除进行外观检查和超声波探测外，还应分批切取 1% 的接头进行切片观察。切片经磨平后，内部应没有裂缝和大于表 4.2 规定的气孔和夹渣。经切片后的焊缝处，允许用相同工艺补焊。

电弧焊所使用的弧焊机有直流与交流之分，常用的交流弧焊机有：BX-300 型、BX-500 型；直流电弧焊机有：AX-300 型、AX-500 型。电弧焊所用焊条，其直径为 1.6~5.8mm，长度为 215~400mm。焊条型号可按表 4.3 选用。

表 4.3　　　　钢筋电弧焊焊条型号

| 钢筋级别 | 电弧焊接头形式 | | |
|---|---|---|---|
| | 帮条焊<br>搭接焊 | 坡口焊<br>熔槽帮条焊<br>预埋件穿孔塞焊 | 钢筋与钢板搭接焊<br>预埋件 T 形角焊 |
| HPB235 | E4303 | E4303 | E4303 |
| HRB335 | E4303 | E5003 | E4303 |
| HRB400 | E5003 | E5503 | — |

#### 4. 电渣压力焊

电渣压力焊是利用电流通过渣池产生的电阻热将钢筋端部熔化，然后施加压力使钢筋焊合。主要用于现浇结构中竖向或斜向钢筋的接长。这种焊接方法操作简单、工作条件好、工效高、成本低，比电弧焊接头节电80%以上，比绑扎连接和帮条搭接节约钢筋30%，提高工效6~10倍。

电渣压力焊设备包括焊接电源、焊接夹具和焊剂盒等（见图4.7）。焊接电源宜采用BX2-1000型焊接变压器；焊接夹具应具有一定刚度，使用灵巧，坚固耐用，上下钳口同心；焊剂盒与所焊接钢筋的直径大小相适应。

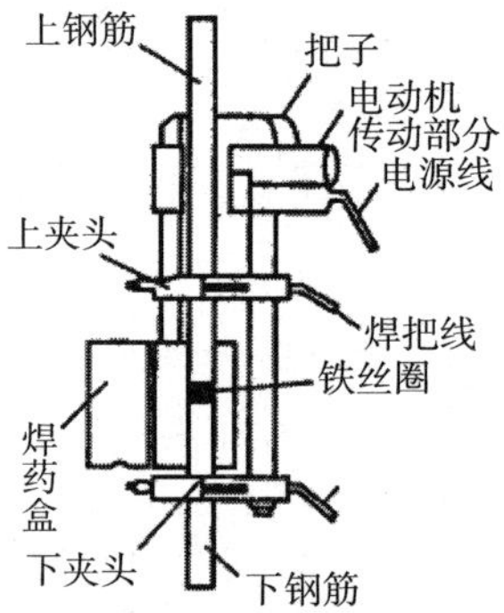


**图4.7　焊接机头示意图**

施焊前先将钢筋端部120mm范围内的铁锈、污物等杂质清除干净；将夹具的下夹头夹牢下钢筋，再将上钢筋扶直并夹牢于活动电极中，使上下钢筋在同一轴线；然后在上下钢筋间安装引弧导电铁丝圈（可采用12~14号无锈火烧丝，圈高为10~12mm）；再安放焊剂盒，用石棉布塞封焊剂盒下口，同时装满焊剂。

通电后，将上钢筋上提2~4mm引弧，用人工直接引弧继续上提钢筋5~7mm，使电弧稳定燃烧；随着钢筋的熔化，上钢筋逐渐插入渣池中，此时电弧熄灭，转为电渣过程，焊接电流通过渣池而产生大量的电阻热，使钢筋端部继续熔化；待钢筋端部熔化到一定程度后，在切断电流的同时，迅速进行顶压并持续几秒钟，以免接头偏斜或结合不良。

钢筋电渣压力焊接头应逐个进行，要求接头焊包均匀，突出部分至少高出钢筋表面4mm，不得有裂纹和明显的烧伤缺陷；接头处钢筋轴线的偏移不超过0.1倍钢筋的直径，同时不得大于2mm；接头弯折不得超过4°。

凡不符合外观要求的钢筋接头，应将其切除重焊。

强度检验时，在现浇混凝土结构中，每一楼层以 300 个同钢筋级别和直径的接头为一批（不足 300 个接头也作为一批），切取三个接头作为试件，进行静力拉伸试验，其抗拉强度实测值均不得低于该级别钢筋的抗拉强度标准值。如有一个试件的抗拉强度低于规定数值，则要加倍取样。如仍有一个试件不符合要求，则判定该批焊接接头为不合格品。

在钢筋电渣压力焊接过程中，如发现裂纹、未熔合、烧伤等焊接缺陷可参照表 4.4。查找原因，采取措施，及时消除。

**表 4.4　　钢筋电渣压力焊接头缺陷及防止措施**

| 焊接缺陷 | 防止措施 |
|---|---|
| 偏心 | 矫直钢筋接头、放正钢筋并夹紧、顶压力适当、保证夹具完好无伤 |
| 弯折 | 矫直钢筋接头、放正钢筋、延缓松开钢筋夹具时间 |
| 咬边 | 调小电流、缩短焊接时间、适当加大顶压力、及时停机 |
| 未熔合 | 提高下送钢筋速度、延迟断电时间、适当加大焊接电流 |
| 焊包不匀 | 磨平钢筋端头、放正铁丝圈、适当加大熔化量 |
| 气孔 | 按要求烘烤焊剂、清除铁锈 |
| 烧伤 | 钢筋端部彻底除锈、夹紧钢筋 |

### 4.2.3　钢筋机械连接

钢筋机械连接是通过机械手段将两根钢筋进行对接。该方法有钢筋冷挤压连接和钢筋螺纹套筒连接。

**1. 钢筋冷挤压连接**

钢筋冷挤压连接是将两根待连接钢筋插入一个金属套管，然后采用挤压机和压模在常温下对金属套管加压，使两根钢筋紧固成一体。冷挤压连接具有操作简单、对中度高、钢筋连接质量优于钢筋母材的力学性能、连接速度快、安全可靠、无明火作业、不污染环境等优点。挤压连接又分为径向挤压套管连接和轴向挤压套管连接两种。

（1）径向挤压套管连接。

钢筋径向挤压套管连接是沿套管直径方向从套管中间依次向两端挤压

套管，使之冷塑性变形把插在套管里的两根钢筋紧紧咬合成一体（见图4.8）。它适用于带肋钢筋连接，可连接 ф12～ф40 钢筋。

（2）轴向挤压套管连接。

钢筋轴向挤压套管连接是沿钢筋轴线冷压金属套管，把插入套管里的两根待连接热轧带肋钢筋紧固连成一体（见图4.8）。它适用于连接 ф20～ф32 竖向、斜向和水平钢筋。

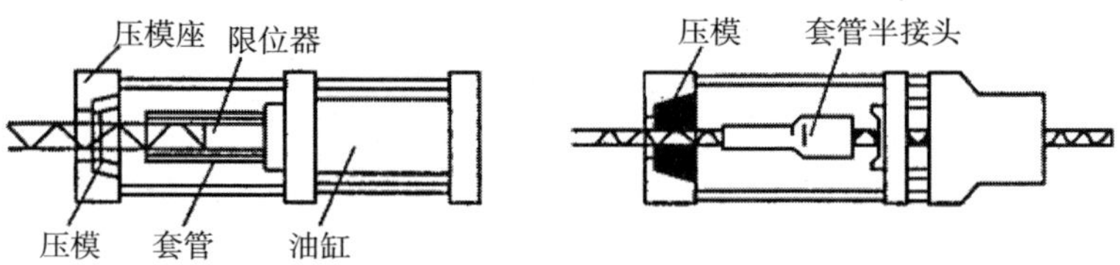


（a）钢筋半接头挤压　　（b）钢筋连接挤压

**图4.8　轴向挤压套管连接示意图**

套管的材料和几何尺寸应符合接头规格的技术要求，并应有出厂合格证。套管的标准屈服承载力和极限承载力应比钢筋大10%以上，套管的保护层厚度不宜小于15mm，净距不宜小于25mm。当所用套管外径相同时，钢筋直径相差不宜大于两个级差。

冷挤压接头的外观检查应符合如下要求：

①钢筋连接端花纹要完好无损，不准打磨花纹，连接处不准有油污、水泥等杂物；

②钢筋端头离套管中线不应超过10mm；

③压痕间距宜为1～6mm，挤压后的套管接头长度为套管原长度的1.10～1.15倍，挤压后套管接头外径用量规测量应能通过（量规不能从挤压套管接头外径通过的，可更换挤压模重新挤压一次即可），压痕处最小外径为套管原外径的0.85～0.90倍；

④挤压接头处不得有裂纹，接头弯折角度不得大于4°。

**2. 钢筋螺纹套筒连接**

螺纹套筒连接分锥螺纹连接与直螺纹连接两种。它是把钢筋的连接端加工成螺纹（简称丝头），通过螺纹连接套把两根带丝头的钢筋，按规定的力矩值连接成一体的钢筋接头。它施工速度快，不受气候影响，质量稳定，中心对准方便，可广泛应用于钢筋的连接、钢筋与钢板的连接以及在混凝土中插接钢筋等。

连接钢筋的规格和连接套的规格应一致，并确保钢筋和连接套的丝扣干净完好无损。采用预埋接头时，连接套的位置、规格和数量应符合设计要求。带连接套的钢筋应固定牢，连接套的外露端应有密封盖。接头拧紧必须用力矩扳手。连接钢筋时，应对正轴线将钢筋拧入连接套，然后用力矩扳手拧紧。接头拧紧值应满足表 4.5 规定的力矩值，不得超拧。拧紧后的接头应做上标记。

**表 4.5　　接头拧紧力矩值**

| 钢筋直径（mm） | 16 | 18 | 20 | 22 | 25～28 | 32 | 36～40 |
|---|---|---|---|---|---|---|---|
| 拧紧力矩（N·m） | 118 | 145 | 177 | 216 | 275 | 314 | 343 |

### 4.2.4　钢筋的配料及加工

**1. 钢筋的配料**

钢筋配料是根据构件配筋图，先绘出各种形状和规格的单根钢筋简图，并加以编号，然后分别计算钢筋的下料长度和根数，填写配料单，申请加工。

(1) 下料长度的计算。

下料长度计算是配料计算中的关键。由于结构受力上的要求，大多数钢筋需在中间弯曲和两端弯成弯钩。钢筋弯曲时，其外壁伸长，内壁缩短，而中心线长度并不改变。但是简图尺寸或设计图中注明的尺寸不包括端头弯钩长度，它是根据构件尺寸、钢筋形状及保护层的厚度等按外包尺寸进行计算的。显然外包尺寸大于中心线长度，它们之间存在一个差值，我们称之为“量度差值”。因此钢筋的下料长度应为：

钢筋下料长度 = 外包尺寸 + 端头弯钩长度 - 量度差值

箍筋下料长度 = 箍筋周长 + 箍筋调整值

当弯钩的弯曲直径为 2.5d（d 为钢筋的直径）时，半圆弯钩的增加长度和各种弯曲角度的量度差值，其计算方法如下。

①半圆弯钩的增加长度［见图 4.9（a）］。

弯钩全长：$3d+\frac{3.5d\pi}{2}=8.5d$

弯钩增加长度（包括量度差值）：$8.5d-2.25d=6.25d$

②弯90°量度差值［见图4.12（b）］。

外包尺寸：$2.25d+2.25d=4.5d$

中心线弧长：$\frac{3.5d\pi}{4}=2.75d$

量度差值：$4.5d-2.75d=1.75$ 注（取2d）

③弯45°时的量度差值［见图4.12（c）］。

外包尺寸：$2\left(\frac{2.5d}{2}+d\right)\tan 22°30'=1.87d$

中心线长度：$\frac{3.5d\pi}{8}=1.37d$

量度差值：$1.87d-1.37d=0.5d$

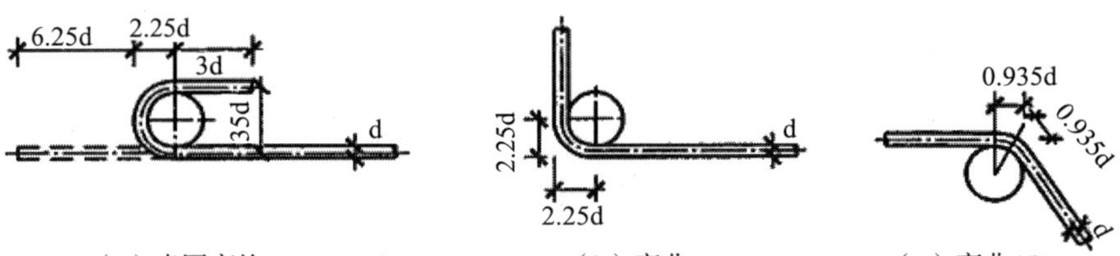


（a）半圆弯钩　（b）弯曲90°　（c）弯曲45°

**图4.9　钢筋弯钩及弯曲计算**

同理，可得其他常用弯曲角的量度差值，如表4.6所示。

**表4.6　钢筋弯曲量度差值**

| 钢筋弯曲角度 | 30° | 45° | 60° | 90° | 135° |
|---|---|---|---|---|---|
| 量度差值 | 0.35d | 0.5d | 0.85d | 2d | 2.5d |

④箍筋调整值为弯钩增加长度与弯曲量度差值两项之和。根据箍筋外包尺寸或内包尺寸而定，如表4.7所示。

**表 4.7　　箍筋调整值**

| 箍筋量度方法 | 箍筋直径（mm） | | | |
|---|---|---|---|---|
| | 4～5 | 6 | 8 | 10～12 |
| 量外包尺寸 | 40 | 50 | 60 | 70 |
| 量内包尺寸 | 80 | 100 | 120 | 150～170 |

根据以上所述，可计算出表 4.7 中各钢筋的下料长度分别为：

①号：2×150+6690+2×5×25−2×2×25=7140mm；

②号：175+265+2×635+4810+1740−4×0.5×22−2×22+2×5×22=8392mm；

③号：150+5425+2×5.5×12−2×12=5683mm；

④号：3155+2×5×20=3355mm；

⑤号：1968+2×5.5×12=2100mm；

⑥号：400+568+340+348+200+2×5×20−4×0.5×20=2016mm；

⑦号：(162+462)×2+50=1298mm；

⑧号：每个箍筋的下料长度计算结果列于表 4.7。

由于钢筋的配料既是钢筋加工的依据，同时也是签发工程任务单和限额领料的依据。故配料计算时要仔细，计算完成后还要认真复核。

为了加工方便，根据配料单上的钢筋编号，分别填写钢筋料牌（见图 4.10），作为钢筋加工的依据。加工完成后，应将料牌系于钢筋上，以便绑扎成型和安装过程中识别。注意：料牌必须准确无误，以免返工浪费。

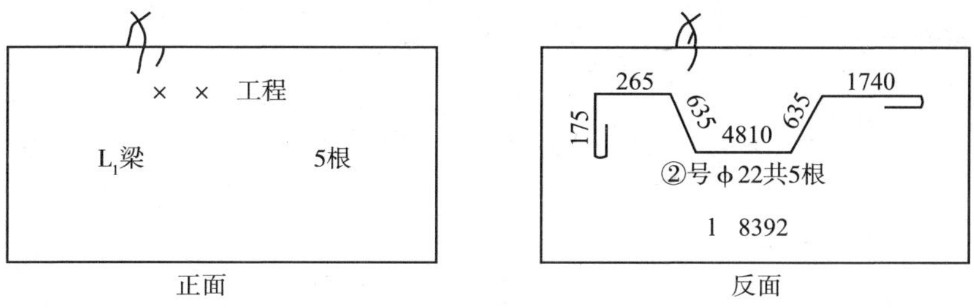


**图 4.10　钢筋料牌**

（2）钢筋的代换。

施工中如供应的钢筋品种和规格与设计图纸要求不符时，可以进行代换。但代换时，必须充分了解设计意图和代换钢筋的性能，严格遵守规范的各项规定。对拉裂性要求高的构件，不宜用光面钢筋代换变形钢筋；钢筋代换时不宜改变构件中的有效高度；凡属重要的结构和预应力钢筋，在代换时应征得设计单位的同意；代换后的钢筋用量不宜大于原设计用量的5%，也不低于2%，且应满足规范规定的最小钢筋直径、根数、钢筋间距、锚固长度等要求。

钢筋代换的方法有三种。

①当结构构件是按强度控制时，可按强度等同原则代换，称“等强代换”。

即：

$$n_2 \geqslant \frac{n_1 d_1^2 f_{y1}}{d_2^2 f_{y2}} \tag{4.1}$$

式（4.1）中：$d_1$、$n_1$、$f_{y1}$——原设计钢筋的直径、根数和设计强度；

$d_2$、$n_2$、$f_{y2}$——拟代换钢筋的直径、根数和设计强度。

式中有两种特例：

A. 设计强度相同、直径不同的钢筋代换：

$$n_2 \geqslant \frac{n_1 d_1^2}{d_2^2} \tag{4.1a}$$

B. 直径相同、设计强度不同的钢筋代换：

$$n_2 \geqslant \frac{n_1 f_{y1}}{f_{y2}} \tag{4.1b}$$

②当构件按最小配筋率控制时，可按钢筋面积相等的原则代换，称“等面积代换”。即：

$$A_{s1} = A_{s2} \tag{4.2}$$

③当结构构件按裂缝宽度或挠度控制时，钢筋的代换需进行裂缝宽度或挠度验算。

钢筋代换后，有时由于受力钢筋直径加大或根数增多，而需要增加排数，则构件截面的有效高度减小，截面强度降低，此时需复核截面强度。对矩形截面的受弯构件，可根据弯矩相等，复核截面强度。

**2. 钢筋加工**

钢筋加工包括调直、除锈、下料剪切、接长、弯曲等工作。随着施工技术的发展，钢筋加工已逐步实现机械化和联动化。

（1）钢筋调直。

钢筋调直可利用冷拉进行。若冷拉只是为了调直，而不是为了提高钢筋的强度，则调直冷拉率：HPB300 级钢筋不宜大于 4%，HRB335 级、HRB400 级钢筋不宜大于 1%。如所使用的钢筋无弯钩弯折要求时，调直冷拉可适当放宽，HPB300 级钢筋不大于 6%，HRB335 级、HRB400 级钢筋不超 2%。除利用冷拉调直外，粗钢筋还可采用捶直和扳直的方法，直径为 4 ~ 14mm 的钢筋可采用调直机进行调直。目前，常用的钢筋调直机主要有 GJ4 –4/14(TQ4 –14）和 GJ6 –4/8(JQ4 –8）两种型号，它们具有钢筋除锈、钢筋调直和钢筋切断三项功能。

（2）钢筋除锈。

为了保证钢筋与混凝土之间的握裹力，在钢筋使用前，应将其表面的油渍、漆污、铁锈等清除干净。钢筋的除锈：一是在钢筋冷拉或调直过程中除锈，这对大量钢筋除锈较为经济；二是采用电动除锈机除锈，对钢筋局部除锈较为方便；三是采用手工除锈（用钢丝刷、砂盘）、喷砂和酸洗除锈等。

（3）钢筋切断。

钢筋下料时须按下料长度切断。钢筋剪切可采用钢筋切断机或手动切断器。后者一般只用于切断直径小于 12mm 的钢筋；前者可切断 40mm 的钢筋，大于 40mm 的钢筋常用氧乙炔焰或电弧割切或锯断。钢筋的下料长度应力求准确，其允许偏差为 ±10mm。

（4）钢筋弯曲。

钢筋下料后，应按弯曲设备特点及钢筋直径和弯曲角度进行画线，以便弯曲成设计所要求的尺寸。如弯曲钢筋两边对称时，画线工作宜从钢筋中线开始向两边进行，当为弯曲形状比较复杂的钢筋时，可先放出实样，再进行弯曲。钢筋弯曲宜采用弯曲机和弯箍机。弯曲机可弯直径 6 ~ 40mm 的钢筋。直径小于 25mm 的钢筋，当无弯曲机时也可采用扳钩弯曲。

钢筋弯曲成型后，形状、尺寸必须符合设计要求，平面上没有翘曲、不平现象。钢筋末端弯钩，HPB300 级钢筋为 180°，HRB335 级、HRB400 级钢筋为 90°或 135°；弯钩的弯曲直径不应小于 2.5d（d 为钢筋直径），是轻骨料混凝土结构时为 3.5d；弯曲直长 HPB300 级不宜小于 3d，HRB335 级不宜小于 4d，HRB400 级不宜小于 5d，箍筋末端应做弯钩，如设计无具体要求时，弯钩形式：对一般结构，箍筋两端可以做成 90°或一端做成 90°，另一端做成 180°；对有抗震要求和受扭的结构，箍筋两端做成 135°。各弯曲部位不得有裂纹。钢筋弯曲成型后的允许偏差如表 4.8 所示。

**表 4.8　钢筋弯曲成型允许偏差**

| 项次 | 项目 | 允许偏差（mm） |
|---|---|---|
| 1 | 顺长度方向全长 | ±10 |
| 2 | 弯起点位移 | ±20 |
| 3 | 弯起高度 | ±5 |
| 4 | 箍筋边长 | ±5 |

### 3. 钢筋的绑扎与安装

单根钢筋经过上述加工后，即可成型为钢筋骨架或钢筋网。钢筋成型应优先采用焊接，并在车间预制好后直接运往现场安装，只有当条件不足时，才在现场绑扎成型。

钢筋绑扎和安装前，应先熟悉图纸，核对钢筋配料单和料牌，研究与有关工种的配合，确定施工方法。

钢筋绑扎一般采用 20～22 号铁丝，要求绑扎位置准确、牢固；在同一截面内，绑扎接头的钢筋面积在受压区中不得超过 50%，在受拉区中不得超过 25%；不在同一截面中的绑扎接头，中距不得小于搭接长度，搭接长度及绑扎点位置应符合下列规定。

（1）同一纵向受力钢筋不宜设置两个或两个以上接头，接头末端至钢筋弯起点处的距离不得小于钢筋直径的 10 倍，也不宜位于构件最大弯矩处。

（2）受拉区域内，HPB300 级钢筋绑扎接头的末端应做弯钩，HRB335 级、HRB400 级钢筋可不做弯钩；受压区域内，HPB300 级钢筋不做弯钩。

（3）直径等于和小于 12mm 的受压 HPB300 级钢筋末端，以及轴心受压构件中，任意直径的受力钢筋末端，可不做弯钩，但搭接长度不应小于钢筋直径的 35 倍。

（4）钢筋搭接处，应在中心和两端用铁丝扎牢。

（5）绑扎接头的搭接长度应符合表 4.9 的规定。

**表 4.9　　纵向受拉钢筋的最小搭接长度**

| 钢筋种类 | 混凝土强度等级 | | | |
|---|---|---|---|---|
| | C15 | C20 ~ C25 | C30 ~ C35 | ≥C40 |
| HPB300 级光圆钢筋 | 45d | 35d | 30d | 25d |
| HRB335 级带肋钢筋 | 55d | 45d | 35d | 30d |
| HRB400 级带肋钢筋 | — | 55d | 40d | 35d |

注：（1）受压钢筋绑扎接头的搭接长度应为表中数值的 0.7 倍；

（2）在任何情况下，纵向受拉钢筋的搭接长度不应小于 300mm，受压钢筋搭接长度不应小于 200mm；

（3）两根直径不同的钢筋其搭接长度以较细钢筋直径计算。

钢筋在混凝土中保护层的厚度，可用水泥砂浆垫块（或塑料卡），垫在钢筋与模板之间进行控制。垫块应布置成梅花形，其相互间距不大于 1m。上下双层钢筋之间的尺寸可用绑扎短钢筋来控制。

钢筋安装完毕后，应根据设计图纸检查钢筋的钢号、直径、根数、间距是否正确，特别要注意负筋的位置；同时检查钢筋接头的位置、搭接长度及混凝土保护层是否符合要求，钢筋绑扎是否牢固，有无松动变形现象，钢筋表面是否有不允许的油渍、漆污和颗粒状（片状）铁锈等。钢筋位置的偏差不得大于表 4.10 的规定。

**表 4.10　　钢筋安装位置的允许偏差和检验方法**

| 项目 | | 允许偏差（mm） | 检验方法 |
|---|---|---|---|
| 绑扎钢筋网 | 长、宽 | ±10 | 钢尺检查 |
| | 网眼尺寸 | ±20 | 钢尺量连续三档，取最大值 |

续表

| 项目 | | | 允许偏差（mm） | 检验方法 |
|---|---|---|---|---|
| 绑扎钢筋骨架 | 长 | | ±10 | 钢尺检查 |
| | 宽、高 | | ±5 | 钢尺检查 |
| 受力钢筋 | 间距 | | ±10 | 钢尺量两端、中间各一点，取最大值 |
| | 排距 | | ±5 | |
| | 保护层厚度 | 基础 | ±10 | 钢尺检查 |
| | | 柱、梁 | ±5 | 钢尺检查 |
| | | 板、墙、梁 | ±3 | 钢尺检查 |
| 绑扎箍筋、横向钢筋间距 | | | ±20 | 钢尺量连续三档，取最大值 |
| 钢筋弯起点位置 | | | 20 | 钢尺检查 |
| 预埋件 | 中心线位置 | | 5 | 钢尺检查 |
| | 水平高差 | | +3.0 | 钢尺和塞尺检查 |

注：（1）检查预埋件中心线位置时，应沿纵、横两个方向量测，并取其中的较大值；

（2）表中梁类、板类构件上部纵向受力钢筋保护层厚度的合格点率应达到90%及以上，且不得有超过表中数值1.5倍的尺寸偏差。

钢筋工程属隐蔽工程，在浇筑混凝土前应对钢筋及预埋件进行验收，并做好隐蔽工程记录，以备查证。

## 4.3 模板工程

### 4.3.1 定型模板与工具式支模

模板是使混凝土构件按几何尺寸成型的模型板。模板的种类较多，就其所用的材料不同，可分为木模板、竹模板、钢木模板、钢模板、塑料模板、铝合金模板、玻璃模板等。

模板的选用要因地制宜、就地取材，要求形状、尺寸准确，接缝严密，有足够的强度和刚度，稳定性好，并且装拆方便、灵活，能多次周转使用。

为了改变过去模板按构件形状、尺寸临时配制，现场“模板成堆、支架林立、拉条成网”的落后现象，应尽可能采用定型模板和工具式支模方法，以达到加快施工、降低造价、节约模板的目的。

**1. 木模板**

木模板、木胶合板模板在工程上广泛应用。这类模板一般为散装散拆式模板，也有的加工成基本元件（拼板），在现场进行拼装，拆除后也可周转使用。

拼板由一些板条用木拼条钉拼而成，胶合板模板则用胶合板加工成所需的形状，板厚一般为25～40mm。拼板的拼条（次肋）的间距取决于新浇混凝土的侧压力和板条的厚度，多为400～500mm。

**2. 组合模板**

组合模板是一种工具式模板，它是工程施工中使用最多的一种模板形式。它由具有一定模数的若干类型的板块、角模、支撑和连接件组成，用它可以拼出多种尺寸和几何形状，以适应多种类型建筑物的梁、柱、板、墙和设备基础等施工的需要，也可用它拼成大模板、隧道模和台模等。施工时可以在现场直接组装，也可以预拼装成大块模板或构件模板用起重机吊运安装。组合模板的板块有用全钢材制成，也有用钢框与木（竹）胶合板面板复合制成。组合模板不但用于建筑工程、桥梁工程，地下工程也广泛应用。

常用的组合模板有钢组合模板和钢木组合模板等。

钢组合模板由边框、面板和横肋组成，面板用厚度为2.3～2.5mm的钢板，边框及肋用55mm×2.8mm的扁钢，边框开有连接孔（见图4.11）。

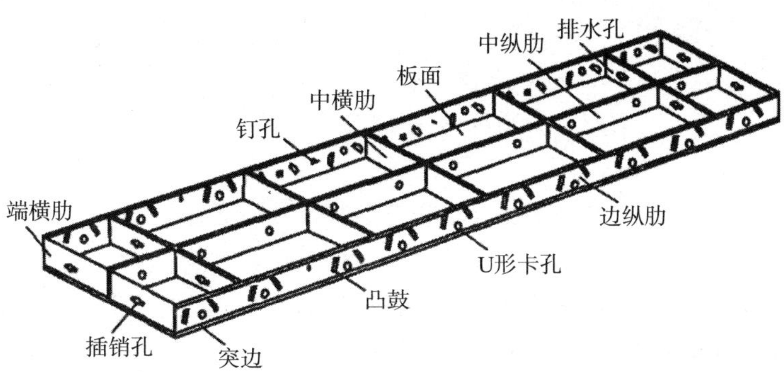


**图4.11　钢模板透视图**

钢组合模板具有规格多样（见表 4.11）适用范围广，轻便灵活，装拆、搬运方便，耐久性好，可多次重复使用，制作精确，接缝严密，板面平滑，不易漏浆，能保证工程质量等特点。

**表 4.11　钢定型模板规格**　　单位：mm

| 规格 | 平面模板 | 阴角模板 | 阳角模板 | 连接模板 |
|---|---|---|---|---|
| 宽度 | 300 和 250 | 150×150<br>50×50 | 100×100<br>50×50 | 50×50 |
| | 200 和 150 | | | |
| | 100 | | | |
| 长度 | 1500、1200、900、750、600、450 | | | |
| 肋高 | 55 | | | |

钢木定型模板由钢边框与木面板拼制。钢边框为 L40×4 的角钢；木面材料有短料木板、胶合板、竹塑板、纤维板、蜂窝纸板等，表面应做防水处理，制作时板面要与边框做平，尺寸一般为 1000mm×500mm，如图 4.12 所示。

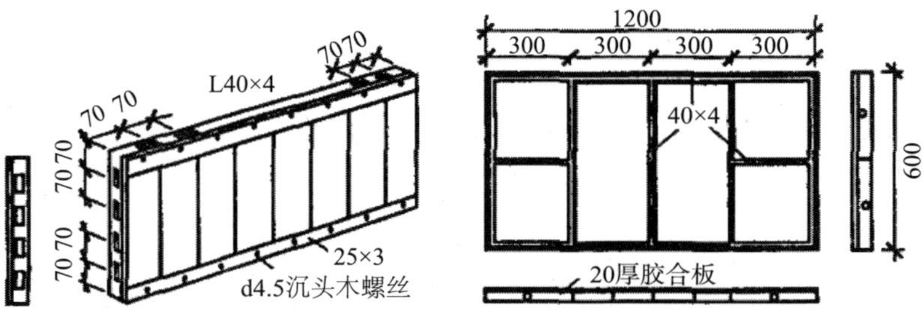


（a）钢框短木板模板　（b）钢框胶合板模板

**图 4.12　钢木定型模板**

工具式支模是采用各种工具式的定型桁架、支柱、托具、卡具等组成模板的支架系统，这有利于节约材料，扩大施工空间，有利于交通运输和平面作业，有利于结构稳定、安全和加速工程进度。

**3. 大模板**

大模板在建筑、桥梁及地下工程中广泛应用，它是一个大尺寸的工具式模板，如建筑工程中一块墙面可用一块模板。因为其面积与重量都较大，装拆皆需起重机械。因此，大模板施工的机械化程度较高，并可减少用工量和缩短工期。大模板是目前我国剪力墙和简体体系的高层建筑、桥墩、筒仓等施工用得较多的一种模板，已形成工业化模板体系。

一块大模板由面板、次肋、主肋、支撑框架、稳定机构及附件组成（见图 4.13）。大模板的面板要求平整、刚度好，可用钢板或胶合板制作。钢面板厚度根据次肋的布置而不同，一般为 3～5mm，可重复使用 200 次以上。胶合板面板常用 7 层或 9 层胶合板，板面用树脂处理，可重复使用 50 次以上。采用组合模板拼装大模板也是近年来广泛采用的一种方法，它具有组装灵活，便于周转的优点，但其浇筑混凝土的表面质量不如大型板块，模板接缝多，平整度差。

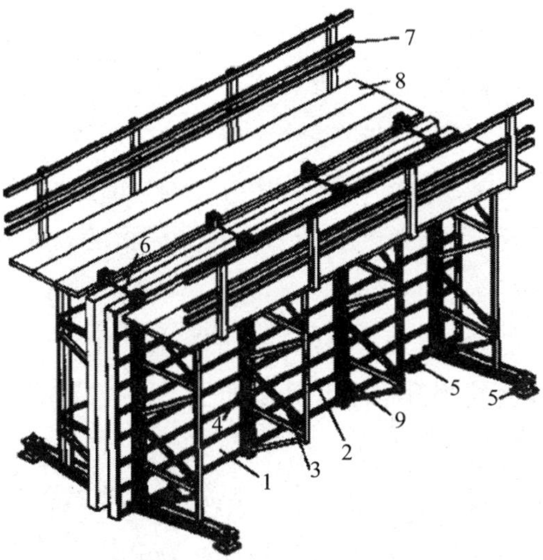


1—面板；2—次肋；3—支撑框架；4—主肋；5—调整螺旋；6—卡具；7—栏杆；8—脚手板；9—对拉螺栓

**图 4.13　大模板构造**

大模板吊运和拆除时，严禁挤撞墙体，其堆放时要防止倾倒伤人，应将板面后倾一定角度，在高空作业时，应有防止大风吹倒的技术措施。大模板板面须喷涂脱模剂以利脱模，常用的有海藻酸钠脱模剂、油类脱模剂、甲基树脂脱模剂和石蜡乳液脱模剂等，不得使用废机油作脱模剂。

对于电梯井、小直径的筒体结构等的浇筑有时利用由大模板组成的筒模，即四面模板用铰链连接，可整体安装和脱模，脱模时旋转花篮螺丝脱模器，拉动相对两片大模板向内移动，使单轴铰链折叠收缩，模板脱离墙体。支模时，反转花篮螺丝脱模器，使相对的两片大模板向外推移，单轴铰链伸张，达到支模的目的。

**4. 滑升模板**

滑升模板也是一种工业化模板，用于现场浇筑高耸构筑物和建筑物等的竖向结构，如烟囱、简仓、高桥墩、电视塔、竖井、井、双曲线冷却塔和高层建筑等。

滑升模板的施工特点，是在构筑物或建筑物底部，沿其墙、柱、梁等构件的周边组装高 1.2m 的升模板，随向模板内不地分层筑凝用液压提升设备使模板不断地沿埋在混凝土中的支承杆向上滑升，直到需要浇筑的高度为止。用滑升模板施工，可以节约模板和支撑材料，加快施工速度和保证结构的整体性。但模板一次性投资多、耗钢量大，对立面造型和构件断面变化有一定的限制。施工时宜连续作业，施工组织要求较严。

模板系统包括模板、围圈和提升架等。模板用于成型混凝土，承受新浇混凝土的侧压力，多用钢模或钢木组合模板。模板的高度取决于滑升速度和混凝土达到出模强度（0.2～0.4 N · $mm^2$）所需的时间，一般高 1.0～1.2m。滑模的滑升是通过液压千斤顶在支承杆上的爬升。由于千斤顶是与提升架连接在一起的，千斤顶的爬升带动提升架向上，并使模板沿墙体滑升。

**5. 爬升模板**

爬升模板简称爬模，它是施工剪力墙和筒体结构的混凝土结构高层建筑和桥墩、桥塔等的一种有效的模板体系，在我国已推广应用。由于模板能自爬，不需起重运输机械吊运，减少了施工中的起重运输机械的工作量，能避免大模板受大风的影响。由于自爬的模板上还可悬挂脚手架，所以可省去结构施工阶段的外脚手架，因此其经济效益较好。

爬升模板由模板、爬架及动力装置组成。其模板形式与大模板类似，宜采用由组合模板、胶合板等组成。其高度应为标准层层高加 100～300mm，增加的长度可使模板底部固定在下层已浇筑的结构上。爬架可由型钢组成格构式钢架，高度应为 3.0～3.5 倍的模板爬升高度，其立柱宜采取标准节分段组合，并用法兰盘连接；当其底座固定于下层墙体时，穿墙螺栓不应少于 4 个，底部应设有操作平台和防护设施。模板及爬架背面应附有爬升装置，爬升装置可选用液压穿心千斤顶、电动设备、倒链等。

爬升工艺可选用模板与爬架互爬、模板与模板互爬及整体爬升等。模板与爬架互爬称为有爬架爬模，模板与模板互爬称为无爬架爬模。

**6. 飞模**

飞模是一种大型工具式模板，主要用于浇筑平板式或带边梁的水平结构，如用于建筑施工的楼面模板，它是一个房间用一块飞模，有时甚至更大。飞模由面板、支撑框架、檩条等组成。支撑框架的支腿底部一般带有滚轮，以便移动。浇筑后待混凝土达到规定强度，将台面放落一定高度，用人力将其推出，或用起重机的“C”型吊钩将台模吊出墙面，再用起重机整体吊运至上层或其他施工段。由于这样的转运过程好似模板在空中“飞”上楼层，故称为“飞模”。

### 4.3.2　现浇结构中常用的模板

**1. 基础模板**

基础的特点是高度小而体积较大。基础模板常用形式如图 4.14 所示。如土质良好，阶梯形基础的最下一级可不用模板而进行原槽浇筑。安装阶梯形基础模板时，要保证上、下模板不发生相对位移，如有杯口还要在其中放入杯口模板。

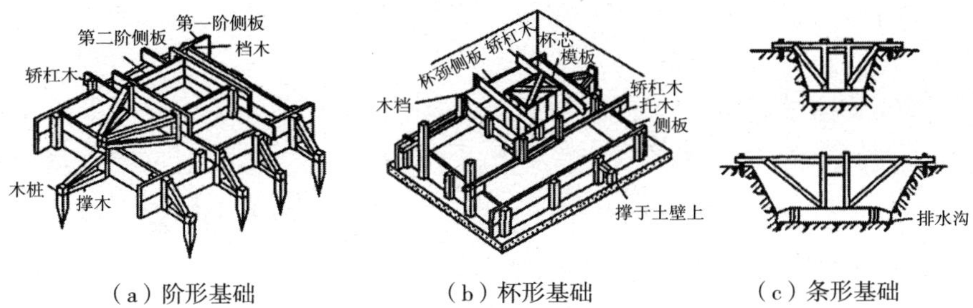


（a）阶形基础　　（b）杯形基础　　（c）条形基础

**图 4.14　基础模板**

在安装基础模板前，应将地基垫层的标高及基础中心线先行核对，弹出基础边线。如系独立柱基，则将模板中心线对准基础中心线；如系带形基础，则将模板对准基础边线。然后再校正模板上口的标高，使之符合设计要求。经检查无误后将模板钉（卡、栓）牢撑稳。在安装柱基础模板时，应与钢筋工配合进行。

**2. 柱模板**

柱子的特点是断面尺寸不大而比较高。因此，柱模主要解决垂直度、施工时的侧向稳定及抵抗混凝土的侧压力等问题。同时也应考虑方便浇筑混凝土、清理垃圾与钢筋绑扎等问题。图 4. 15 即为矩形柱模板。

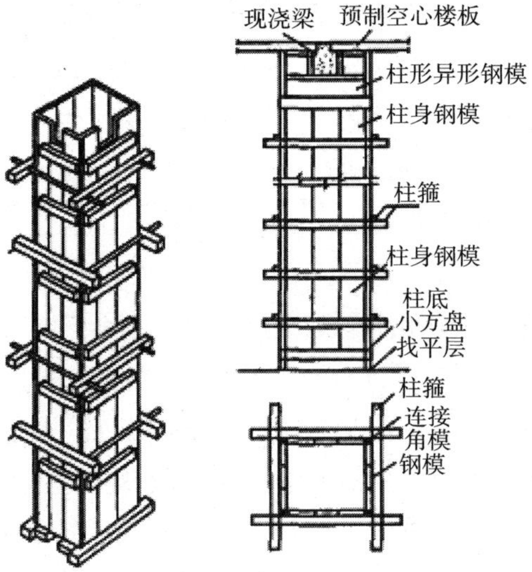


（a）木模板　　（b）钢模

**图 4. 15　矩形柱模板**

在安装柱模板前，应先绑扎好钢筋，同时在基础面上或楼面上弹出纵横轴线和四周边线，固定小方盘；然后立模板，并用临时斜撑固定；再由顶部用垂球校正，检查其标高位置无误后，即用斜撑卡牢固定。柱高大于 4m 时，一般应四面支撑；当柱高超过 6m 时，不宜单根柱支撑，宜几根柱同时支撑连成构架。对通排柱模板，应先装两端柱模板，校正固定，再在柱模板上口拉通长线校正中间各柱模板。

**3. 梁模板**

梁的特点是跨度较大而宽度一般不大，梁高可到 1m 左右，工业建筑有的高达 2m 以上。梁的下面一般是架空的，因此混凝土对梁模板有横向侧压力，又有垂直压力。这要求梁模板及其支撑系统稳定性要好，有足够的强度和刚度，不致超过规范允许的变形。图 4. 16 所示即为 T 形梁模板。

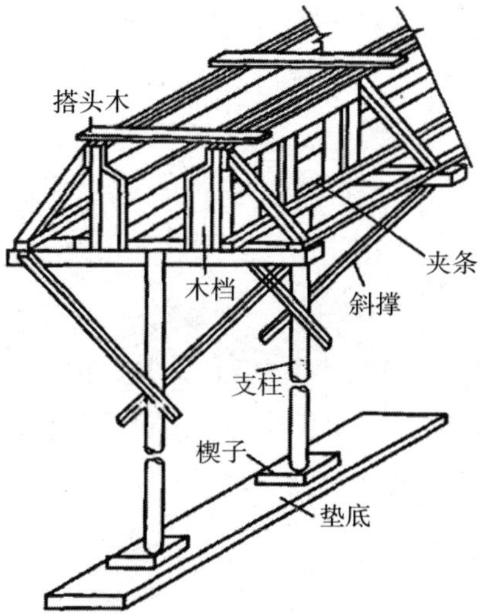


图 4. 16　T 形梁模板

对于圈梁来说，由于其断面小但很长，一般除窗洞口及其他个别地方架空外，其他均搁在墙上。故圈梁模板主要是由侧模和固定侧模用的卡具所组成（见图 4. 17）。底模仅在架空部分使用，如架空跨度较大，也有用支柱。

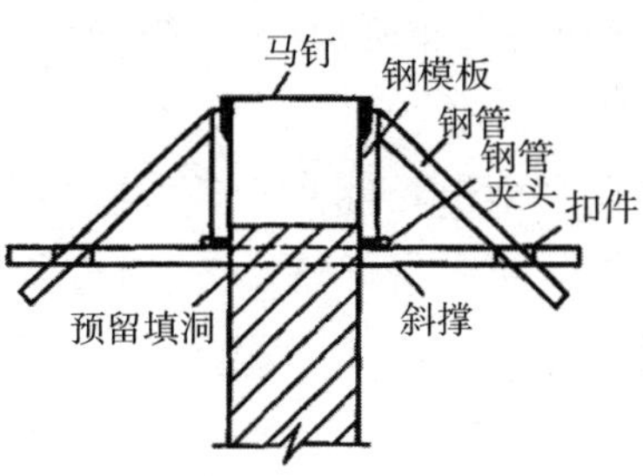


图 4. 17　圈梁模板

梁模板应在复核梁底标高、校正轴线位置无误后进行安装。当梁的跨度为 24m 时，应使梁底模中部略为起拱，以防止由于灌注混凝土后跨中梁底下垂；如设计无规定时，起拱高度宜为全跨长度的1/1000～3/1000。支柱（琵琶撑）安装时应先将其下土面拍平夯实，放好垫板（保证底部有足够的支撑面积）和楔子（校正高度）；支柱间距应按设计要求，当设计无要求时，一般不宜大于2m。支柱之间应设水平拉杆、剪力撑，使之互相拉撑成一整体，离地面50cm设一道，以上每隔2m设一道；当梁底地面高度大于6m时，宜搭排架支模，或满堂脚手架支撑。上下层模板的支柱，一般应安装在同一条竖向中心线上，或采取措施保证上层支柱的荷载能传递在下层的支撑结构上，防止压裂下层构件。梁较高或跨度较大时，可留一面侧模，待钢筋绑扎完后再安装。

**4. 板模板**

板的特点是面积大而厚度一般不大，因此横向侧压力很小，板模板及其支撑系统主要用于抵抗混凝土的垂直荷载和其他施工荷载，保证板不变形下垂。图4.18即为有梁楼板钢模板示意图。

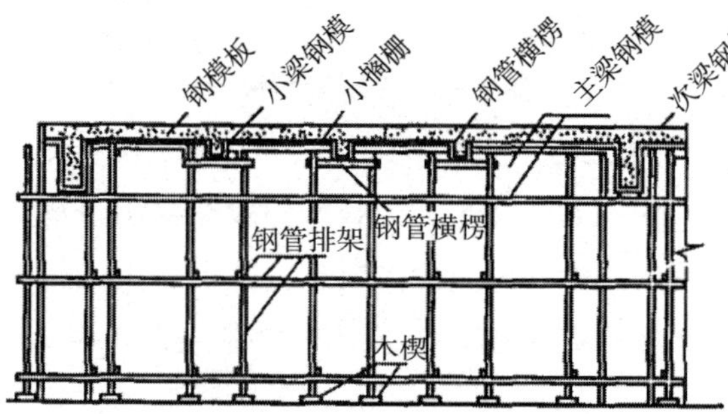


**图4.18　有梁楼板钢模板示意图**

安装板模板时，首先复核板底标高，搭设模板支架，其次用阴角模板从四周与墙、梁模板连接再向中央铺设。为方便拆模，木模板宜在两端及接头处钉牢，中间尽量少钉或不钉；钢模板拼缝处采用“U”形卡即可；支柱底部应设长垫板及木楔找平。挑檐模板必须撑牢拉紧，防止向外倾覆，确保安全。

**5. 墙体模板**

墙体的特点是高度大而厚度小，其模板主要承受混凝土的侧压力。因此，必须加强墙体模板的刚度，并设置足够的支撑，以确保模板不变形和发生位移。图 4.19 即为钢模板墙模。

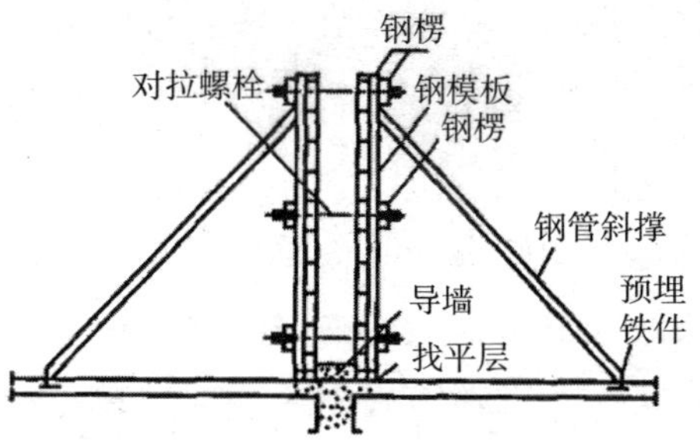


**图 4.19　钢模板墙模**

安装墙体模板时，要先弹出中心线和两边线，选择一边先装，设支撑，在顶部用线锤吊直，拉线找平后支撑固定；待钢筋绑扎好后，墙基础清理干净，再竖立另一边模板。为了保证墙体的厚度，墙板内应加撑头或对位螺栓。

**6. 楼梯模板**

楼梯与楼板相似，但又有其支设倾斜，有踏步的特点。因此，楼梯模板与楼板模板既相似又有区别，如图 4.20 所示。

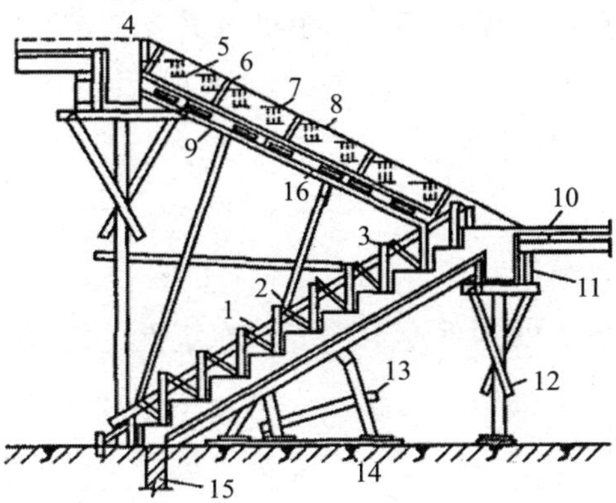

1—反扶梯基；2—斜撑；3—木吊；4—楼面；5—外帮侧板；6—木档；7—踏步侧板；8—档木；9—搁栅；10—休息平台；11—托木；12—琵琶撑；13—牵杠撑；14—垫板；15—基础；16—楼梯底板

**图 4.20　板式楼梯模板**

楼梯楼板施工前应根据设计放样，先安装平台梁及基础模板，再装楼梯斜梁或楼梯底模板，然后安装楼梯外帮侧板。外帮侧板应先在其内侧弹出楼梯底板厚度线，用套板画出踏步侧板位置线，钉好固定踏步侧板的档木，在现场安装侧板。梯步高度要均匀一致，特别要注意每层楼梯最下一步及最上一步的高度，必须考虑楼地面层粉刷厚度，防止由于粉面层厚度不同而造成梯步高度不协调。

现浇混凝土结构施工中应根据结构类型、建筑造型和施工条件，选择适用模板体系。一般情况下垂直结构中现浇梁、板、柱结构模板宜选用组合钢模板或胶合板模板，并宜整体或分片预制安装和拆模。现浇楼板宜采用早拆模板体系。当混凝土表面质量要求较高时，特别是采用清水混凝土时，模板应满足装饰要求，一般应采用表面覆有树脂面膜的板材，其光滑平整，容易脱模，浇筑混凝土后表面光洁，易于涂料作业。

### 4.3.3 模板设计

定型模板和常用的模板拼板，在其适用范围内一般不需进行设计或验算。但对于一些特殊结构、新型体系的模板，或超出适用范围的一般模板则应进行设计和验算。

模板系统的设计，包括选型、选材、荷载计算、结构计算、拟定制作安装和拆除方案及绘制模板图等。模板及其支架的设计应根据工程结构形式、荷载大小、地基土类别、施工设备和材料供应等条件进行。

**1. 模板设计原则与步骤**

（1）原则。

①要保证构件的形状尺寸及相互位置的正确。

②要使模板有足够的强度、刚度和稳定性，能够承受新浇混凝土的重力和侧压力，以及各种施工荷载，变形不大于2mm。

③力求构造简单、装拆方便，不妨碍钢筋绑扎，保证混凝土浇筑时不漏浆。

④配制的模板，应优先选用通用、大块模板，使其种类和块数最少，木模镶拼量最少。

⑤模板长向拼接宜采用错开布置，以增加模板的整体刚度。当拼接集中布置时，应使每块模板有两处钢楞支承。

⑥内钢楞应垂直模板长度方向布置，直接承受模板传来的荷载；外钢楞应与内钢楞互相垂直，用来承受内钢楞传来的荷载或用以加强模板结构的整体刚度和调整平直度，其规格不得小于内钢楞。

⑦对拉螺栓和扣件应根据计算配置，并应采取措施减少钢模板上的钻孔。

⑧支承柱应有足够的强度和稳定性，一般节间长细比宜小于 110，安全系数 $K>30$。支撑系统对于连续形式或排架形式的支承柱，应配置水平支撑和剪刀撑，以保证其稳定性。

（2）步骤。

①根据施工组织设计对施工区段的划分、施工工期和流水作业的安排，应先明确需要配制模板的层段数量。

②根据工程情况和现场施工条件决定模板的组装方法，如现场是散装散拆，还是预拼装；支撑方法是采用钢楞支撑，还是采用桁架支撑等。

③根据已确定配模的层段数量，按照施工图纸中梁、柱、墙、板等构件尺寸，进行模板组配设计。进行夹箍和支撑件等的设计计算和选配工作。

④进行加箍和支撑件等的设计计算和选配工作。

⑤明确支撑系统的布置、连接和固定方法。

⑥确定预埋件的固定方法、管线埋设方法以及特殊部位（如预留孔洞）的处理方法。

⑦根据所需钢模板、连接件、支撑及架设工具等列出统计表，以便备料。

**2. 荷载及组合**

在设计和验算模板、支架时应考虑下列荷载。

（1）模板及支架自重 $G_{1k}$。

根据模板设计图纸确定，肋形楼板及无梁楼板的荷载可按表 4.12 采用。

**表 4.12　楼板模板自重参考表**

| 项次 | 模板构件名称 | 木模板（$kN/m^2$） | 定型组合钢模板（$kN/m^2$） |
|---|---|---|---|
| 1 | 平板的模板及小楞的自重 | 0.3 | 0.5 |
| 2 | 楼板模板的自重（其中包括梁的模板） | 0.5 | 0.75 |
| 3 | 楼板模板及其支架的自重（楼层高度为 4 米以下） | 0.75 | 1.1 |

（2）新浇筑混凝土自重 $G_{2k}$。

对普通混凝土可采用24kN/m$^3$，对其他混凝可根据实际重力密度确定。

（3）钢筋自重 $G_{3k}$。

根据设计图纸确定。对一般梁板结构，每立方米钢筋混凝土的钢自重可按楼板 1.1kN，梁 1.5kN 取用。

（4）新浇混凝土对模板侧面的压力 $G_{4k}$。

影响新浇混凝土对模板侧压力的因素很多，如水泥品种与用量、骨料种类、水灰比、外加剂等混凝土原材料和混凝土浇筑时温度、浇筑速度、振捣方法等外界施工条件及模板情况、构件厚度、钢筋用量及排放位置等，这些都是影响混凝土对模板侧压力的因素。其中尤以混凝土的容积密度、浇筑时混凝土的温度、浇筑速度以及振捣方法等影响较大，是计算混凝土侧压力的控制因素。

当采用内部振捣器时，新浇筑混凝土作用于模板的最大侧压力，可按下列两式计算，并取两式中的较小值：

$$F = 0.28\gamma_0 t_0 \beta v^{\frac{1}{2}}$$

$$F = \gamma_c H \tag{4.3}$$

式（4.3）中：F——新浇筑混凝土对模板的最大侧压力（kN/m$^2$）；

$\gamma_0$——混凝土的重力密度（kN/m$^3$）；

$t_0$——新浇混凝土的初凝时间（h），可按实测确定。当缺乏试验资料时，可采用 $t_0 = \dfrac{200}{T+15}$（T 为混凝土的温度,℃）；

v——混凝土的浇筑速度（m/h）；

H——混凝土斗侧压力计算位置处至新浇筑混凝土顶面的总高度（m）；

β——混凝土坍落度影响修正系数，当坍落度小于 30mm 时取 0.85，50～90mm 时取 1.0，110～150mm 时取 1.15。

混凝土侧压力的计算分布图形如图 4.21 所示。其中 h 为有效压头高度（m），可按 $h = F/\gamma_0$ 计算。

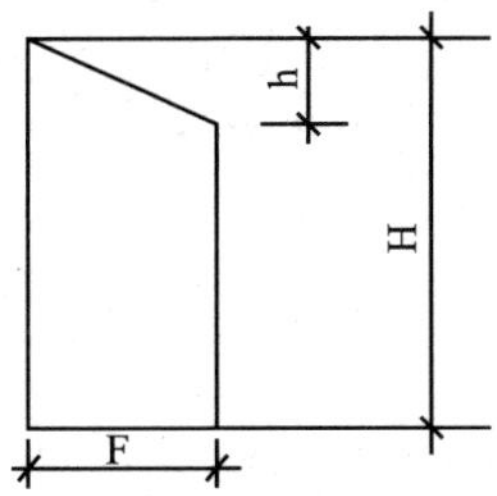


**图4.21　混凝土侧压力计算简图**

（5）施工人员及设备荷载 $Q_{1k}$。

①计算模板及直接支承模板的小楞时，均布荷为2.5kN/m$^2$，另应以集中2.5kN再进行验算比较两者所得的弯矩值，取其大者采用；

②计算直接支承小楞结构构件时，均布活荷载1.5kN/m$^2$；

③计算支架立柱及其他支承结构构件时，均布活荷载1.0kN/m$^2$ 对大型浇筑设备，如上料平台凝输送泵等，根据实际情况计算；堆集料高度超过100mm以上的，按实际高度计算；模板单块宽度小于150mm时，集中荷载可分布在相邻的两块板上。

（6）混凝土下料产生的水平荷载标准值 $Q_{2k}$。

采用溜槽、串筒、导管或泵管下料时为2kN/m$^2$；采用吊车配备斗容器下料或小车直接倾倒为4kN/m$^2$（作用范围在新浇混凝土侧压力的有效压头高度之内）。

（7）泵送混凝土或不均匀堆载等因素产生的附加水平荷载 $Q_{3k}$。

可取模板上混凝土和钢筋重量的2%作为标准值，并应以线荷载形式作用在模板支架上端水平方向。

（8）风荷载标准值 $Q_{4k}$。

可按《建筑结构荷载规范》的有关规定计算，此时基本风压可按10年一遇的风压取值，但基本风压不应小于0.2kN/m$^2$。

将上述（1）~（8）项荷载值乘以相应荷载分项系数即得计算模板及其支架时的荷载设计值。然后再根据结构形式进行荷载效应的组合，对钢模板及其支架的设计应符合现行国家标准《钢结构设计规范》的规定，其截面塑性发展系数取1.0，其荷载设计值可乘以系数0.85予以折减。采用冷弯薄壁型钢应符合现行国家标准《冷弯薄壁型钢结构技术规范》的规定，其荷载设计值不应折减。对木模板及其支架的设计应符合现行国家标准《木结构设计规范》的规定；当木材含水率小于25%时，其荷载设计值可乘以系数0.90予以折减。

**3. 计算规定**

模板系统的设计计算，原则上与永久结构相似，计算时要参照相应的设计规范。确定计算简图时，要根据模板的具体构造。对不同的构件在设计时所考虑的重点也有所不同，例如：定型模板、梁模板、楞木等主要考虑抗弯强度及挠度；对于支柱、井架等系统主要考虑受压稳定性；对于桁架应考虑上弦杆的抗弯、抗拉能力；对于木构件，则应考虑支座处抗剪及承压等问题。

计算模板和支架的强度时，由于是一种临时性结构，建议钢材的允许应力可适当提高，木材的允许应力可根据木结构设计规范提高30%。

计算模板刚度时，允许的变形值为：结构外露表面模板≤L/400（L为模板构件跨度）；结构隐蔽表面模板≤L/250；模板支架（包括桁架支模）的弹性挠度或下沉度≤相应结构自由跨度的1/1000。

模板系统虽为临时性结构，但由于多次周转使用，故设计时还应考虑使用方便、增加周转次数等的需要，有时不一定完全按照计算结果采用。

### 4.3.4 模板的拆除

**1. 拆除要求**

混凝土成型后，经过一段时间的养护，当强度达到一定要求时，即可拆除模板。模板的拆除日期取决于混凝土硬化的快慢、各个模板的用途、结构的性质、混凝土硬化时的气温。及时拆模，可提高模板的周转率，也可为其他工作创造条件，加快工程进度。如过早拆模，混凝土会因为未达到一定强度而不能担负本身重力或受外力而变形，甚至断裂，造成最大的质量事故。现浇结构的模板及支架的拆除，如设计无要求时，应符合下列规定：

（1）侧模应在混凝土强度能保证其表面及棱角不因拆模板而受损坏时，方可拆除；

（2）底模应在与结构同条件养护的试块达到表4.13的规定强度时，方可拆除；

（3）快速施工的高层建筑的梁和楼板模板如3～5d完成一层结构，其底模及支柱拆除时，应对所用混凝土的强度发展情况进行核算，确保下层楼板及梁能安全承载，方可拆除。

**表4.13　　现浇结构拆模时所需混凝土强度**

| 结构类型 | 结构跨度（m） | 按设计混凝土强度标准值的百分率计算（%） |
|---|---|---|
| 板 | ≤2 | 50 |
| | >2，≤8 | 75 |
| | >8 | 100 |
| 梁、拱、壳 | ≤8 | 75 |
| | >8 | 100 |
| 悬臂构件 | ≤2 | 75 |
| | >2 | 100 |

注：设计混凝土强度标准值系指相应的混凝土立方体抗压强度标准值。

### 2. 拆模顺序

拆模应按一定的顺序进行。一般应遵循先支后拆、后支先拆，先非承重部位、后承重部位以及自上而下的原则。重大复杂模板的拆除，事前应制订拆除方案。

（1）柱模单块组拼的应先拆除钢楞、柱箍和对拉螺栓等连接、支撑件，再由上而下逐步拆除；预组拼的则应先拆除两个对角的卡件，并作临时支撑后，再拆除另两个对角的卡件，待吊钩挂好，拆除临时支撑，方能脱模起吊。

（2）墙模单块组拼的在拆除对拉螺栓、大小钢楞和连接件后，从上而下逐步水平拆除；预组拼的应在挂好吊钩，检查所有连接件是否拆除后，方能拆除临时支撑，脱模起吊。

对拉螺栓拆除时，可将对拉螺栓处混凝土表面切断，也可在混凝土内加埋套管，将对拉螺栓从套管中抽出重复使用。

（3）梁、楼板模板应先拆梁侧模，再拆楼板底模，最后拆除梁底模。拆除跨度较大的梁下支柱时，应先从跨中开始分别拆向两端。

多层楼板模板支柱的拆除，应按下列要求进行。

上层楼板正在浇筑混凝土时，下一层楼板的模板支柱不得拆除，再下一层楼板模板的支柱，仅可拆除一部分；跨度4m及4m以下的梁下均应保留支柱，其间距不得大于3m。

**3. 拆模注意事项**

（1）拆模时，操作人员应站在安全处，以免发生安全事故。

（2）拆模时应尽量不要用力过猛、过急，严禁用大锤和撬棍硬砸硬撬，以避免混凝土表面或模板受到损坏。

（3）拆下的模板及配件，严禁抛扔，要有人接应传递，按指定地点堆放，并做到及时清理、维修和涂刷好隔离剂，以备待用在拆除模板过程中，如发现混凝土有影响结构安全的质量问题时，应暂停拆除，经过处理后，方可继续拆除。对已拆除模板及支撑的结构，应在混凝土强度达到设计混凝土强度等级的要求后，才允许承受全部使用荷载。

## 4.4 混凝土工程

混凝土工程包括配料、搅拌、运输、浇捣、养护等过程。在整个工艺过程中，各工序紧密联系又相互影响，如其中任一工序处理不当，都会影响混凝土工程的最终质量。对混凝土质量要求，不但要具有正确的外形，而且要获得良好的强度、密实性和整体性，因此，在施工中确保混凝土工程质量是一个很重要的问题。

### 4.4.1 混凝土的原材料

混凝土的原材料有水泥、砂、石子、水和外加剂是否有外掺料。

**1. 水泥**

水泥的品种和成分不同，其凝结时间、早期强度、水化热、吸水性和抗侵蚀的性能等也不相同，这些都直接影响混凝土的质量、性能和适用范围，使用时可参照表 4.14 选用。水泥颗粒越细，对水化作用发展也越快、越充分，则混凝土硬化快，强度、泌水性及和易性好。水泥凝结过早，施工操作难以掌握，有时将会破坏正在形成的水泥石结构，损坏混凝土的强度；凝结过迟，浇筑的混凝土不能及时硬化，会妨碍正常施工，也会影响工程质量和进度。放热量大的水泥，可用来提高混凝土冬季施工的凝结硬化温度，但对大体积混凝土将会产生过大的温差应力。水泥需水量大时，则混凝土的流动性小，收缩、密实性差，强度低。安定性不良的水泥，因含游离石灰将产生各种裂纹，甚至会严重破坏混凝土的整体性，因此不能用于工程中。

**表 4.14　　常用水泥的选用**

<table>
<tr><th colspan="2">混凝土工程特点<br>或所处环境条件</th><th>优先选用</th><th>可以使用</th><th>不得使用</th></tr>
<tr><td rowspan="6">环境条件</td><td>在普通气候环境中的混凝土</td><td>普通硅酸盐水泥</td><td>矿渣硅酸盐水泥<br>火山灰质硅酸盐水泥<br>粉煤灰硅酸盐水泥</td><td></td></tr>
<tr><td>在干燥环境中的混凝土</td><td>普通硅酸盐水泥</td><td>矿渣硅酸盐水泥</td><td>火山灰质硅酸盐水泥<br>粉煤灰硅酸盐水泥</td></tr>
<tr><td>在高温环境中或永远处在水下的混凝土</td><td>矿渣硅酸盐水泥</td><td>普通硅酸盐水泥<br>火山灰质硅酸盐水泥<br>粉煤灰硅酸盐水泥</td><td></td></tr>
<tr><td>严寒地区的露天混凝土，寒冷地区的处在水位升降范围的混凝土</td><td>普通硅酸盐水泥</td><td>矿渣硅酸盐水泥</td><td>火山灰质硅酸盐水泥<br>粉煤灰硅酸盐水泥</td></tr>
<tr><td>受侵蚀性环境水或侵蚀性气体作用的混凝土</td><td colspan="3">根据侵蚀性介质的种类、浓度等具体条件按专门（或设计）规定选用</td></tr>
<tr><td>厚大体积的混凝土</td><td>粉煤灰硅酸盐水泥<br>矿渣硅酸盐水泥</td><td>普通硅酸盐水泥<br>火山灰质硅酸盐水泥</td><td>硅酸盐水泥<br>快硬硅酸盐水泥</td></tr>
</table>

续表

| 混凝土工程特点或所处环境条件 | | 优先选用 | 可以使用 | 不得使用 |
|---|---|---|---|---|
| 工作特点 | 要求快硬的混凝土 | 快硬硅酸盐水泥<br>硅酸盐水泥 | 普通硅酸盐水泥 | 矿渣硅酸盐水泥<br>火山灰质硅酸盐水泥<br>粉煤灰硅酸盐水泥 |
| | 高强（大于C40）的混凝土 | 硅酸盐水泥 | 普通硅酸盐水泥<br>矿渣硅酸盐水泥 | 火山灰质硅酸盐水泥<br>粉煤灰硅酸盐水泥 |
| | 有抗渗要求的混凝土 | 普通硅酸盐水泥<br>火山灰质硅酸盐水泥 | | 不宜选用矿渣硅酸盐水泥 |
| | 有耐磨性要求的混凝土 | 普通水泥、硅酸盐水泥 | 矿渣硅酸盐水泥 | 火山灰质硅酸盐水泥<br>粉煤灰硅酸盐水泥 |

注：蒸汽养护时用的水泥品种宜根据具体条件通过试验确定。

水泥在贮存、运输过程中容易受潮和损失强度，一般袋装水泥在干燥仓库中贮存时间超过三个月，其强度将损失20%左右。所以，水泥出厂时间超过三个月时，应经鉴定试验后，按试验得出的强度传用。如发现水泥有受潮、结块、变质现象时，其出厂或贮存时间虽不足三个月，也应经鉴定试验，确定其强度后方可使用。受潮和过期水泥应尽量避免用于高标号混凝土和重要结构部位中。

**2. 砂**

混凝土用砂的质量须符合细度模数、孔隙率、坚固性有害杂质最大含量等方面的要求。混凝用砂一般以中、粗砂最为合适，孔隙率不宜超过45%。因砂越细，总表面积越大，需包裹砂粒表面和润滑砂粒用的水泥浆量也越多；孔隙率越大，所需填充孔隙的水泥浆量也越多，这不仅需要多用水泥，而且也影响混凝土的强度和耐久性。

尘屑、淤泥和粘土（粒径小于0.08mm）常常包着砂粒使水泥与砂间形成弱层，含量过多会降低混凝土的强度、抗渗性和抗冻性，增大收缩变形，所以使用时须用清水冲洗清除；硫化物和硫酸盐对水泥有腐蚀作用；有机物质易于分解腐烂，析出有机酸，对水泥有侵蚀作用；氯离子对钢筋有腐蚀作用。此外，砂中若含有活性氧化硅时，能与水泥中的碱起作用，产生碱—骨架膨胀反应，使混凝土发生裂缝。因此，为了保证混凝土有良好的技术性能，应限制砂中有害杂质的含量。

**3. 石子**

混凝土中常用的石子有卵石或碎石。卵石表面光滑，空隙率与表面积较小，故拌制混凝土时水泥用量少，但与水泥浆的粘结力较差，所以卵石混凝土的强度较低。碎石表面粗糙，空间率和总表面积较大，故所需的水泥浆较多，与水泥浆的粘结力强，因此用它拌制的混凝土其强度较高，但碎石的加工费较卵石高。石子的级配和最大粒径对混凝土质量影响较大。级配越好，其空隙率及总表面积越小。这样不仅能节约水泥用量，而且混凝土的和易性、密实性和强度也较高。

在级配合适的条件下，石子的最大粒径越大，表面积越小，空隙率也可减少，这对节省水泥和提高混凝土的强度和密实性都有好处。但由于结构断面、钢筋间距及施工条件的限制，故一般规定石子的最大粒径不得超过钢筋最小净距的 3/4；不超过结构截面最小尺寸的 1/4；不超过实心板厚的 1/2，且最大不得超过 50mm；在任何情况下石子不得大于 150mm。对于人工拌制的混凝土，石子最大粒径则以不超过 80mm 为宜。

**4. 水**

凡可饮用的水，都可用来拌制和养护混凝土，要求水中不含有能影响水泥正常硬化的有害杂质、油脂和糖料物质。因此，污水、工艺废水及 pH 值小于 4 的酸性水和酸盐含量（按四氧化硫计）超过水量 1% 的水，均不得用于混凝土中。海水对钢筋有腐蚀作用，不能用来拌制配筋结构的混凝土。

**5. 外加剂**

外加剂的种类繁多，按其作用不同可分为减水剂（塑化剂）、引气剂（加气剂）促凝剂、缓凝剂、防水剂抗冻剂、保水剂、膨胀剂和阻锈剂等。商品外加剂往往是复合型的外加剂。

**6. 外掺料**

在采用硅酸盐水泥或普通硅酸盐水泥拌制混凝土时，为了节约水泥和改善混凝土的某种性能，可掺用一定的混合材料。外掺料一般应用当地的工业废料或廉价地方材料，如掺入火山灰既可代替部分水泥，又可以提高混凝土抗海水、硫酸盐等侵蚀的能力；掺入适量粉煤灰既可节约水泥、改善和易性，又可使混凝土渗水性降低1/6～1/7。外掺料的质量应符合国家现行标准的规定，其掺量应通过试验确定。

### 4.4.2 混凝土的和易性及强度

混凝土的和易性及强度是衡量混凝土质量的两个主要指标。

**1. 混凝土的和易性**

和易性是指混凝土在搅拌、运输、浇筑等过程中都能保持成分均匀，不致分层离析的性能。它包括流动性、粘聚性和保水性三个方面的性能。和易性好的混凝土，易于搅拌均匀；运输和浇筑时，不发生离析泌水现象；捣实时，流动性大，易于捣实，所制成的混凝土内部质地均匀密实，有利于保证混凝土的强度与耐久性；和易性不好，施工操作困难，质量难以保证。混凝土的和易性通常用坍落度或工作度表示。混凝土根据对和易性的需求不同，有塑性混凝土和干硬性混凝土之分。塑性混凝土的和易性可用坍落度测定；干硬性混凝土则用工作度试验测定。

影响混凝土和易性的因素较多，其主要因素有水泥性质、骨料种类、用水量、水泥浆数量、砂率和外加剂。

水泥性质不同，其和易性也不一样。例如，硅酸盐水泥和普通水泥的和易性比火山灰水泥、矿渣水泥好；水泥颗粒越细，混凝土的粘聚性和保水性越好；在水灰比相同情况下，水泥用量越多，则和易性越好。

随着用水量的增大混凝土的流动性也显著增大。但用水量过大，会使混凝土的粘聚性和均匀性变差，产生严重泌水、分层或流浆，使和易性变差，同时强度也随之降低。而在混凝土水灰比不变的情况下，其水泥浆数量随用水量和水泥用量的增加而增加，使骨料间的“润滑层”增厚，其流动性增大，和易性好，强度也不会降低。

混凝土中砂石骨料的颗粒圆滑、粒径大、级配优良，则流动性好；砂率过大，水泥浆被比表面积较大的砂粒所吸附，则流动性减少；砂率过小，砂子的体积不足以填满石子间的空隙，必然使部分水泥浆充当填空作用而导致骨料间的接触部位的“润滑层”减薄而使流动性、粘聚性和保水性均差，甚至发生离析、溃散等现象，故在配制混凝土时，应选用最优砂率，使水泥用量最省而又满足所要求的和易性。

此外，在混凝土中加入少量减水剂、外掺料或加气剂等均可改善混凝土的和易性。

**2. 混凝土的强度**

混凝土具有较高的抗压强度，其抗拉、抗弯、抗剪强度均较小，故以抗压强度作为控制和评定混凝土质量的主要指标。

混凝土强度除与砂石质量有关外，主要取决于水泥强度等级和水灰比。水灰比是混凝土中水和水泥的质量比。在正常情况的硬化过程中，和水泥起水化作用的水一般只占水泥质量的 15% ~20% ，其余的水只是为了满足混凝土流动性的需要，如果水灰比大，则水泥浆中的含水量多，其中多余的水在混凝土中呈游离状态，硬化时水分蒸发后形成许多小孔，这就降低了混凝的密实度，也就降低了混凝的强度。但是也不宜提高水泥强度等级和降低水灰比，因为水泥强度等级过于提高，会浪费水泥；水灰比过小，会影响混凝土的和易性。

混凝土强度也与养护温度、湿度和龄期有关。当湿度合适时，在 4 ~ 40℃范围内，温度越高，水泥水化作用越快，其强度发展也越快；反之，则越慢。当温度低于 0℃时，混凝强度停止发展，甚至因冻胀而破坏。

混凝土浇筑后，在一定时间内必须保持足够的湿度，否则将导致混凝土失水干燥，影响强度增长，而且因水化作用未能充分完成，造成混凝土内部结构疏松，甚至表面出现干缩裂缝。因此，为保证混凝土在浇筑成型后正常硬化，应加强养护以保持足够的湿度。混凝土的强度随着龄期的增长而逐渐提高。在正常养护条件下，混凝土的强度在最初的 7 ~ 14d 内发展较快，以后逐渐缓慢，28d 达到设计强度等级，此后强增长过程可延续数十年。

混凝土密实度大、强度高，而密实度大小又与振捣有关。浇筑混凝土时，必须予以充分捣实，才能得到密实而坚强的混凝土。一般说振捣的时间越长和振捣的力量越大，则混凝土越密实。然而，对流动性较大的混凝土，强力振捣或长时间振捣，往往产生离析泌水现象，反而使混凝土质量不匀，强度降低。所以，塑性混凝土不宜充分利用振捣条件提高强度。干硬性混凝土则不然，它可充分利用振捣条件提高强度，不但适用强力振捣，而且还宜加压振捣。

**3. 混凝土的其他性质**

除和易性和强度为混凝土主要性能外，根据使用环境和条件的不同，还需考虑其他性质，如抗渗性、抗冻性、耐热性、收缩与膨胀等。这些性质与混凝土耐久程度有关，是考虑混凝土耐久性的重要指标。

提高混凝土的抗渗性和抗冻性，均须杜绝毛细管道和增强混凝土的密实度，其措施为；降低水灰比，减少用水量；改善和易性，避免产生离析泌水现象；采用低流动性混凝土或干硬性混凝土；加强养护或采用真空作业等。在特殊情况下应采用防水混凝土。

普通混凝土在高温作用下由于骨料的水泥石体积变化不一致，加上游离 $Ca(OH)_2$要脱水，变为 CaO 但是当温度降低和受潮后，游离 CaO 又继续水化，这样反复进行，混凝强度就会降低，直到破坏。因此，一般普通混凝土如长期受到 70℃ 以上的温度作用，强度就会降低。如经常受到 200℃ 以上温度作用时必须采取隔热措施。某些处于高温作用的结构，可用特制的耐热混凝，其耐热度可达到 1400℃ 左右。

混凝土在硬化过程中，由于水泥水化生成物的体积比原来物质的体积小，加上游离水蒸发及胶凝体失水紧缩，其体积要收缩（收缩系数为 0.00015)，但当混凝在水中硬化时，由于水分存在，其体积不变，甚至有轻微膨胀。但膨胀值远比收缩值小，一般没有坏作用，而收缩则往往造成混凝土裂缝，故施工时应予以注意。

### 4.4.3 混凝土施工配料

施工配料是保证混凝土质量的重要环节之一，必须加以严格控制。影响施工配料的因素主要有两个方面：一是称量不准；二是未按砂石骨料实际含水率的变化进行施工配合比的换算。这样必然会改变原理论配合比的水灰比、砂石比（含砂率）及浆骨比。当水灰比增大时，混凝土粘聚性、保水性差，而且硬化后多余的水分残留在混凝土中形成气泡，或者水分蒸发而留下气孔，使混凝土的密实性差、强度低、收缩大、徐变大、抗渗和抗冻性能差，若水灰比减少，则混凝土流动性差，甚至影响成型密实，造成混凝土结构内部松散、表面产生蜂窝、麻面现象。同样，含砂率过大时，在水泥浆用量一定的条件下，混凝土流动性差；含砂率减少时，则砂浆量不足，不仅会降低混凝土的流动性，更严重的是将影响其粘聚性和保水性，产生粗骨料离析、水泥浆流失，甚至溃散等不良现象。而浆骨比是反映混凝土中水泥浆用量的多少（即每立方米混凝土的用水量和水泥用量）如控制不准，也直接影响混凝土的水灰比和流动性。所以，为了确保混凝土的质量，在施工中必须及时进行施工配合比的换算和严格控制称量。

**1. 施工配合比的换算**

混凝土设计配合比是根据完全干燥的砂、石骨料制定的，但实际使用的砂、石骨料一般都含有一些水分而且含水量也经常随气象条件发生变化。所以，在拌制时应及时测定砂、石骨料的含水率，并将设计配合比换算为骨料在实际含水量情况下的施工配合比。

**【例 4.1】** 已知设计配合比为 $C:S:G:W=439:566:1202:193$；经测定砂子含水率 $W_s$ 为 3%，石子的含水率 $W_G$ 为 1%，则每立方米混凝土的材料用量为：

水泥 $C'=439(kg)$（不变）；

砂 $S'=S(1+W_s)=566(1+3\%)=583(kg)$；

石子 $G'=G(1+W_G)=1202(1+1\%)=1214(kg)$；

水 $W'=W-SW_s-GW_G=193-566\times3\%-1202\times1\%=164$ (kg)；

故施工配合比为 439∶583∶1214∶164。

**2. 施工配料**

求出混凝土施工配料配合比后，还须根据工地现有搅拌机的装料容量进行配制。如搅拌机的出料容量为 400L 时，则每搅拌一次（即一盘）的装料数量为：

水泥 $=439\times0.4=175.6(kg)$（实用 150kg，即三袋水泥）；

砂子 $=583\times\dfrac{150}{439}=199.2(kg)$；

石子 $=1214\times\dfrac{150}{439}=414.8(kg)$；

水 $=164\times\dfrac{150}{439}=56(kg)$。

为了严格控制混凝土的配合比，用料称量务须准确，其每盘称量偏差不得超过以下规定：水泥和混合材料为 ±2%、砂石为 3%、水及外加剂为 2%。同时应对各种衡量器进行定期校验，保持准确；经常测定砂石含水率，雨天施工应增加测定次数。

### 4.4.4 混凝土搅拌

#### 1. 搅拌机的选择

混凝土搅拌机按其工作原理，可分为自落式和强制式两大类。自落式搅拌机原理如图 4.22 所示，其搅拌鼓筒内壁装有叶片，随着鼓筒的转动，叶片不断将混凝土拌合料提高，然后利用物料的重量自由下落，达到均匀拌和的目的。自落式搅拌机筒体和叶片磨损较小，易于清理，但搅拌力量小，动力消耗大，效率低，主要用于搅拌流动性和低流动性混凝土。

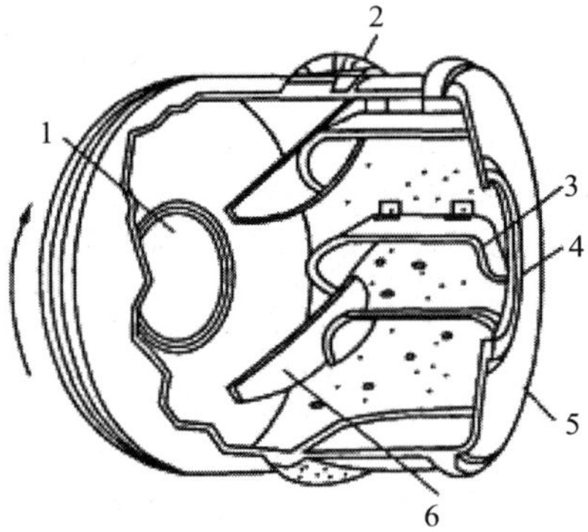


1—进料口；2—大齿轮；3—弧形叶片；4—卸料口；5—斜向叶片；6—搅拌鼓筒

**图 4.22 自落式搅拌机原理**

强制式搅拌机其搅拌筒固定不转，依靠装在筒体内部转轴上的叶片强制搅拌混凝土拌合料。具有搅拌质量好、速度快、生产效率高、操作简便及安全等优点，但机件磨损严重。强制搅拌机适用于搅拌干硬性或低流动性混凝土和轻骨料混凝土。

#### 2. 搅拌制度的确定

为了获得均匀优质的混凝土拌和物，除合理选择搅拌机的型号外，还必须正确地确定搅拌制度，包括搅拌时间、装料容积及投料顺序等。

（1）搅拌时间。

从原材料全部投入混凝土拌合物到开始卸出所经历的全部时间称为搅拌时间，它是影响混凝土质量及搅拌机生产率的重要因素之一。搅拌时间过短，混凝土拌和不均匀，强度及和易性都将降低。搅拌时间过长，不仅降低了生产率，而且会使混凝土的和易性又重新降低或产生分层离析现象。搅拌时间的确定与搅拌机型号、骨料品种和粒径以及混凝土的和易性等有关。混凝土搅拌的最短时间可按表4.15采用。

**表4.15　混凝土搅拌的最短时间**　单位：s

| 混凝土的坍落度（mm） | 搅拌机机型 | 搅拌机的出料量（L） | | |
|---|---|---|---|---|
| | | <250 | 250~500 | >500 |
| ≤30 | 强制式 | 60 | 90 | 120 |
| | 自落式 | 90 | 120 | 150 |
| >30 | 强制式 | 60 | 60 | 90 |
| | 自落式 | 90 | 90 | 120 |

注：（1）掺有外加剂时，搅拌时间应适当延长；

（2）当采用其他形式的搅拌设备时，搅拌的最短时间应按设备说明书的规定或经试验确定；

（3）全轻混凝土宜用强制式搅拌机搅拌，砂轻混凝土可采用自落式搅拌机搅拌，但搅拌时间应延长60~90s。

一般来说，轻骨料混凝土搅拌时间较普通混凝土长；坍落度大的混凝土搅拌时间较坍落度小的短；鼓面直径大的转速小，所以搅拌时间长；自落式搅拌由于物料重力的影响，有可能发生分层离析现象，故搅拌时间长；而强制搅拌则可避免物料重力的不利影响，因而搅拌时间短，且质量好、效率高。

（2）投料顺序。

混凝土拌合物可采用人工拌和或机械搅拌。用人工拌和时的加料顺序是先将水泥加入砂中干拌两遍，再加入石子干拌一遍，然后加水湿拌至颜色均匀即可。人工拌和质量差，水泥耗量多，故只有在工程量很小时才采用人工拌和方式。

用机械搅拌时的投料顺序是：先倒砂子，再倒水泥，然后倒入石子，将水泥夹于砂子之间。这样，生料无论在料斗内或进入筒体，率先接触搅拌机体内表面或搅拌叶片的是砂或石，不会引起粘结现象，而且水泥不飞扬，最后加水搅拌时，就不会使水泥吸水成团，产生“夹生”现象。由于最初开始搅拌时，筒壁要吸附一部分水泥浆，所以许多工地在拌第一盘混凝土时，往往只加规定石子重量的一半，称为“减半石混凝土”。当使用粉状掺合料时，掺合料应和水泥同时进入搅拌机，搅拌时间相应增加50%～100%；当使用外加剂时，为保证混凝土拌合物的匀质性，必须先用水稀释，与水一起同时间、同方向加入搅拌筒内，搅拌时间也应增加50%～100%。对拌制吸水性较大的轻质多孔骨料混凝时，应先投入骨料及2/3的用水，经短时间的搅拌，使骨料吸水饱和后，再投入其剩余材料及剩余水量。

当采用强制式搅拌机搅拌时，其加料顺序是：先加粗细骨料和水泥搅拌1min再加水继续搅拌；当采用自落式搅拌机搅拌时，其加料顺序是：先加1/2的用水量，然后加粗细骨料和水泥，均搅拌1min，再加剩余用水量继续搅拌。

在搅拌过程中，每班至少要分两次检查材料的质量及每盘用量，确保工程质量。

### 4.4.5 混凝土运输

混凝土自搅拌机中卸出后，应及时送到浇筑地点。其运输方案的选择，应根据建筑结构特点、混凝土工程量、运输距离、带形道路和气候条件以及现有设备进行综合考虑。

**1. 运输混凝土的基本要求**

（1）保证混凝土的浇筑。混凝土运输必须保证其浇筑工作能够连续进行，尤其是在不许留施工缝的情况下。为此，应按混凝土最大浇筑量和运距来选择运输机具设备的数量及型号。同时，也要考虑运输机具设备与搅拌机设备的配合。一般运输机具的容积是搅拌机出料容积的倍数。

（2）应使混凝土在初凝之前浇筑完毕。应以最少的转动次数和最短的时间将混凝土搅拌地点运至浇筑现场，混凝土从搅拌机卸出后到浇筑完毕的延续时间不宜超过表 4. 16 的规定。

**表 4. 16　　混凝土从搅拌机中卸出到浇筑完毕的延续时间**　　单位：min

| 混凝土强度等级 | 气温 | |
|---|---|---|
| | 不高于 25℃ | 高于 25℃ |
| 不高于 C30 | 120 | 90 |
| 高于 C30 | 90 | 60 |

注：（1）对掺用外加剂或采用快硬水泥拌制的混凝土其延续时间应按试验确定；
（2）对轻骨料混凝土，其延续时间应适当缩短。

（3）在运输工程中应保持混凝的均性，避免产生分层离析、水泥浆流失、塌落度变化以及产生初凝等现象。这些现象的产生，主要是由于运输中的振动，皮带和溜槽运输时惯性力的作用，垂直运输时自由落差过大，运输时间和距离过长，转运次数过多，运输工具漏浆、吸水、风吹日晒等所造成的。如运至浇筑地点发现有离析或初凝现象，必须在浇筑前进行二次搅拌均匀后，方可入模。对已凝结的混凝土应作为废品，不得用于工程中。

为此，应尽可能使运输线路短直、道路平坦、车辆行驶平稳，以减少运输时的振荡；垂直运输的自由落差不大于 2m；溜槽运输的坡度不宜大于 30°；混凝移动速度不宜于 1m/s。如果槽的坡度太小，混凝移动太慢，可在溜槽底部加装小型振动器；当溜槽太斜，或用皮带运输机运输，混凝土流动太快时，应在末端设置串筒和挡板［见图 4. 23(a)、(b)］以保证垂直下落和落差高。当混凝土高度超过 3m 时应用成串筒［见图 4. 23 (c)］。当混凝土浇筑高度超过 8m 时则应采用带节管的振动［见图 4. 23 (d)］即在筒上每隔 2 ~ 3 根节管安置一台振动器。

运输混凝土的容器应平整光洁、不吸水、不漏浆，装料前应先用水湿润；在炎热天气或风雨天气，容器上应加遮盖，防止进水或减少水分的蒸发；冬季运输应考虑保温措施。

**2. 混凝土运输机具**

混凝土运输机具的种类繁多，一般分为间歇式运输机具（如手推车、自卸汽车、机动翻斗车、搅拌运输车各种类型的井架、桅杆、塔吊以及其

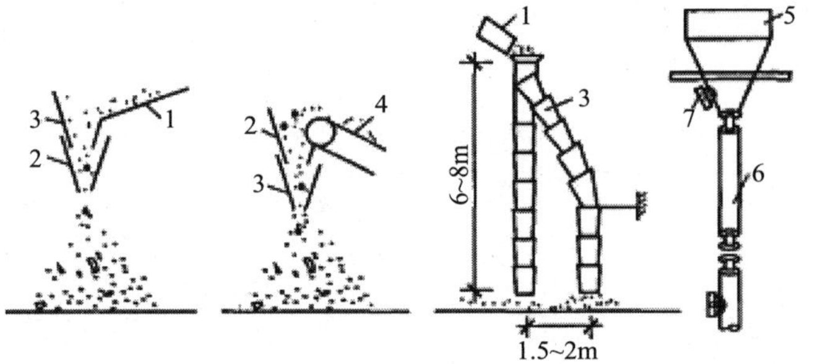


（a）溜槽运输　（b）皮带运输　（c）串筒　（d）探动串筒

1—溜槽；2—挡板；3—串筒；4—皮带运输机；5—漏斗；6—节管；7—振动器

**图 4.23　防止混凝土离析的措施**

他起重机械等）和连续式运输机具（如皮带运输机、混凝土泵等）两类，可根据施工条件进行选用。其中，混凝土搅拌运输车可长距离运送，它将搅拌筒安装在汽车底盘上，在运输途中混凝土搅拌筒始终在不停地作慢速转动，既可以运送拌和好的混凝土拌合料，也可以将混凝土散料装入筒内，在运输途中加水搅拌，以减少长途运输引起的混凝坍落度损失，混凝土泵具有可连续浇筑、加快施工进度、缩短施工周期、保证工程质量的优势，适合狭窄施工场所施工，有较高的技术经济效果（可降低施工费用20%~30%）等优点。故在高层、超高层建筑、桥梁、水塔、烟囱、隧道和各种大型混凝土结构的施工中应用较广（见图4.24）。

**图 4.24　混凝土搅拌运输车**

混凝土泵有活塞泵、气压泵和挤压泵等类型，而以活塞式应用较多。活塞式又根据其构造原理不同分为机械式和液压式两种，常采用液压式。液压式活塞泵按推动活塞的介质不同又分为油压式和水压式两种，而以油压式居多。

按泵体能否移动，混凝土泵还可分为固定式和移动式。固定式混凝土泵使用时需用其他车辆将其拖至现场，它具有输送能力大，输送高度高等特点。一般最大水平输送距离为 250～600m，最大直输送高度 650m，输送能力为 60m/h 左右。适用于高层建筑的混凝土工程施工。

移动式混凝土泵车是将混凝土泵安装在汽车底盘上，根据需要可随时开至施工地点进行作业。此种泵车一般附带装有全回转三段折叠臂架式布料杆，它既可以利用工地配置的管道输送到较远较高的浇筑地点也可利用随车的布料杆在其回转范围内进行浇筑（见图 4.25）。移动式混凝土泵车的输送能力一般为 $80m^3/h$；在水平输送距离为 520m，直输送高度为 110m 时输送能力为 $30m^3/h$。

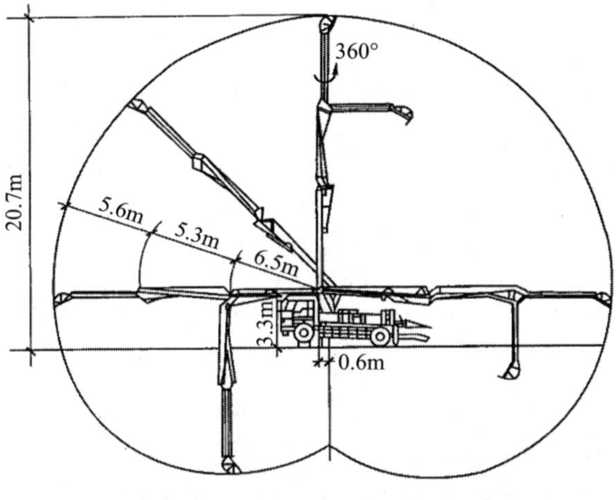


图 4.25　三段折叠式布料杆浇筑范围

混凝土输送管道一般用制成常用的要有 100mm、125mm、150mm 等几种；标准管长 3m 另有 2m 和 1m 长的配套管。并配有 90°、45°、30°、15°等同度的弯管以管道转折处用。弯管选择主要根据混凝土骨料的最大粒径、输送距离、输送高度及其他工程条件来决定。

采用泵送混凝土要求混凝土的供应必须保证混凝土泵能连续工作；输送管线宜直，转弯宜缓接头应严密；泵送前后应先用适量的与混凝土成分相同的水泥浆或水泥砂浆润滑输送管内壁；预计泵送间歇时间超过 45min

或当混凝土出现离析现象时，应立即用压力水或其他方法冲洗管内残留的混凝土；在泵送结束后应及时把残留在混凝土缸体内或输送管道内的混凝土清洗干净。

### 4.4.6 混凝土成型

混凝土成型就是将混凝土拌合料浇筑在符合设计尺寸要求的模板内，加以捣实，使其具有良好的密实性，达到设计强度的要求。混凝土成型过程包括浇筑与捣实，是混凝土工程施工的关键，将直接影响构件的质量和整体性。因此，混凝土经浇筑捣实后内实外光、尺寸准确，表面平整，钢筋及预埋件的位置符合设计要求，新旧混凝土结合良好。

**1. 混凝土浇筑**

（1）浇筑前的准备工作。

①对板及其支架进行检查应确保标高、位置尺寸正确强度、刚度、稳定性及严密性满足要求；模板中的垃圾、泥土和钢筋上的油污应加以清除；木模板应浇水润湿，但不允许留有积水。

②对钢及预件应请工程监理人员共同检查钢的级别及排放位置和保护层度是否符合设计和规范要求，并认真做好隐蔽工程记录。

③准备和检查材料机具等；注意天气预报，不宜在雨雪天气浇筑混凝土。

④做好施工组织工作和技术、安全交底工作。

（2）浇筑工作的一般要求。

①混凝土应在初凝前浇筑如已有初凝现象，则应再进行一次强力搅拌才能入模。

②混凝土在浇筑前有离析现象，也须重新拌和才能浇筑。

③浇筑时，混凝土的自由倾落高度：对于素混凝土或少筋混凝，由料斗、漏斗进行浇筑时，不应超过 2m；对竖向结构（如柱墙），浇筑混凝的高度不超过 3m；对于配比较密或不便捣实的结构，不宜超过 60cm。否则应采用串筒、溜槽和振动串筒下料，以防产生离析。

④浇筑竖向结构混凝土前，底部应先浇入 50 ~ 100m 厚与凝成分相同的水泥砂浆以避免产生蜂窝及麻面现象。

⑤混凝土浇筑时的坍落度应符合规范规定。

⑥为了使混凝振捣密实混凝必须分层筑，其筑层的厚度应符合表 4.17 的规定。

⑦为保证混凝土的整体性，浇筑工作应连续进行。当由于技术上或施工组织上原因必须间歇时，其间歇时间应尽可能缩短，并应在前层混凝土凝结之前，将次层混凝土浇筑完毕。间歇的最长时间应按所用水泥品种及混凝土条件确定，且不超过表 4.18 的规定，当超过时应留置施工缝。

**表 4.17　　混凝土浇筑层厚度**

| 捣实混凝土的方法 | | 浇筑层的厚度（mm） |
|---|---|---|
| 插入式振捣 | | 振捣器作用部分长度的 1.25 倍 |
| 表面振动 | | 200 |
| 人工捣固 | 在基础、无筋混凝土或配筋稀疏的结构中 | 250 |
| | 在梁、墙板、柱结构中 | 200 |
| | 在配筋密列的结构中 | 150 |
| 轻骨料混凝土 | 插入式振捣 | 300 |
| | 表面振动（振动时需加荷） | 200 |

**表 4.18　　混凝土浇筑允许间歇时间**　　单位：min

| 混凝土强度等级 | 气温 | |
|---|---|---|
| | ≤25℃ | >25℃ |
| C30 及 C30 以下 | 210 | 180 |
| C30 以上 | 180 | 150 |

注：（1）本表数值包括混凝土的运输和浇筑时间；
（2）当混凝土掺有促凝或缓凝型外加剂时，浇筑中的最大间歇时间应根据试验结果确定。

⑧施工缝位置应在混凝土浇筑之前确定，并宜留置在结构受力较小且便于施工的部位。柱应留水平缝，梁、板、墙应留垂直缝。柱子施工缝宜留在基础的顶面、梁或吊车梁牛腿的下面、吊车梁的上面、无梁楼板柱帽的下面，如图 4.26 所示。与板连成整体的大截面梁，施工缝留置在板底面

以下 20～30mm 处。当板下有梁托时，留在梁托下部。单向板的施工缝留置在平行于板的短边的任何位置。有主次梁的楼板宜顺着次梁方向浇筑，施工缝应留置在次梁跨度的中间 1/3 范围内，如图 4.27 所示。墙体的施工缝留置在门洞口过梁跨中 1/3 范围内，也可留置在纵横墙的交接处。

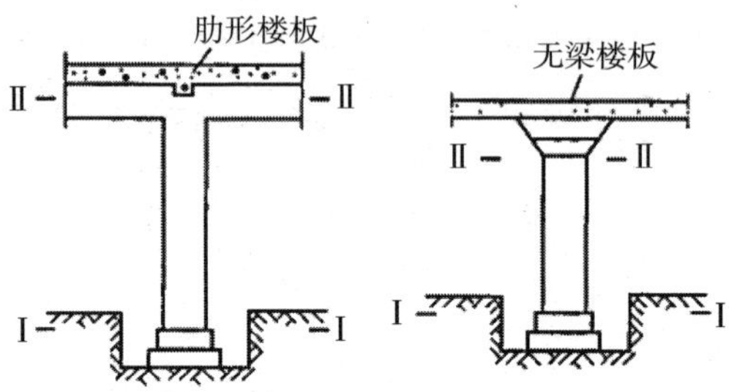


**图 4.26　浇筑柱的施工缝位置图**

注：Ⅰ－Ⅰ、Ⅱ－Ⅱ表示施工缝位置。

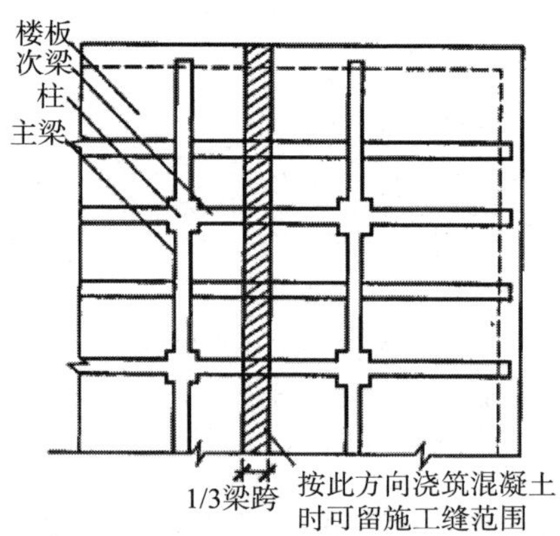


**图 4.27　浇筑有主次梁楼板的施工缝位置**

在施工缝处继续浇筑前，为解决新旧混凝土的结合问题，应对已硬化的施工缝表面进行处理。即清除表层的水泥薄膜和松动石子及软弱混凝土层，必要时还要加以凿毛；钢筋上的油污、水泥砂浆及浮锈等杂物也应加以清除，然后用水冲洗干净，并保持充分湿润，且不得积水；在浇筑前，宜先在施工缝处铺一层水泥砂浆或与混凝土成分相同的水泥砂浆；施工缝处的混凝土应细致捣实，使新旧混凝土紧密结合。

⑨混凝初凝之后终凝之前应防止振动。当混凝土抗压强度不小于 1.2MPa 时才允许在上面继续进行施工活动。

⑩在混凝浇筑过程中，应随时注意模板及其支架、钢筋、预埋件及预留孔洞的情况，当出现不正常的变形、位移时，应及时采取措施进行处理，以保证混凝土的施工质量。

（3）框架结构浇筑。

框架结构的主要构件有基础、柱、梁、楼板等。其中框架梁、板、柱等构件是沿垂直方向重复出现的，因此，一般按结构层来分层施工。如果平面面积较大，还应分段进行（一般以伸缩缝划分施工段），以便各工序流水作业。在每层每段中，浇筑顺序为先浇柱，后浇梁、板。

柱基础浇筑时应先边角后中间，按台阶分层浇筑，确保混凝土充满模板各个角落，防止一侧倾倒混凝土而挤压钢筋，造成柱连接钢筋的位移。

柱宜在梁板模板安装后钢筋未绑扎前浇筑，以便利用梁板模板作横向支撑和柱浇筑操作平台用；一排柱子的浇筑顺序应从两端同时向中间推进，以防柱模板在横向推力下向一方倾斜；当柱子断面小于 400mm × 400mm，并有交叉箍筋时，可在柱模侧面每段不超过 2m 的高度开口，插入斜溜槽分段浇筑；开始浇筑柱时，底部应先填 50 ~ 100mm 厚与混凝土成分相同的水泥砂浆，以避免底部产生蜂窝现象；随着柱子浇筑高度的上升，混凝土表面将积聚大量浆水，因此混凝土的水灰比和坍落度，也应随浇筑高度的上升予以递减。

在浇筑与柱连成整体的梁或板时，应在柱浇筑完毕后停歇 1 ~ 1.5h，使其获得初步沉实，排除泌水，而后再继续浇筑梁或板。肋形楼板的梁板应同时浇筑，其顺序是先根据梁高分层浇筑成阶梯形，当达到板底位置时，即与板的混凝土一起浇筑，而且倾倒混凝土的方向应与浇筑方向相反；当梁的高度大于 1m 时，可先单独浇梁，并在板底以下 20 ~ 30mm 处留设水平施工缝。浇筑无梁楼盖时，在柱帽下 5.0mm 处暂停，然后分层浇筑柱帽，下料应对准柱帽中心，待混凝土接近楼板底面时，再连同楼板一起浇筑。

此外，与墙体同时整浇的柱子，两侧浇筑高差不能太大，以防柱子中心移动。楼梯宜自下而上一次浇筑完成，当必须留置施工缝时，其位置应在楼梯长度中间1/3范围内。对于钢筋较密集处，可改用细石混凝土，并加强振捣以保证混凝土密实。应采取有效措施保证钢筋保护层厚度及钢筋位置和结构尺寸的准确，注意施工中不要踩倒负弯矩部分的钢筋。

剪力墙浇筑除按一般规定进行外，还应注意门窗洞口应两侧同时下料，浇筑高差不能太大，以免门窗洞口发生位移或变形。同时应先浇筑窗台下部，后浇筑窗间墙，以防窗台下部出现蜂窝孔洞。

（4）大体积混凝土浇筑。

大体积混凝土是指厚度大于或等于1.5m，长、宽较大，施工时水化热引起混凝土内的最高温度与外界温度之差不低于25℃的混凝土结构。一般多为建筑物、构筑物的基础，如高层建筑中常用的整体钢筋混凝土箱形基础，高炉转炉设备基础等。

为保证结构的整体性和混凝土浇筑工作的连续性，应在下一层混凝土初凝之前将上层混凝土浇筑完毕，因此，在编制浇筑方案时，应先计算每小时需要浇筑的混凝土的数量Q。

$$Q = \frac{V}{t_1 - t_2} \tag{4.4}$$

式（4.4）中：V——每个浇筑层中混凝土的体积（$m^3$）；

$t_1$——混凝土初凝时间（h）；

$t_2$——运输时间（h）。

根据式（4.4）即可计算所需搅拌机、运输机具和振动器的数量，并据此拟定浇筑方案和组织施工。

大体积混凝土结构整体性要求较高，通常不允许留施工缝。因此，必须保证混凝土搅拌、运输、浇筑、振捣各工序协调配合，并在此基础上，根据结构大小、钢筋疏密等具体情况，选用如下浇筑方案。

①全面分层［见图4.28（a）］在整个结构内全面分层浇筑混凝土，要做到第一层全部浇筑完毕，在初凝前再回来浇筑第二层，如此逐层进行，直至浇筑完毕。采用此方案，结构平面尺寸不宜过大，施工时从短边开始，沿长边进行。必要时也可从中间向两端或从两端向中间同时进行。

②分段分层［见图4.28（b）］混凝土从底层开始浇筑，进行一定距离后回来浇筑第二层，如此依次向前浇筑以上各层。分段分层浇筑方案适

用于厚度不太大而面积或长度较大的结构。

③斜面分层［见图 4.28（c）］适用于结构的长度超过厚度 3 倍的情况。斜面坡度为 1∶3，施工时应从浇筑层下端开始，逐渐上移，以保证混凝土施工质量。

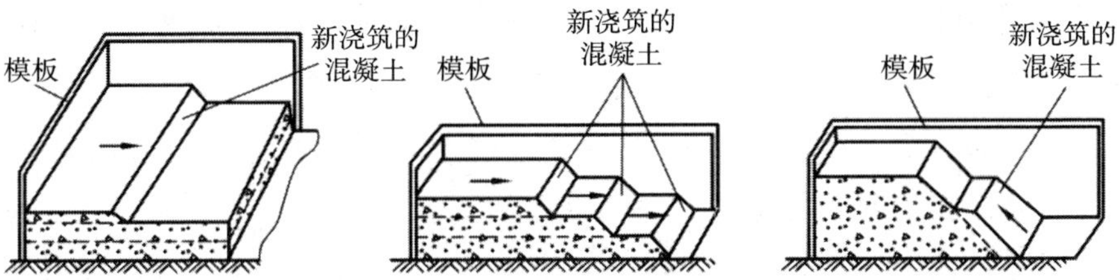


（a）全面分层法　　（b）分段分层法　　（c）斜面分层法

**图 4.28　大体积混凝土浇筑方案**

大体积混凝土结构截面大，水化热大，由此形成较大温度差，易使混凝土产生裂缝。因此，在浇筑大体积混凝土时，必须采取适当措施如下：

A. 宜选用水化热较低的水泥，如矿渣水泥、火山灰或粉煤灰水泥；

B. 掺缓凝剂或缓凝型减水剂，也可掺入适量粉煤灰等外掺料；

C. 采用中粗砂和大粒径、级配良好的石子；

D. 尽量减少水泥用量和每立方米混凝土的用水量；

E. 降低混凝土入模温度，故在气温较高时，可在砂、石堆场和运输设备上搭设简易遮阳装置或覆盖草包等隔热材料，采用低温水或冰水拌制混凝土；

F. 扩大浇筑面和散热面，减少浇筑层厚度和浇筑速度，必要时在混凝土内部埋设冷却水管，用循环水来降低混凝土温度；

G. 在浇筑完毕后，应及时排除泌水，必要时进行二次振捣；

H. 加强混凝土保温、保湿养护，严格控制大体积混凝土的内外温差，当设计无具体要求时，温差不宜超过 25℃，故可采用草包、炉渣、砂、锯末、油布等不易透风的保温材料或蓄水养护，以减少混凝土表面的热扩散和延缓混凝土内部水化热的降温速率。

此外，为了控制大体积混凝土裂缝的开展，在特殊情况下，可在施工期间设置临时伸缩缝的“后浇带”，将结构分成若干段，以有效削减温度收缩应力；待所浇筑的混凝土经一段时间的养护干缩后，再在后浇带中浇筑补偿收缩混凝土，使分块的混凝土连成一个整体。在正常施工条件下，后浇带的间距一般为 20～30m，带宽 1m 左右，混凝土浇筑 30～40d 后用比原结构强度高 5～10MPa 的混凝土填筑，并保持不少于 15d 的潮湿养护。

（5）水下混凝土浇筑。

在灌注桩、地下连续墙等基础以及水下结构工程中，常要直接在水下浇筑混凝土。其方法是利用导管输送混凝土并使之与环境水隔离，依靠管中混凝土的自重，压管口周围的混凝土在已浇筑的混凝土内部流动、扩散，以完成混凝土的浇筑工作（见图 4.29）。

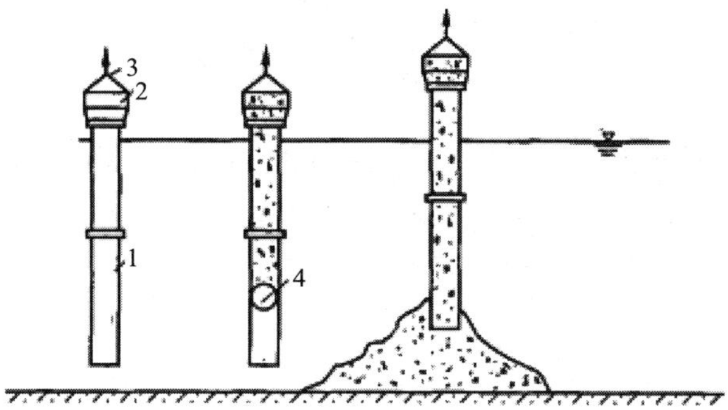


1—导管；2—承料漏斗；3—提升机具；4—球塞

**图 4.29　导管法浇筑水下混凝土示意图**

导管由每段长度为 1.5～2.5m、管径 200～300mm、厚 3～6mm 的钢筋用法兰盘加止水胶垫用螺栓连接而成。承料漏斗位于导管顶端，漏斗上方装有振动设备以防混凝土在导管中堵塞。提升机具用来控制导管的提升和下降，常用的提升机具有卷扬机、电动葫芦、起重机等。球塞可用软木、橡胶、泡沫塑料等制成，其直径比导管内径小 15～20mm。

在施工时，先将导管放入水中（其下部距离底面约 100mm），用麻绳或铅丝将球塞吊在导管内水位以上的 0.2m（塞顶铺 2～3 层稍大于导管内径的水泥袋纸，再散铺一些干水泥，以防混凝土中骨料卡住球塞），然后浇入混凝土。当球塞以上导管和承料漏斗装满混凝土后，剪断球塞吊绳，混凝土靠自重推动球塞下落，冲向基底，并向四周扩散。球塞冲出导管，浮至水面，可重复使用冲入基底的混凝土将管口包住，形成混凝土堆，同时不断将混凝土浇入导管中，管外混凝土面不断被管内的混凝土挤压上升。随着管外混凝土面的上升，导管也逐渐提高（到一定高度，可将导管顶段拆下）。但不能提升过快，必须保证导管下端始终埋入混凝土内，其最小埋入深度如表 4.19 所示，其最大埋置深度不宜超过 5m。混凝土浇筑的最终高度应高于设计标高约 100mm，以便清除强度低的表面混凝土（清除应在混凝土强度达到 2～2.5MPa 后方可进行）。

**表 4.19　　导管的最小埋入深度**

| 混凝土水下浇筑深度（m） | 导管埋入混凝土的最小深度（m） |
|---|---|
| 10 | 0.8 |
| 10～15 | 1.1 |
| 15～20 | 1.3 |
| >20 | 1.5 |

水下浇筑的混凝土必须具有抵抗泌水和离析的能力，故混凝土的用量宜适当增加，砂率应不少于 40%，泌水率控制在 1%～2% 以内；粗骨料粒径不得大于导管直径的 1/5 或钢筋间距的 1/4，并不宜超过 60mm；混凝土与水灰比应为 0.55∶0.66；坍落度为 150～180mm，开始时采用低坍落度，正常施工则用较大的坍落度，且维持坍落度的时间不得少于 1h，以便混凝土靠其自重和自身的流动能力实现其密实成型。

每根导管的作用半径一般不大于 3m，所浇混凝土覆盖面积不宜大于 $30m^2$，当面积过大时，可用多根导管同时浇筑。混凝土浇筑应从最深处开始，相邻导管下口的标高差不应超过导管间距的 1/15～1/20，并保证混凝土表面均匀上升。

导管浇筑水下混凝土的关键：一是保证混凝土的供应量大于导管内混凝土必须保持的高度和开始浇筑时导管埋入混凝土堆内必需的埋置深度所要求的混凝土量；二是严格控制导管提升高度，且只能上下升降，不能左右移动，以避免造成管内返水事故。

近年来，随着新技术的发展，已广泛采用水下不分散混凝土技术，即在普通混凝土中加入絮凝剂后，使混凝土在水中浇筑不离析、不分散，能自流平、自密实，从而改善了混凝土性能、提高了混凝土质量、简化了施工工艺。

（6）防水混凝土浇筑。

防水混凝土就是在普通混凝土骨料级配的基础上，用调整和控制配合比的方法，提高自身密实度和抗渗性的一种混凝土。它不仅满足了结构所需的强度要求，而且还应满足结构所需抗渗要求。

防水混凝土是一种富砂浆混凝土，强调水泥砂浆的密实度，使具有一定数量和质量的水泥砂浆起到填充、润滑和粘结的作用，而且在粗骨料周围形成一定浓度的良好的砂浆包裹层，将粗骨料充分隔开使之保持一定间距，混凝土硬化后，粗骨料彼此之间被具有一定密度的水泥砂浆所填充，并切断混凝土内部沿石子表面形成的连通的毛细渗水通路，使混凝土具有较好的抗渗性。

防水混凝土应严格按施工配合比，准确称量每种用料，外加剂应掺在拌和水中，采用机械搅拌。搅拌时间比普通混凝土略长，一般不少于120s。

混凝土在运输过程中要防止产生离析现象及坍落度和含气量的损失，同时要防止漏浆。拌好的混凝土要于初凝前浇筑完毕，浇筑时若发生显著泌水离析现象时，应加入适量的原水灰比的水泥浆并搅拌均匀，方可浇筑。

浇筑前，应清除模板内的积水、木屑、铅丝、铁钉等杂物，并以水湿润模板。使用钢模板应保持其表面清洁无浮浆。浇筑混凝土的自落高度不得超过1.5m，否则应使用串筒、溜槽或溜管等工具进行浇筑。

防水混凝土应采用机械振捣密实，不应采用人工振捣。

**2. 混凝土成型方法**

混凝土入模时呈疏松状，里面含有大量的空洞与气泡，必须采用适当的方法在其初凝前捣实成型。常采用振捣法密实混凝土，振捣法分人工捣实和机械捣实两种方式。

人工捣实是利用捣锤、插钎等工具的冲击力来使混凝土密实成型。捣实时必须分层浇筑混凝土，每层厚度宜在150mm左右，并应注意布料均匀，每层确保捣实后方能浇筑上一层；捣插要插匀插全，尤其是主钢筋的下面、钢筋密集处、石子较多处、模板阴角处及施工缝应特别注意捣实，而且增加捣插次数比加大捣插力效果更好；用木锤敲击模板时，用力要适当，避免造成模板位移。

机械捣实系振动器的振动力以一定的方式传给混凝土，使之发生强迫振动破坏水泥浆的凝胶结构，降低了水泥浆的粘度和骨料之间的摩擦力，提高了混凝土拌合物的流动性，使混凝土密实成型。机械捣实混凝土效率高、密实度大、质量好，且能振实低流动性或干硬性混凝土。因此，一般应尽可能使用机械捣实。

混凝土的振动机械按其工作方式不同，可分为内部振动器、表面振动器、外部振动器和振动台等。这些振动机械的构造原理基本相同（见图 4. 30），主要是利用偏心锤的高速旋转，使振动设备因离心力而产生振动。

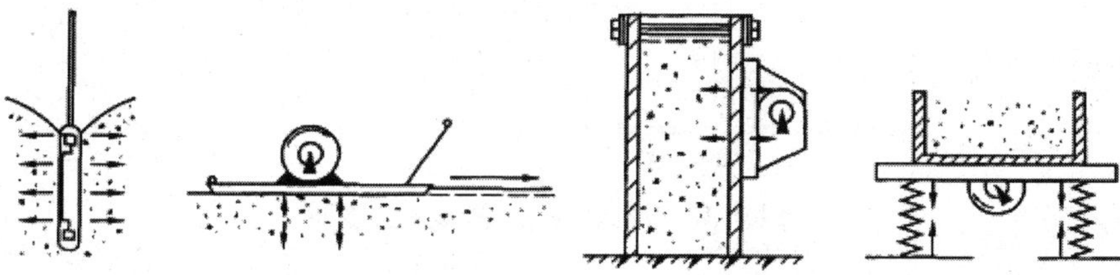

（a）内部振动器　（b）表面振动器　（c）外部振动器　（d）振动台

**图 4. 30　振动器的原理**

（1）内部振动器。内部振动器又称插入式振动器，它由电动机、软轴和振动棒三部分组成（见图 4. 31），工作时依靠振动棒插入混凝土产生振动力而捣实混凝土。插入式振动器是工地用得最多的一种，常用以振实梁、柱、墙等平面尺寸较小而深度较大的构件和体积较大的混凝土。

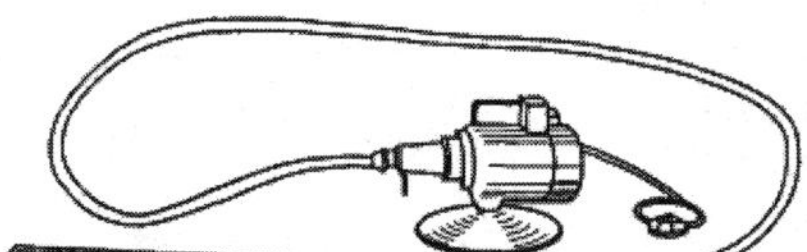

**图 4. 31　HZ－50A 行星高频插入式振动器**

在选用插入式振动器时，应根据混凝土性能而定。混凝土坍落度小时宜选用高频，坍落度大时选用低频；对同一种混凝土，骨料粒径大的宜用低频，粒径小的宜用高频。当振动频率接近于混凝土颗粒的自振频率时，其效果最好。但因骨料颗粒大小不一，所以最理想的振动应为多频振动。

插入式振动器的振捣方法有垂直振捣和斜向振捣两种（见图 4. 32），可根据具体情况采用，一般以采用垂直振捣为多。垂直振捣容易掌握插点距离，控制插入深度（不得超过振动棒长度的 1. 25 倍）；不易产生漏振，不易触及钢筋的模板；混凝土受振后能自然沉实、均匀密实。斜向振捣是将振动棒与混凝土表面呈 40° ~50°插入，操作省力、效率高、出浆快，易于排出空气，不会发生严重的离析现象，振动棒拔出时不会形成孔洞。

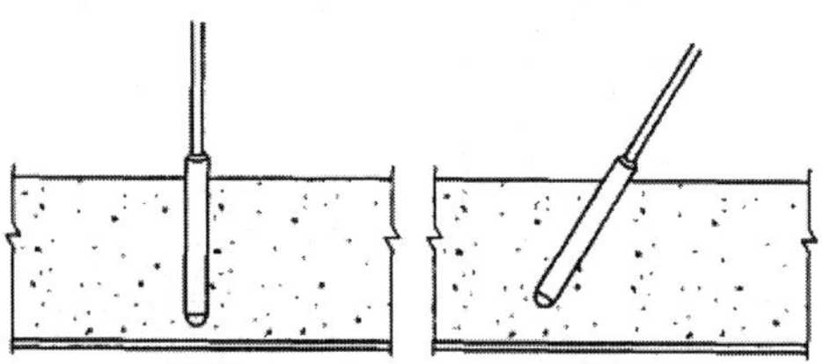


**图 4. 32　插入式振动器振捣方法**

使用插入式振动器垂直振捣的操作要点是：直上和直下，快插与慢拔；插点要均布，切勿漏点插；上下要振动，层层要扣搭；时间掌握好，密实质量佳。

操作要点中“快插”是为了防止先将混凝土表面振实，与下面混凝土产生分层离析现象；“慢拔”是为了使混凝土填满振动棒抽出时形成的插孔。振动器插点要均匀排列，可采用“行列式”或“交错式”的次序移动（见图 4. 33），防止漏振；每次移动两个插牌的间距不宜大于振动器作用半径的 1. 5 倍（振动器的作用半径一般为 300 ~400mm）；振动棒与模板的距离，不应大于其作用半径的 0. 5 倍，并应避免碰撞钢筋、模板、芯管、吊环、预埋件或空心咬囊等。为了保证每一层混凝土上下振捣均匀，应将振动棒上下来回抽动 50 ~100mm；同时还应将振动棒插入下一层未初凝的混凝土中，深度不应小于 50mm。混凝土振捣时间要掌握好，振动时间过短，不能使混凝土充分捣实；过长，则可能产生分层离析；一般每点振捣时间为 20 ~ 30s，使用高频振动器时也应大于 10s，以混凝土不下沉、气泡不上升、表面泛浆为准。

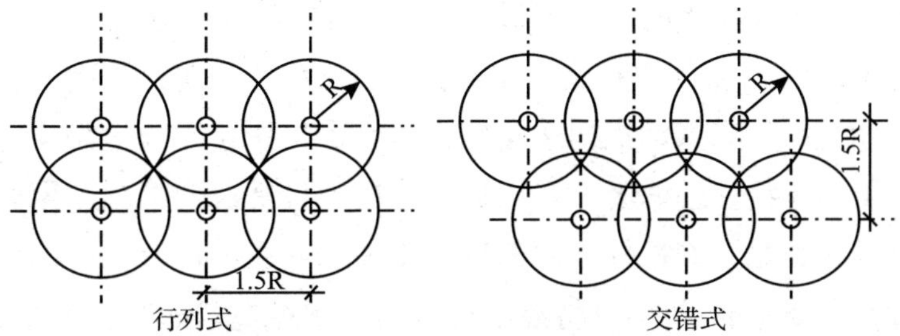


**图 4.33　插入式振动棒的插点排列**

（2）表面振动器。表面振动器又称平板振动器，它将一个带有偏心块的电动振动器安装在一块平板上，通过平板与混凝土表面接触而将振动力传给混凝土而达到捣实的目的。平板可用木板或钢板制成，尺寸依具体需要而定。由于平板振动器是放在混凝土表面进行振捣，其作用深度较小（150 ~ 250mm），因此仅适用于表面积大而平整、厚度小的结构或预制件，如楼房地面、屋面等。

在振捣中，平板必须与混凝土充分接触，以保证振动力的有效传递；振实厚度，一般在无筋或单筋平板中约为 200mm，在双筋平板中约为 120mm；表面振动器在每一位置应连续振动一定的时间，在正常情况下为 25 ~ 40s，并以混凝土表面均匀出现浆液为准；移动时应有一定的路线，并保证前后左右相互搭接 30 ~ 50mm，防止漏振；振动倾斜混凝土表面时，振动路线应由低处向高处推进。

（3）外部振动器。外部振动器又称附着式振动器，是直接安装在模板外侧的横挡或竖挡上。利用偏心块旋转时所产生的振动力通过模板传递给混凝土，使之振实。附着式振动器体积小、结构简单、操作方便，可以改制成平板式振动器。它的缺点是振动作用的深度小（约 250mm），因此仅适用于钢筋较密、厚度较小以及不宜使用插入式振动器的结构和构件中，并要求模板有足够的刚度。一般要求混凝土的水灰比也比内部振动器的大一些。

使用附着式振动器，其间距应通过试验确定，一般间距为 1 ~ 1.5 米；结构尺寸较厚时，可在结构两侧同时安装振动器，待混凝土入模后方可开动振动器；混凝土浇筑高度要高于振动器安装部位；振动时间以混凝土振成一个水平面并不再出现气泡时，即可停止振动，必要时应通过试验确定；振动器开动后应随时观察模板的变化，以防位移或漏浆。

（4）振动台。振动台是一个支撑在弹性支座上的工作平台，在平台下面装有振动机构，当振动机构运转时，即带动工作台作强迫振动，从而使在工作台上制作构件的混凝土得到振实。振动台是成型工艺中生产效率较高的一种设备，是预制构件常用的振动机械。利用振动台生产构件，当混凝土厚度小于 200mm 时，可将混凝土一次装满振捣；如厚度大于 200mm，则可分层浇筑，每层厚度不大于 200mm，也可随浇随振。当采用振动台振实干硬性混凝土和轻骨料混凝土时，宜采用加压振动的方法，压力为 1 ~ 3MPa。

### 4.4.7 混凝土养护

混凝土成型后，为保证水泥水化作用能正常进行，应及时进行养护。养护的目的是为混凝土硬化创造必需的湿度、温度条件，防止水分过早蒸发或冻结，防止混凝土强度降低和出现收缩裂缝、剥皮、起砂等现象，确保混凝土质量。

实践证明，混凝土的养护对其质量影响很大。养护不良的混凝土，由于水分很快散失，水化作用停止，强度将无法增长，其外表干缩开裂，内部组织疏松，抗渗性、耐久性也随之降低，甚至引起严重的质量事故。

**1. 混凝土养护原理**

（1）混凝土出现脱水现象的原因。

混凝土出现脱水现象，主要是由于湿度小、气候炎热、空气干燥、风吹日晒或人为的干燥，使混凝土在凝结硬化期间所需要的水分蒸发过快，已形成的凝胶体中的水泥颗粒不能充分水化，尚未转化成为稳定的结晶，缺乏足够的粘结力，从而就在混凝土表面出现片状或粉状的剥落（即剥皮、起砂现象），甚至引起水泥石结构破坏、松散。这些都将严重地影响混凝土的强度。

这种脱水现象，尤其是在高温季节，最容易在下列情况中出现：

①在干硬性的混凝土工程中；

②在薄壁结构和蒸发面较大的工程中；

③当使用发热量较高的水泥或高标号水泥，或使用需水量多的矿渣水泥时；

④当使用吸水性强的骨料时。

（2）混凝土出现干缩裂纹的原因。

新浇筑的混凝土，当它还未达到充分的强度时，如湿度低、遭遇干燥，使混凝土中多余的水分过早蒸发，就会产生很大的收缩变形，出现干缩裂纹，从而影响混凝土的整体性和耐久性。但当混凝土已有充分的强度后，再遭遇干燥，就不会产生裂纹现象。所以，应当设法使混凝土的收缩现象尽量推迟到混凝土充分硬化后再出现，这是因为混凝土的收缩在初级阶段最为强烈，而随混凝土龄期的增长则逐渐减弱。

从上述可知，混凝土的脱水现象和干缩裂纹，主要与湿度和温度有关，如能加强养护，使混凝土在硬化期间（尤其是初凝硬化期）经常处于潮湿状态，避免水分过早的蒸发；或使混凝土在较高的温度和湿度条件下，加速其硬化过程，即可防止出现脱水和减轻干缩的影响，或不再受到干缩的影响。

**2. 混凝土养护方法**

混凝土养护常用方法主要有自然养护、加热养护和蓄热养护。其中，蓄热养护多用于冬季施工；而加热养护除用于冬季施工外，常用于预制构件养护。

（1）自然养护。

自然养护是指在自然气温条件下（高于 +5℃），对混凝土采取覆盖、浇水润湿、挡风、保温等养护措施。自然养护又分为覆盖浇水养护和塑料薄膜养护两种。

①覆盖浇水养护。

覆盖浇水养护是根据外界气温一般应在混凝土浇筑完毕后 3 ~ 12h 内用草帘、芦席、麻袋、锯末、湿土和湿砂等适当材料将混凝土予以覆盖，并经常浇水保持湿润。混凝土浇水养护日期，对硅酸盐水泥、普通水泥和矿渣水泥拌制的混凝土不得少于7昼夜；掺用缓凝型外加剂或有抗渗性要求的混凝土，不得少于14昼夜；当用矾土水泥时，不得少于3昼夜。每日浇水次数以能保持混凝土具有足够的湿润状态为宜，一般气温在15℃以上时，在混凝土浇筑后最初3昼夜中，白天至少每3h浇水1次，夜间也应浇水2次；在以后的养护中，每昼夜应浇水3次左右；在干燥气候条件下，浇水次数应适当增加。

对大面积结构，如地坪、楼屋面板等可采用蓄水养护；对于贮水池一类工程可在拆除内膜、混凝土达到一定强度后注水养护；对于一些地下结构或基础，可在其表面涂刷沥青乳液或用土回填以代替洒水养护。

②塑料薄膜养护。

塑料薄膜养护是以塑料薄膜为覆盖物，使混凝土与空气隔绝，水分不再被蒸发，水泥靠混凝土中的水分完成水化作用而凝结硬化。塑料薄膜养护可将塑料薄膜直接覆盖在混凝土构件上，或将塑料溶液喷洒在混凝土表面上，待溶液挥发后，在混凝土表面结合成一层塑料薄膜，使混凝土表面与空气隔绝，封闭混凝土中的水分不再被蒸发，而完成水化作用。

喷洒塑料薄膜养护的缺点是28d混凝土强度偏低8%左右，同时由于成膜很薄，起不到隔热防冻的作用。所以夏季薄膜成型后要加防晒设施（不少于24h），否则易发生丝状裂缝。自然养护成本低、效果好，但养护期长。为了缩短养护期，提高模板的周转率和场地的利用率，一般生产预制构件时，宜用加热养护。

（2）加热养护。

加热养护是通过混凝土加热来加速其强度的增长。加热养护方法很多，常用的有蒸汽室养护、热模养护，其他方法可参见冬期施工。

①蒸汽室养护。

蒸汽室养护就是将混凝土构件放在充有蒸汽的养护室内，使混凝土在较高温、湿度条件下，迅速达到要求的强度。

蒸汽养护过程分为静停、升温、恒温和降温四个阶段。

静停阶段：是将浇筑成型的混凝土放在室温条件下静停2~6h（干硬性混凝土为1h），以增强混凝土对升温阶段结构破坏作用的抵抗力，避免蒸汽养护时在构件表面出现裂缝和疏松现象。

升温阶段：通入蒸汽，使混凝土原始温度上升到恒温温度。升温速度不宜太快，以免混凝土内外温差过大产生裂缝。升温速度一般为 10 ~ 25℃/h（干硬性混凝土为 35 ~ 40℃/h）。

恒温阶段：升温至要求的温度后，保持温度不变的持续养护时间。恒温阶段是混凝土强度增长最快的阶段。恒温的温度与水泥品种有关，对普通水泥一般不超过 80℃，矿渣水泥、火山灰水泥可提高到 90℃ ~ 95℃。如温度再高，虽然可使混凝土硬化速度加快，但会降低其后期强度。恒温时间一般为 5 ~ 8h，应保持 90% ~ 100% 的相对湿度。

降温阶段：是指混凝土构件由恒温温度降至常温的时间。降温速度也不宜过快，否则混凝土会产生表面裂缝。一般情况下，构件厚度在 100mm 左右时，降温速度每小时不大于 20℃ ~ 30℃；构件出室时的温度与室外气温相差不得大于 40℃；当室外气温为负温时，不得大于 20℃。

目前，常用蒸汽养护室形式有坑式、折线形隧道式和立式等几种。

坑式蒸汽养护室可间歇式进行生产，其设备简单，但生产效率低，能源浪费大。

折线形隧道式养护室由于饱和蒸汽轻，自然聚集在中部形成恒温区，两边斜坡分别为升温区和降温区。此方法可连续生产，即构件可一批接一批连续不断地从一个区移动到另一区进行养护。

立式养护室是利用蒸汽比空气轻、高温饱和蒸汽聚积于上部，自然形成窑内温度由下而上逐渐升高的湿热环境，构件在上升、横移及下移的过程中，完成了升温、恒温、降温的过程，同时也实现了机械化连续生产。

②热模养护。

热模养护也属蒸汽养护，蒸汽不与混凝土接触，而是喷射到模板上加热模板，热量通过模板与刚成型的混凝土进行交换。此法养护用汽少，加热均匀，既可用于预制构件，又可用于现浇墙体。采用热模养护施工时，模板采用特制的空腔式或排管式模板，宜采用热拌混凝土（见混凝土冬期施工），提高混凝土的入模温度，这样可省去静停时间，缩短升温时间，能较快进入高温养护，因而可大大缩短养护周期。同时，为减少热损失，模板背面应设保温层。拆模时，应严格控制降温速度，防止混凝土骤然遇冷而产生裂缝。对大模板拆模，模板内可继续通气，先使模板离开墙体

10～20mm，过半小时再离开 30～40mm，再过 1.5h 拆除。

### 4.4.8 混凝土质量检查

混凝土质量检查包括施工中检查和施工后检查。施工中检查主要是对混凝土拌制和浇筑过程中所用材料的质量及用量、搅拌地点和浇筑地点的坍落度等的检查，在每一工作班内至少检查两次；当混凝土配合比由于外界影响有变动时，应及时检查；对混凝土的搅拌时间也应随时检查。施工后的检查主要是对已完成混凝土的外观质量检查及其强度检查。对有抗冻、抗渗要求的混凝土，尚应进行抗冻、抗渗性能检查。

**1. 混凝土外观检查**

混凝土结构件拆模后，应从外观上检查其表面有无麻面、蜂窝、孔洞、露筋、缺棱掉角、缝隙夹层等缺陷，外形尺寸是否超过允许偏差值，如有应及时加以修正；对现浇混凝土结构其允许偏差应符合表 4.20 的规定。对其他结构或有专门规定时，尚应符合相应规定的要求。

**表 4.20　现浇混凝土结构的允许偏差**

<table>
<tr><th colspan="3">项目</th><th>允许偏差（mm）</th></tr>
<tr><td rowspan="4">轴线位置</td><td colspan="2">基础</td><td>15</td></tr>
<tr><td colspan="2">独立基础</td><td>10</td></tr>
<tr><td colspan="2">墙、柱、梁</td><td>8</td></tr>
<tr><td colspan="2">剪力墙</td><td>5</td></tr>
<tr><td rowspan="3">垂直度</td><td rowspan="2">层间</td><td>5m</td><td>8</td></tr>
<tr><td>>5m</td><td>10</td></tr>
<tr><td>全高</td><td colspan="2">H/1000 且≤30</td></tr>
<tr><td rowspan="2">标高</td><td colspan="2">层高</td><td>±10</td></tr>
<tr><td colspan="2">全高</td><td>±30</td></tr>
<tr><td colspan="3">截面尺寸</td><td>+8<br>−5</td></tr>
<tr><td colspan="3">表面平整（2m 以上）</td><td>8</td></tr>
</table>

续表

| 项目 | | 允许偏差（mm） |
|---|---|---|
| 预埋设施中心线位置 | 预埋件 | 10 |
| | 预埋螺栓 | 5 |
| | 预埋管 | 5 |
| 预留洞中心线位置 | | 15 |
| 电梯井 | 井筒长、宽对定位中心线 | +25<br>0 |
| | 井筒全高垂直度 | H/1000 且≤30 |

注：H 为结构全高。

**2. 混凝土强度检验**

混凝土强度检验主要是指抗压强度的检验。它包括两个方面的目的：其一是作为评定结构或构件是否达到设计混凝土强度等级的依据，是混凝土质量的控制性指标，应采用标准试件的混凝土强度；其二是为结构构件拆模、出池、出厂、吊装、张拉、放张及施工期间临时负荷确定混凝土的实际强度，应采用与结构构件同条件养护的标准尺寸试件的混凝土强度。

（1）试件的留置。

混凝土强度检验的试件的留置应符合下列规定：

①每拌制 100 盘且不超过 $100m^3$ 的同配合比的混凝土，其取样不得少于一次。

②每工作班拌制的同配合比的混凝土不足 100 盘时，其取样不得少于一次。

③每一现浇楼层同配合比的混凝土，其取样不得少于一次。同一单位工程每一验收项目中同配合比的混凝土，其取样不得少于一次。

④配合比有变化时，则每种配合比均应取样。

每次取样应至少留置一组（3 个）标准试件；同条件养护试件的留置组数，可根据实际需要而定。

（2）每组试件的强度。

每组 3 个试件应在浇筑地点制作，在同盘混凝土中取样，并按下列规定确定该组试件的混凝土强度代表值：

①取3个试件强度的算术平均值。

②当3个试件强度中的最大值和最小值之一与中间值之差超过中间值的15%时，取中间值。

③当3个试件强度中的最大值和最小值与中间值的差均超过中间值的15%时，该组试件不应作为强度评定的依据。

(3) 同一验收批的强度。

混凝土强度应分批进行验收。同一验收批的混凝土应由强度等级相同、生产工艺和配合比基本相同的混凝土组成。对现浇混凝土结构构件，尚应按单位工程的验收项目划分验收批，每个验收项目应按现行国家标准确定。对同一验收批的混凝土强度，应以同批内标准试件的全部强度代表值来评定。

**3. 混凝土的缺陷处理**

(1) 缺陷分类及产生原因。

①麻面。

麻面是结构构件表面上呈现无数的小凹点而无钢筋暴露的现象。它是由于模板表面粗糙、未清理干净、润湿不足、漏浆、振捣不实、气泡未排出及养护不好所致。

②露筋。

露筋即钢筋没有被混凝土包裹而外露。主要是由于未放垫块或垫块位移、钢筋位移、结构断面较小、钢筋过密等使钢筋紧贴模板，以致混凝土保护层厚度不够所造成的。有时也因缺边、掉角而露筋。

③蜂窝。

蜂窝是混凝土表面无水泥砂浆，露出石子的深度大于5mm，但小于保护层的蜂窝状缺陷。它主要是由配合比不准确、浆少石多或搅拌不匀、浇筑方法不当、振捣不合理造成砂浆与石子分离、模板严重漏浆等原因所致。

④孔洞。

孔洞系指混凝土结构内存在着孔隙，其局部或全部无混凝土。它是由于骨料粒径过大或钢筋配置过密造成混凝土下料时被钢筋挡住，或混凝土流动性差，或混凝土分层离析，振捣不实，混凝土受冻，混入泥块杂物等所致。

⑤缝隙及夹层。

缝隙及夹层是施工缝处有缝隙或夹有杂物。产生原因是因施工缝处理不当以及混凝土含有垃圾杂物所致。

⑥缺棱、掉角。

缺棱、掉角是指梁、柱、板、墙以及洞口的直角边上的混凝土局部残损掉落。产生的主要原因是混凝土浇筑前模板未充分润湿，使棱角处混凝土中水分被模板吸去、水化不充分、强度降低，拆模时棱角损坏。另外，拆模过早或拆模后保护不好，也会造成棱角损坏。

⑦裂缝。

裂缝有温度裂缝、干缩裂缝和外力引起的裂缝。原因主要是：结构和构件下地基产生不均匀沉陷；模板、支撑没有固定牢固；拆模时受到剧烈振动；温差过大；养护不良；水分蒸发过快等。

⑧强度不足。

混凝土强度不足的原因是多方面的，主要是原材料达不到规定的要求、配合比不准、搅拌不均、振捣不实及养护不良等。

（2）缺陷处理。

①表面抹浆修补。

对表面不多的小蜂窝、麻面、露筋、露石的混凝土表面，可用钢丝刷或加压水洗刷基层，再用 1∶2～1∶2.5 的水泥砂浆填满抹平，抹浆初凝后要加强养护。

当表面裂缝较细，数量不多时，可将裂缝用水冲洗并用水泥抹补；对宽度和深度较大的裂缝应将裂缝附近的混凝土表面凿毛或沿裂缝方向凿成深为 15～20mm，宽为 100～200mm 的 V 形凹槽，扫净并洒水润湿，先刷水泥浆一层，然后用 1∶2～1∶2.5 的水泥浆涂抹 2～3 层，总厚控制在10～20mm，并压实抹光。

②细石混凝土填补。

当蜂窝比较严重或露筋较深时，应按其全部深度凿去薄弱的混凝土和个别突出的骨料颗粒，然后用钢丝刷或加压水洗刷表面，再用比原混凝土等级提高一级的细骨料混凝土填补并仔细捣实。

对于孔洞，可在旧混凝土表面采用处理施工缝的方法处理：将孔洞处不密实的混凝土和突出的石子剔除，并凿成斜面避免死角；然后再用水冲洗或用钢丝刷清刷，充分润湿72h后，浇筑比原混凝土强度等级高一级的细石混凝土。细石混凝土的水灰比宜在0.5以内，并掺入水泥用量万分之一的铝粉（膨胀剂），用小振捣棒分层捣实，认真做好养护工作。

③环氧树脂修补。

当裂缝宽度在0.1mm以上时，可用环氧树脂灌浆修补。修补时先用钢丝刷清除混凝土表面的灰尘、浮渣及散层，使裂缝处保持干净，然后把裂缝做成一个密闭性空腔，有控制地留出进出口，借助压缩空气把浆液压入缝隙，使它充满整个裂缝。这种方法具有很好的强度和耐久性，与混凝土有很好的粘结作用。

对强度降低不大的混土强度严重不足的承重构件应拆除返工，尤其对结构要害部位更应如此。对强度降低不大的混凝土可不拆除，但应与设计单位协商，通过结构验算并根据混凝土实际强度提出处理方案。

### 4.4.9 混凝土冬期施工

**1. 混凝土冬期施工及其原理**

（1）温度与混凝土硬化的关系。

温度的高低对混凝土强度增长有很大影响。在湿度合适的条件下，温度越高，水泥水化作用就越迅速、完全，混凝土硬化速度快，强度就越高。当然温度也不能过高，否则会使水泥颗粒表面迅速水化、结成外壳，阻止内部继续水化，形成“假凝”现象。当温度较低时，混凝土硬化速度较慢，特别是接近0℃时，混凝土硬化就更慢，强度也更低。当温度低于-3℃时，混凝土中的水会结冰，水泥颗粒不能和冰发生化学反应，水化作用几乎停止，强度也就无法增大。因此，为确保混凝土结构工程质量，应收集工程所在地多年气温资料，当室外平均气温连续5d稳定低于5℃时，应采取冬期施工措施，并及时采取气温突然下降的防冻措施。

（2）冻结对混凝土质量的影响。

混凝土在初凝前或刚初凝即遭冻结，此时水泥来不及水化或水化刚开始，本身尚无强度，水泥受冻后处于“休眠”状态；恢复正常养护后，强度可以重新发展直到与未受冻基本相同，没有什么强度损失。

若混凝土在初凝后，本身强度很小时遭冻结，此时混凝土内部存在两种应力：一种是水泥水化作用产生的粘结应力；另一种是混凝土内部自由水结冻，体积膨胀（8% ~9%）所产生的冻胀应力。由于粘结应力小于冻胀应力，很容易破坏刚形成水泥石的内部结构，产生一些微裂纹，这些微裂纹是不可逆的。加之冰块融化后会形成孔隙，这严重降低了混凝土的密实度和耐久性。在混凝土解冻后，其强度虽然能继续增长，但混凝土的强度也不可能达到原设计的强度等级。

若混凝土在冻结前达到某一强度值以上才遭冻结，此时混凝土内部水化作用产生的粘结应力足以抵抗自由水结冰产生的冻胀应力时，解冻后强度还能继续增长，可达到原设计强度等级，对强度影响不大，只不过是增长缓慢而已。因此，为避免混凝土遭受冻结带来的危害，必须使混凝土在受冻前达到这一强度值，这一强度值通常称为混凝土冬期施工的临界强度。

临界强度与水泥的品种、混凝土强度等级有关。硅酸盐水泥或普通硅酸盐水泥配制的混凝土为设计的混凝土强度标准值的 30%；矿渣硅酸盐水泥配制的混凝土为 40%，但对 C10 及 C10 以下的混凝土，不得小于 5.0MPa。

**2. 冬期施工的工艺要求**

（1）混凝土材料选择及要求。

配制冬期施工的混凝土，应优先选用硅酸盐水泥或普通硅酸盐水泥。水泥强度等级不应低于 42.5 级，最小水泥用量不宜少于 300kg/$m^3$，水灰比不应大于 0.6；使用矿渣硅酸盐水泥，宜采用蒸汽养护；使用其他品种水泥，应注意其中掺和材料对混凝土抗冻、抗渗等性能的影响。掺用防冻剂的混凝土，严禁使用高铝水泥。

冬期浇筑的混凝土，宜使用无氯盐类防冻剂。对抗冻性要求高的混凝土，宜使用引气剂或引气减水剂。掺用防冻剂、引气剂或引气减水剂的混凝土施工，应符合现行国家标准《混凝土外加剂应用技术规范》的规定。

在钢筋混凝土中掺用氯盐类防冻剂时，氯盐掺量应严格控制，混凝土必须振捣密实，不宜采用蒸汽养护。混凝土所用骨料必须清洁，不得含有冰、雪等冻结物及易冻裂的矿物质。在掺用含有钾、钠离子防冻剂的混凝土中，不得混有活性材料。

（2）混凝土材料的加热。

冬期拌制混凝土时应优先采用加热水的方法，当水加热仍不能满足要求时，再对骨料进行加热。水及骨料的加热温度应根据热工计算确定，但不得超过表4.21的规定。

**表4.21　拌和水及骨料最高温度**

| 项目 | 拌和水 | 骨料 |
| --- | --- | --- |
| 强度等级小于52.5级的普通硅酸盐水泥、矿渣硅酸盐水泥 | 80 | 60 |
| 强度等级大于或等于52.5级的硅酸盐水泥、普通硅酸盐水泥 | 60 | 40 |

（3）混凝土的搅拌。

搅拌前，应用热水或蒸汽冲洗搅拌机，搅拌时间应较常温延长50%。投料顺序为先投入骨料和已加热的水，然后再投入水泥。水泥不应与80℃以上的水直接接触，避免水泥假凝。混凝土拌合物的出机温度不宜低于10℃，入模温度不得低于5℃。对搅拌好的混凝土应常检查其温度及和易性，若有较大差异，应检查材料加热温度和骨料含水率是否有误，并及时加以调整。在运输过程中要防止混凝土热量的散失和冻结。

（4）混凝土的浇筑。

混凝土在浇筑前，应清除模板和钢筋上的冰雪和污垢，并不得在强冻胀性地基上浇筑混凝土；当在弱冻胀性地基上浇筑混凝土时，基土不得遭冻；当在非冻胀性地基土上浇筑混凝土时，混凝土在受冻前，其抗压强度不得低于临界强度。

当分层浇筑大体积结构时，已浇筑层的混凝土温度，在被上一层混凝土覆盖前，不得低于按热工计算的温度，且不得低于2℃。

对加热养护的现浇混凝土结构，混凝土的浇筑程序和施工缝的位置，应能防止在加热养护时产生较大的温度应力；加热温度在40℃以上时，应征得设计人员的同意。

对于装配式结构，浇筑承受内力接头的混凝土或砂浆，宜先将结合处的表面加热到正温；浇筑后的接头混凝土或砂浆在温度不超过 45℃的条件下，应养护至设计要求强度；当设计无专门要求时，其强度不得低于设计的混凝土强度标准值的 75%；浇筑接头的混凝土或砂浆，可掺用不致引起钢筋锈蚀的外加剂。

**3. 混凝土冬期养护方法**

混凝土冬期养护方法有蓄热法、蒸汽加热法、电热法、暖棚法以及掺外加剂法等。但无论采用什么方法，均应保证混凝土在冻结以前，至少应达到临界强度。

（1）蓄热法。

蓄热法是利用原材料预热的热量及水泥水化热，通过适当的保温，延缓混凝土的冷却，保证混凝土能在冻结前达到所要求强度的一种冬期施工方法。适用于室外最低温度不低于 -15℃的地面以下工程或表面系数（指结构冷却的表面积与其全部体积的比值）不大于 15 的结构。

蓄热法养护具有施工简单、不需外加热源、节能、冬期施工费用低等特点。因此，在混凝土冬期施工时应优先考虑采用。只有当确定蓄热法不能满足要求时，才考虑选择其他方法。

蓄热法养护的三个基本要素是混凝土的入模温度、围护层的总传热系数和水泥水化热值。应通过热工计算调整以上三个要素，使混凝土冷却到 0℃时，强度能达到临界强度的要求。

采用蓄热法时，宜用强度等级高、水化热大的硅酸盐水泥或普通硅酸盐水泥，掺用早强型外加剂，适当提高入模温度，外部早期短时加热；同时选用传热系数较小、价廉耐用的保温材料，如草帘、草袋、锯末、谷糠及炉渣等。此外，还可采用其他一些有利蓄热的措施，如地下工程可用未冻结的土壤覆盖；用生石灰与湿锯末均匀拌和覆盖，利用保温材料本身发热保温；充分利用太阳的热能，白天有日照时，打开保温材料，夜间再覆盖等。

（2）蒸汽加热法。

蒸汽加热养护分为湿热养护和干热养护两类。湿热养护是让蒸汽与混凝土直接接触，利用蒸汽的湿热作用来养护混凝土，常用的有棚罩法、蒸汽套法以及内部通汽法。而干热养护则是将蒸汽作为热载体，通过某种形式的散热器，将热量传导给混凝土使其升温，毛管法和热模法就属这类。

①棚罩法。

棚罩法是在现场结构物的周围制作能拆卸的蒸汽室，如在地槽上部盖简单的盖子或在预制构件周围用保温材料（木材、砖、篷布等）做成密闭的蒸汽室，通入蒸汽加热混凝土。本方法设施灵活、施工简便、费用较少，但耗气量大，温度不易控制。适用于加热地槽中的混凝土结构及地面上的小型预制构件。

②蒸汽套法。

是在构件模板外再用一层紧密不透气的材料（如木板）做成蒸汽室，汽套与模板间的空隙约为150mm，通入蒸汽加热混凝土。此法温度能适当控制，加热效果取决于保温构造，设备复杂、费用大，可用于现浇柱、梁及肋形楼板等整体结构加热。

③内部通汽法。

是在混凝土构件内部预留直径为13～50mm的孔道，再将蒸汽送入孔内加热混凝土。当混凝土达到要求的强度后，排除冷凝水，随即用砂浆灌入孔道内加以封闭。内部通汽法节省蒸汽、费用较低，但入汽端易过热从而产生裂缝。适用于梁柱、桁架等结构件。

此外，热模养护热拌混凝土工艺也广泛用于冬期施工。

（3）暖棚法。

暖棚法是在所要养护的建筑结构或构件周围用保温材料搭起暖棚，棚内设置热源，以维持棚内的正温环境，使混凝土浇筑和养护如同在常温中一样。但暖棚搭设需大量材料和人工，能耗高，费用较大，一般只用于建筑物面积不大而混凝土工程又很集中的工程。采取暖棚法养护混凝土时，棚内温度不得低于5℃，并应保持混凝土表面湿润。

（4）掺外加剂法。

在冬期混凝土施工中掺入适量的外加剂，使混凝土强度迅速增长，在冻结前达到要求的临界强度；或降低水的冰点，使混凝土能在负温下凝结、硬化。这是混凝土冬期施工的有效方法，可简化施工工艺，节约能源，还可改善其性能。但掺用外加剂的混凝土应符合冬期施工工艺要求的有关规定。

## 4.5　钢筋混凝土工程案例分析

3D 打印技术的思想起源于 19 世纪末的美国，并在 20 世纪 80 年代得到发展，1986 年查尔斯·赫尔（Charles Hull）发明了第一台 3D 打印机。在 2008 年金融危机背景下，以美国为首的西方发达国家为挽救萧条的经济，提出“再工业化”，企图大力发展制造业以拉动经济的复苏，同时全球新一轮的科技革命与产业变革正孕育兴起，制造业向数字化与智能化转型，在此时代背景下，3D 打印以其独有的优势发展起来，结合互联网大数据实现智能建造。2009 年，为建立相关标准规范，美国材料实验协会（American Society of Testing Materials，ASTM）成立了 3D 打印技术委员会 F42；2012 年，为推动对先进制造技术发展，美国成立了“国家增材制造创新中心”（Nation Additive Manufacturing Innovation Institute，NAMII），制定了首个 3D 打印技术国家层面上的战略计划。自此，3D 打印技术进入了高速发展期。

3D 打印技术在国家大力发展支持下，广泛应用于各个领域，在建筑行业中，根据打印方式与油墨材料不同，3D 打印的施工技艺主要分为三类：黏结沉降成型工艺、轮廓工艺、混凝土打印工艺，其中轮廓工艺与混凝土打印工艺都是以混凝土或砂浆材料为原料，应用较为广泛。

3D 打印技术作为近年来兴起的一项崭新技术，发展时间较短，相应的规范不完善，而且其打印制造方式与传统制造混凝土方式有明显区别，以往混凝土相关规范参考作用较小，同时由于打印材料对打印质量影响较大，亟须整合总结 3D 打印技术的参考规范，而且规范地提出对于 3D 打印的研究传播有很大意义。

3D 打印技术由于层层叠合的施工工艺，在打印构件中有各向异性的力学性能，对实际工程应用造成很大影响，而且每层之间因为各种材料的特性，很容易引起薄弱界面，造成打印质量下降，如纤维掺入由于泵送打印的流动作用，造成纤维朝向平行于层间界面，不仅不会造成桥接效果，而且会使层间结合效果降低或者引起力学各向异性，同时机械化的施工方式对于预留管道孔洞有一定困难，后期人工钻孔对于3D打印混凝土的层层叠合形态有一定的损伤风险。

3D打印混凝土技术作为促进建筑行业转型的关键技术，对于之后建筑业发展有着至关重要的影响，目前3D打印建造技术还处于起步阶段，在实际应用方面存在很多的问题，但是其内在潜力巨大，亟须厘清发展思路，解决相关问题，制定发展战略，将3D打印混凝土技术在实验与应用上相结合，去芜存菁，找到更适合建筑业发展的方向。

## 思考题

1. 试述钢筋与混凝土共同工作的原理。
2. 简述钢筋混凝土施工工艺过程。
3. 试述钢筋的种类及其主要性能。
4. 试述钢筋加工工艺及要求。
5. 试述植筋的方法及特点。
6. 试述钢筋的焊接方法。如何保证焊接质量？
7. 简述机械连接方法。
8. 如何计算钢筋的下料长度？
9. 试述钢筋代换的原则及方法。
10. 对模板有何要求？设计模板应考虑哪些原则？
11. 试述钢定型模板的特点及组成。
12. 简述现浇结构工具式支撑的类型及构造。
13. 不同结构的模板（基础、柱、梁板、楼梯）的构造有什么特点？
14. 模板设计应考虑哪些荷载？
15. 现浇结构拆模时应注意哪些问题？
16. 试述常用水泥的特性及适用范围。
17. 简述外加剂的种类和作用。
18. 试分析水灰比、含砂率对混凝土质量的影响。
19. 混凝土配料时为什么要进行施工配合比换算？如何换算？
20. 搅拌机为何不宜超载？试述进料容量与出料容量的关系。
21. 如何使混凝土搅拌均匀？为何要控制搅拌机的转速和搅拌时间？

22. 如何确定搅拌混凝土时的投料顺序？

23. 混凝土运输有何要求？混凝土在运输和浇筑中如何避免产生分层离析？

24. 混凝土浇筑时应注意哪些事项？

25. 试述施工缝留设的原则和处理方法。

26. 大体积混凝土施工应注意哪些问题？

27. 如何进行水下混凝土浇筑？

28. 混凝土成型方法有哪几种？如何使混凝土振捣密实？

29. 试述振动器的种类、工作原理及适用范围。

30. 使用插入式振捣器时，为何要上下抽动、快插慢拔？插点布置方式有哪几种？

31. 试述湿度、温度与混凝土硬化的关系。自然养护和加热养护应注意哪些问题？

32. 试分析混凝土产生质量缺陷的原因及补救方法。如何检查和评定混凝土的质量？

33. 为什么要规定冬期施工的“临界温度”？冬期施工应采用哪些措施？

34. 影响混凝土质量有哪些因素？在施工中如何才能保证质量？

## 练习题

1. 某建筑物有 5 根 L1 梁，每根梁配筋如下图所示。试编制 5 根 L1 梁钢筋配料单。

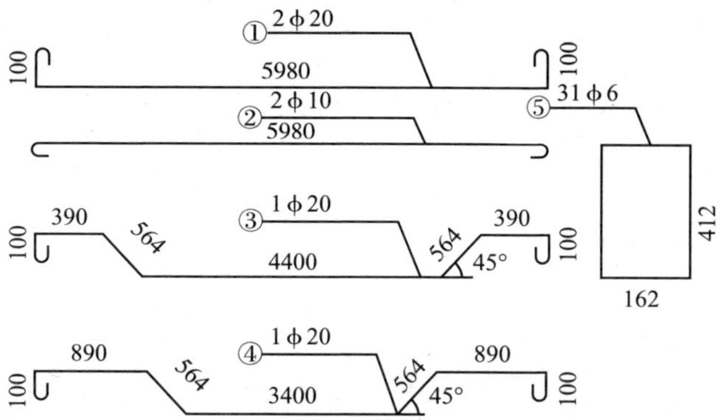

2. 某主梁筋设计为 5Φ5，现在无此钢筋，仅有Φ28 与Φ20 的钢筋，已知梁宽为 300mm，应如何代换？

3. 某梁采用 C30 混凝土，原设计纵筋为 6Φ20，已知梁断面 $b \times h =$ 300mm × 600mm，试用 HRB400 级钢筋进行代换。

4. 某剪力墙长、高分别为 5700mm 和 2900mm，施工气温 25℃，混凝土浇筑速度为 6m/h，采用胶合板模板，试选用内、外钢楞。

5. 设混凝土水灰比为 0.6，已知设计配合比为水泥：砂：石子 = 260kg：650kg：1380kg，现测得工地砂含水率为 3%，石子含水率为 1%，试计算施工配合比。若搅拌机的装料容积为 400L，每次搅拌所需材料又是多少？

6. 一设备基础长、宽、高分别为 20m、8m、3m，要求连续浇筑混凝土，搅拌站设有三台 400L 搅拌机，每台实际生产率为 $5m^3/h$，若混凝土运输时间为 24min，初凝时间取 2h，每浇筑层厚度为 300mm，试确定：

（1）混凝土浇筑方案；

（2）每小时混凝土的浇筑；

（3）完成整个浇筑工作所需的时间。

# 第 5 章

# 预应力混凝土工程

**本章提要**

预应力混凝土结构是由配置受力的预应力筋通过张拉或其他方法建立预应力的混凝土结构。

本章内容包括预应力混凝土先张法施工、后张法施工和无粘结预应力混凝土施工三部分，分别阐述了其工艺及特点、预应力值建立和传递的原理、质量控制及技术措施。

预应力混凝土能有效地利用高强度钢材，提高结构的抗裂度和刚度，减小构件的截面尺寸，节省材料，提高结构的耐久性。但是预应力混凝土增加了施工难度，需要专用的施工设备和机具，操作要求严格，技术要求较高。预应力混凝土常用于桥梁、工业厂房等大柱网和大跨度结构。

**学习要求**

1. 了解预应力混凝土的概念及特点。

2. 了解张法台座的类型、预应力值建立和传递的原理，掌握张拉程序、张拉应力控制和放张方法。

3. 了解后张法的施工工艺、锚具类型及张拉设备，掌握预应力筋的制作、张拉方法、张拉程序、张拉应力的控制。

4. 了解无粘结预应力筋的制作和铺设要求，掌握张拉锚固工艺。

混凝土受拉构件、受弯构件、大偏心受压构件等，在各种荷载作用下，都存在受拉区。当荷载不是太大时，上述构件中将出现裂缝。混凝土的极限抗拉应变值 $\varepsilon_{ctu}$ 大约为 0.00015，则钢筋应力在开裂时的值约为 $30N/m^2$。即使允许出现裂缝的构件，因受裂缝宽度限制，受拉钢筋的应力也仅达 $150\sim200N/m^2$，钢筋的抗拉强度未能充分发挥。因此钢筋混凝土构件的一大缺点是不能采用高强度钢筋。提高混凝土强度等级对构件抗裂性所起的作用也是极其有限的，因为各等级混凝土的极限抗拉应变相差不大；增加构件截面尺寸能提高抗裂性，但所需混凝土多，构件自重大。

预应力混凝土是在外荷载作用前，预先建立有内应力的混凝土。一般是在混凝土结构或构件受拉区域，通过对预应力筋进行张拉、锚固、放松，借助钢筋的弹性回缩，使受拉区混凝土事先获得预压应力。预压应力的大小和分布应能减少或抵消外荷载所产生的拉应力。

预应力混凝土按预应力的大小可分为：全预应力混凝土和部分预应力混凝土；按施加应力方式可分为：先张法预应力混凝土、后张法预应力混凝土和自应力混凝土；按预应力筋的粘结状态可分为：有粘结预应力混凝土和无粘结预应力混凝土；按施工方法又可分为：预制预应力混凝土、现浇预应力混凝土和叠合预应力混凝土等。

预应力混凝土与普通钢筋混凝土相比较，可以更有效地利用高强钢材，提高使用荷载下结构的抗裂度和刚度，减小结构构件的截面尺寸，自重轻、质量好、材料省、耐久性好。虽然预应力混凝土施工要增添专用设备，技术含量高、操作要求严，相应的工程成本高，但在跨度较大的结构中，或在一定范围内代替钢结构使用时，其综合经济效益较好。

预应力混凝土除广泛用于生产屋架、吊车梁、空心板等大中小型预应力混凝土构件外，现已把预应力技术成功应用于多高层建筑、大型桥梁、电视塔、筒仓、水池、大跨度薄壳、水工结构、海洋工程、核电站等工程结构中。另外，预应力技术可用于结构加固、旧房改造、土坡支护等。预应力混凝土在现代结构中具有广阔的应用和发展前景。本章将以目前常用的预应力施工工艺为主线，分别叙述先张法预应力、后张法预应力和无粘结预应力的基本知识。

## 5.1　预应力混凝土材料

### 1. 预应力钢材

预应力钢材包括预应力混凝土用的钢丝、钢绞线或钢筋的统称。预应力钢材应根据结构受力特点、环境条件和施工方法等选用。

（1）高强钢筋。高强钢筋可分为冷拉热轧低合金钢筋和热处理低合金钢筋两种。冷拉钢筋是指经过冷拉提高了屈服强度的热轧低合金钢筋，热处理钢筋是由特定强度的热轧钢筋通过加热、淬火和回火等调质工艺处理的钢筋。热处理后，钢筋强度能得到较大幅度提高，而塑性降低不多。

（2）钢丝。预应力混凝土结构常用的高强钢丝分为冷拉和矫直回火两种，按外形分为光面、刻痕和螺旋肋三种。常用的高强钢丝的直径有：

4.0mm，5.0mm，6.0mm，7.0mm，8.0mm，9.0mm 等几种。高强钢丝是用优质碳素钢热轧盘条经冷拔制成。然后，可用机械方式对钢丝进行压痕处理形成刻痕钢丝，对钢丝进行低温（一般低于 500℃）矫直回火处理后便成为矫直回火钢丝。

（3）钢绞线。钢绞线是用冷拔钢丝绞扭而成，其方法是在绞线机上以一种稍粗的直钢丝为中心，其余钢丝则围绕其进行螺旋状绞合，再经低温回火处理即可。钢绞线规格有 2 股、3 股、7 股和 19 股等。7 股钢绞线由于面积较大、柔软、施工定位方便，适用于先张法和后张法预应力结构与构件，是目前国内外应用最广的一种预应力筋。

（4）预应力钢棒。预应力混凝土用钢棒是高档次预应力钢材中的一个新品种，由于它具有高强度韧性、低松弛性、与混凝土握裹力强，良好的可焊接性、耐锻性、节省材料等特点，在国外已被广泛应用于高强的预应力混凝土离心管桩、电杆、高架桥墩、铁路轨枕等预应力构件中，使用领域十分广泛。

**2. 预应力筋新材料——涂层预应力筋**

为提高钢绞线的耐腐蚀性，对钢绞线做表面处理的方法有：镀锌、铝包钢绞线、喷涂环氧。镀锌钢丝和钢绞线的抗腐蚀能力强，主要用于缆索、体外索及环境恶劣的工程结构等。环氧涂层钢绞线是通过静电喷涂使每根钢丝周围形成一层环氧保护层。环氧涂层钢绞线可提高耐久性，有效防止盐害，并提高钢绞线的抗疲劳性能，它适用于腐蚀环境下的先张法或后张法构件、港湾构造物、海洋构造物、斜拉索、吊索等。

**3. 预应力筋新材料——缓粘结钢绞线**

缓粘结预应力筋为在工厂涂裹延迟硬化的树脂型涂层（类似于建筑油脂），外包 PE 塑料套管。可省略灌浆，缩短工期，提高耐久性。

**4. 预应力混凝土**

在预应力混凝土结构中所采用的混凝土应具有高强、轻质和高耐久性的性质。一般要求混凝土的强度等级不低于 C30。目前，我国在一些重要的预应力混凝土结构中，已开始采用 C50 ~ C60 的高强混凝土，最高混凝土强度等级已达到 C800。

随着预应力结构跨径的不断增加，自重也随之增大，结构的承载能力将大部分用于平衡自重。追求更高的强度/自重比是混凝土材料发展的目标之一。此外，要求预应力混凝土具有快硬、早强的性质，可尽早施加预应力，加快施工进度，提高设备及模板的利用率。

在预应力混凝土构件的施工中，不得掺用对钢筋有侵蚀作用的氯盐、氯化钠等，否则会发生严重的质量事故。

## 5.2　预应力张拉锚固体系

预应力筋用的锚具是在后张法预应力混凝土结构或构件中，为保持预应力筋的拉力并将其传递到混凝土上所用的永久性锚固装置。夹具则是在先张法预应力混凝土构件施工时，为保持预应力筋的拉力并将其固定在生产台座（或设备）上的临时性锚固装置；或在后张法预应力混凝土结构或构件施工时，在张拉千斤顶或设备上夹持预应力筋的临时性锚固装置。

连接器是用于连接预应力筋的装置。此外还有预应力筋与锚具等组合装配而成的受力单元，如预应力筋——锚具组装件、预应力筋——夹具组装件、预应力筋——连接器组装件等。

### 5.2.1　锚具

锚具是后张法预应力混凝土构件中为保持预应力筋的拉力并将其传递到混凝土所用的永久性（先张法为临时性装置）锚固装置。

预应力筋用锚具是张拉并永久固定在预应力混凝土结构上传递预应力的工具。锚具应具有：可靠的锚固能力，锚固回缩量小；构造简单，施工方便；加工方便，价格低，互换性好。锚具根据工作特点分为张拉端锚具和固定端锚具。张拉端锚具具有与张拉机械相连进行预应力筋的张拉，并将预应力筋锚固在构件上的双重功能；而固定端锚具只能将预应力筋锚固在构件上。

预应力筋用锚具、夹具和连接器按锚固方式不同，可分为：支承式（镦头锚具、螺母锚具等）、锥塞式（钢质锥形锚具等）、夹片式（单孔和多孔夹片锚具）和握裹式（挤压锚具、压花锚具等）四种。

锚具的种类很多，不同类型的预应力筋所配用的锚具不同。目前，我国采用最多的锚具是夹片式锚具和支承式锚具。以下介绍有关的锚具的构造与使用。

（1）支承式锚具。

①螺丝端杆锚具。

螺丝端杆锚具属螺母锚具类，它由螺丝端杆、螺母和垫板三部分组成。适用于直径 18 ~36mm 的预应力钢筋，如图 5.1 所示。锚具长度一般为 320mm，当一端张拉或预应力筋的长度较长时，螺杆的长度应增加 30 ~ 50mm。螺丝端杆与预应力筋的焊接应在预应力筋冷拉前进行，冷拉时螺母应在螺丝端杆的端部，冷拉后螺丝端杆不得发生塑性变形。

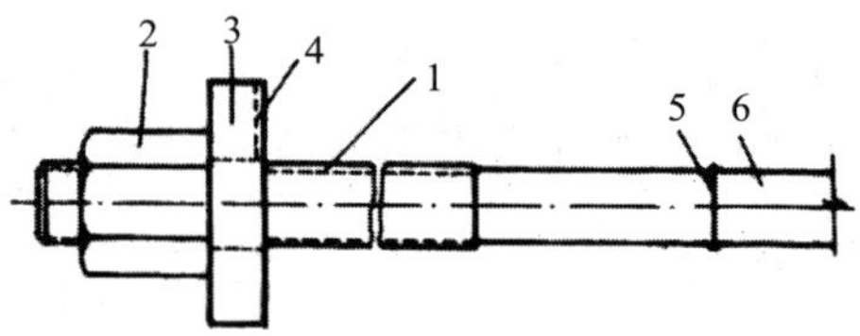


1—螺丝端杆；2—螺母；3、4—垫板；5—对焊；6—预应力筋

**图 5.1　螺丝端杆锚具**

②镦头锚具。

用于单根粗钢筋的镦头锚具一般直接在预应力筋端部热镦、冷镦或锻打成型。镦头锚具也适用于锚固多根数钢丝束。钢丝束镦头锚具分 A 型与 B 型。A 型由锚环与螺母组成，可用于张拉端；B 型为锚板，用于固定端，其构造如图 5.2 所示。

镦头锚具的工作原理是将预应力筋穿过锚环的蜂窝眼后，用专门的激头机将钢筋或钢丝的端头镦粗，将镦粗头的预应力束直接锚固在锚环上，待千斤顶拉杆旋入锚环内螺纹后即可进行张拉，当锚环带动钢筋或钢丝伸长到设计值时，将螺母沿锚环外的螺纹旋紧顶在构件表面，于是螺母通过支承垫板将预压力传到混凝土上。

镦头锚具的优点是操作简便迅速，不会出现锥形锚易发生的“滑丝”

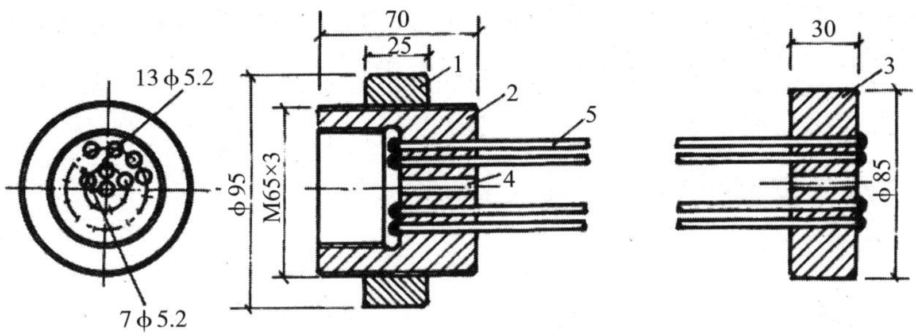


（a）张拉端锚具（A型）　　（b）固定端锚具（B型）

1—锚环；2—螺母；3—垫板；4—钢丝束

**图 5.2　钢丝束镦头锚具**

现象，故不发生相应的预应力损失。这种锚具的缺点是下料长度要求很精确，否则，在张拉时会因各钢丝受力不均匀而发生断丝现象。

（2）锥塞式锚具。

锥形锚具由钢质锚环和锚塞（见图 5.3）组成，用于锚固钢丝束。锚环内孔的锥度应与锚塞的锥度一致。锚塞上刻有细齿槽，夹紧钢丝防止滑动。

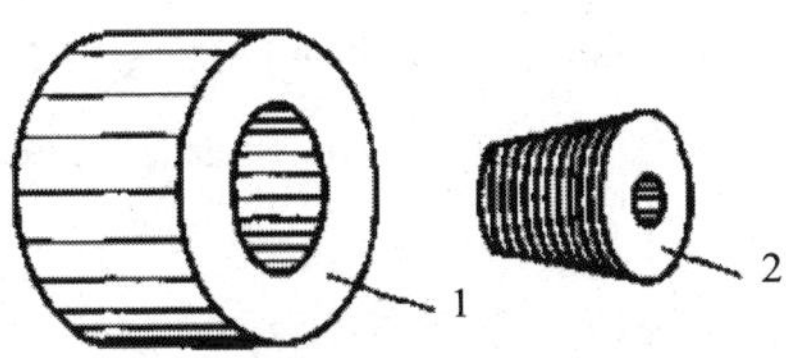


1—锚环；2—锚塞

**图 5.3　锥形锚具**

锥形锚具的尺寸较小，便于分散布置。缺点是易产生单根滑丝现象，钢丝回缩量较大，所引起的应力损失也大，并且滑丝后无法重复张拉和接长，应力损失很难补救。此外，钢丝锚固时呈辐射状态，弯折处受力较大。

（3）夹片式锚具。

①单孔夹片锚具。

单孔夹片锚具常用于锚固的钢丝或钢绞线。单孔夹片锚具由锚环和夹片组成。锚环有 7°左右的锥度，提供较好的静载和动载锚固性能。夹片有二片式和三片式，直开缝和斜开缝之分，二片式夹片背面开有弹性槽，以提高锚固能力。单孔夹片构造如图 5.4 所示。单孔夹片锚具性能好，锚固时钢筋束或钢绞线束被单根夹紧，不受直径误差的影响，且预应力筋是在呈直线状态下被张拉和锚固，受力性能好。

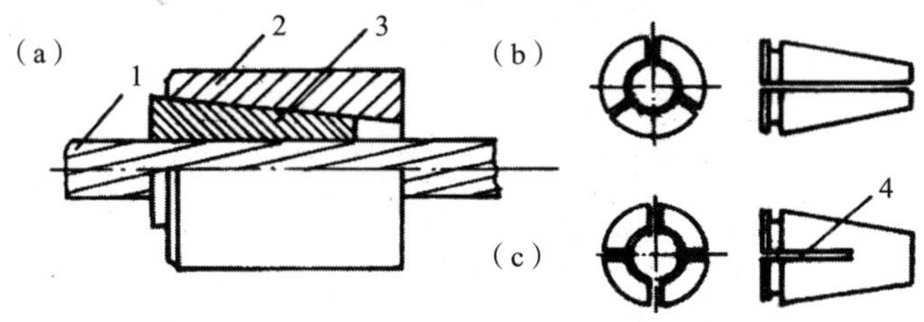


1—锚环；2—夹片；3—或钢绞线束

**图 5.4 单孔夹片锚具**

注：(a) 单孔夹片锚具；(b) 两片式夹片；(c) 三片式夹片。

②多孔夹片锚具。

多孔夹片锚具是在一块多孔的锚板上，利用每个锥形孔装一副夹片夹持一根钢绞线的一种楔紧式锚具。这种锚具的优点在于任何一根钢绞线锚固失效，都不会引起整束锚固失效，并且每束钢绞线的根数不受限制。

多孔夹片锚具由锚板与夹片组成，如图 5.5 所示。它既适用于锚固钢绞线束，又适用于锚固钢丝束；既可锚固单根预应力筋，又可锚固多根预应力筋。当用于锚固多根预应力筋时，既可单根张拉、逐根锚固，又可成组张拉，成组锚固。因具有通用性强、性能可靠、施工方便、便于高空作业的特点，该锚具广泛应用于现代预应力混凝土工程。

多孔夹片锚具（见图 5.5）在充分满足自锚条件下，夹片的锥面选用了较大的锥角，锚具可当工作锚与工具锚使用。当用作工具锚时，可在夹片和锚板之间涂抹一层能在极大压强下保持润滑性能的固体润滑剂（如石墨、石蜡等），当千斤顶回程时，用锤轻轻一击，即可松开脱落。用作工作锚时，具有连续反复张拉的功能，可用行程不大的千斤顶张拉任意长度的钢绞线。

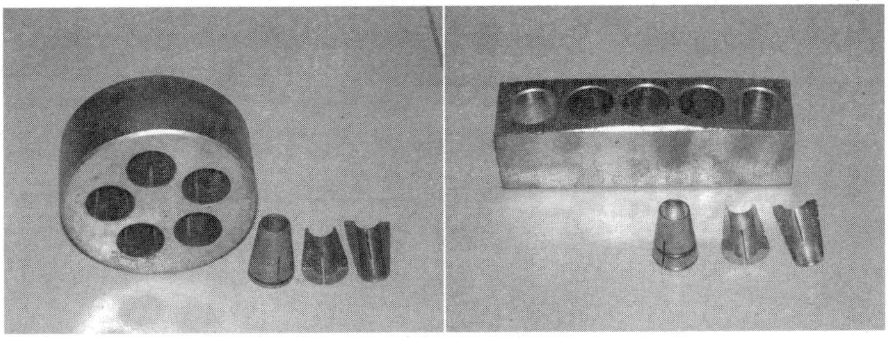

图 5.5　多孔夹片锚具

(4）握裹式锚具。

钢绞线束的固定端的锚具除了可以采用与张拉端相同的锗具外，还可选用握裹式锚具。握裹式锚具有挤压锚具与压花锚具两类。

①挤压锚具。

挤压锚具是利用液压压头机将套筒挤紧在钢绞线端头上的一种锚具。套筒内衬有硬钢丝在旋圈，在挤压后硬钢丝全部脆断，一半嵌入外钢套，另一半压入钢绞线，从而增加钢套筒与钢绞线之间的摩阻力。锚具下设有钢垫板与螺旋筋。这种锚具适用于构件端部的设计应力较大或端部尺寸受到限制的情况。挤压锚具如图 5.6 所示。

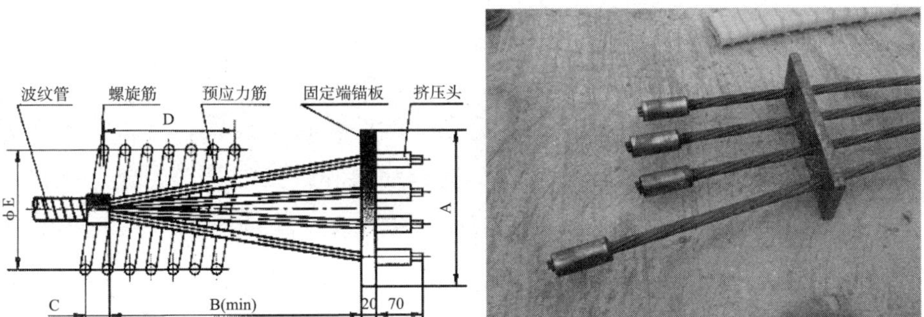


图 5.6　挤压锚具

②压花锚具。

压花锚具是利用液压压花机将钢绞线端头压成梨形散花状的一种锚具

(见图 5. 7)。为提高压花锚四周混凝土及散花头根部混凝土抗裂强度，在散花头的头部配置构造筋。在散花头的根部配置螺旋筋，压花钳距构件截面边缘不小于 30cm。

**图 5. 7　压花锚具**

### 5. 2. 2　夹具

先张法施工中钢丝张拉与钢筋张拉均需要用夹具夹持钢筋并临时锚固，后张法有时也需要用夹具临时锚固钢筋。对钢丝及钢筋张拉所用夹具不同。

### 5. 2. 3　张拉机械

预应力筋的张拉工作必须配置有成套的张拉机具设备。后张法预应力施工所用的张拉设备由液压千斤顶、高压油泵和外接油管等组成。张拉设备应装有测力仪器，以准确建立预应力值。张拉设备应由专人使用和保管，并定期维护和校验。

**1. 千斤顶**

预应力液压千斤顶按机型不同可以分为：拉杆式千斤顶、穿心式千斤顶、锥锚式千斤顶等几种。其中，拉杆式千斤顶是利用单活塞杆张拉预应力筋的单作用千斤顶，只能张拉吨位不大（≤600kN）的支承式锚具，多年来已逐步被多功能的穿心式千斤顶代替。

穿心式千斤顶是一种具有穿心孔，利用双液缸张拉预应力筋和顶压锚具的双作用千斤顶。这种千斤顶适应性强，既可张拉需要顶压的锚具，配上撑脚与拉杆后，也可用于张拉螺杆锚具和镦头锚具。穿心式千斤顶的张拉力一般有 180mm、200mm、600mm、1200mm、1500mm 和 3000kN 等，张拉行程由 8 ~ 150mm 不等。该系列产品有 YC120D、YC60、YC120 等，YC60 型如图 5. 8 所示。穿心式千斤顶适用于张拉各种形式的预应力筋，是目前我国预应力张拉施工中应用最广泛的一种张拉机具。

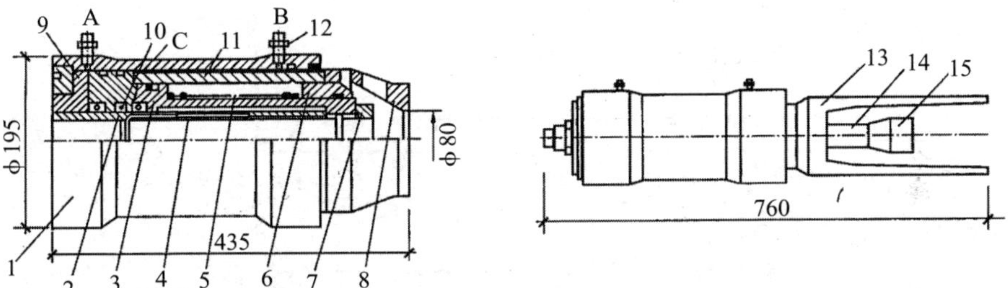


1—大缸缸体；2—穿心套；3—顶压活塞；4—保护套；5—回程弹簧；6—连接套；
7—顶压套；8—撑套；9—堵头；10—密封圈；11—二缸缸体；12—油嘴；
13—撑脚；14—拉杆；15—连接套筒

**图 5. 8　YC60 型千斤顶**

锥锚式千斤顶是一种具有张拉、顶锚和退楔功能的三作用千斤顶，仅用于带钢质锥形锚具的钢丝束。

**2. 高压油泵**

高压油泵主要与各类千斤顶配套使用，提供高压的油液。高压油泵的类型比较多，性能不一。图 5. 9 为 ZB4/500 型高压油泵，它由泵体、控制阀、油压表、车体和管路等部件组成。

**3. 千斤顶校验**

用千斤顶张拉预应力筋时，张拉力的大小主要由油泵上的压力表读数来表达。压力表所指示的读数，表示千斤顶主缸活塞单位面积上的压力值。理论上，将压力表读数乘以活塞面积，即可求得张拉力的大小。设预应力筋的张拉力为 N，千斤顶的活塞面积为 F，则理论上的压力表读数 p 可用下式计算：

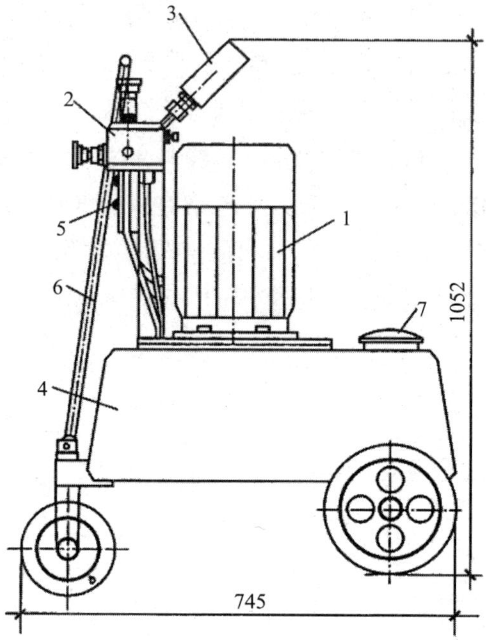


1—电动机及泵体；2—控制阀；3—压力表；4—油箱小车；
5—电气开关；6—拉手；7—加油口

图 5.9 ZB4/500 型高压油泵

$$p = \frac{N}{F} \tag{5.1}$$

但是，实际张拉力往往比式（5.1）的计算值小，其主要原因是一部分力被活塞与油缸之间的摩阻力所抵消，而摩阻力的大小又与许多因素有关，具体数值很难通过计算确定。因此，施工中常采用张拉设备（尤其是千斤顶和压力表）配套校验的方法，直接测定千斤顶的实际张拉力与压力表读数之间的关系，制成表格或绘制 p 与 N 的关系曲线（见图5.10）或回归成线性方程，供施工中使用。压力表的精度不宜低于1.5 级，校验张拉设备的试验机或测力计精度不得低于 ±2%，张拉设备的校验期限，不应超过半年，如在使用过程中，张拉设备出现反常现象或千斤顶检修以后，应重新校验。

千斤顶与压力表配套校验时，可用标准测力计（如测力环、水银标准箱、传感器等）和试验机（如万能试验机、长柱压力机等）进行。其中以

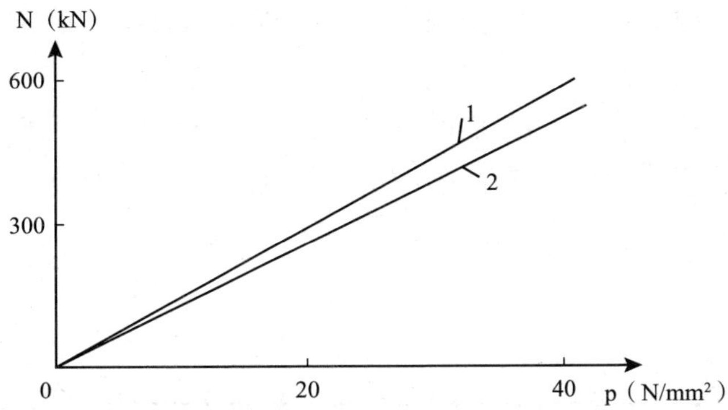


1—千斤顶被动工作；2—千斤顶主动工作

**图 5.10　千斤顶张拉力与压力表读数的关系曲线**

试验机校验方法较为普遍。

在现行《混凝土结构工程施工质量验收规范》中，强调校验千斤顶时，其活塞的运行方向应与实际张拉工作状态一致。其主要原因是由于张拉预应力筋时，千斤顶内部存在着摩阻力，实测数据说明，千斤顶压力机校验时（此工作状态与实际张拉时活塞运行方向一致），活塞与缸体之间的摩阻力小且为一个常数。当千斤顶被压力机压时（此工作状态与实际张拉时活塞运行方向相反），活塞与缸体之间的摩阻力大且为一个变数，并随张拉力增大而增大，这说明千斤顶的活塞正反运行的内摩阻力是不相等的。因此，为了正确反映实际张拉工作状态，在校验时必须采用千斤顶顶压力机时的压力表读数，作为实际张拉时的张拉力值，按此绘制 p－N 关系曲线，供实际张拉时使用。

## 5.3　先张法施工

先张法是在浇筑混凝土前铺设、张拉预应力筋，并将张拉后的预应力筋临时锚固在台座或钢模上，然后浇筑混凝土，待混凝土养护达到不低于75%设计强度后，保证预应力筋与混凝土有足够的粘结时，放松预应力筋，借助混凝土与预应力筋的粘结，对混凝土施加预应力的施工工艺（见

图 5.11）。先张法一般仅适用于生产中小型预制构件，多在固定的预制厂生产，也可在施工现场生产。

先张法生产构件可采用长线台座法，台座长度在 100～150m，或在钢模中采用机组流水法。先张法涉及台座、张拉机具和夹具及施工工艺，下面将分别叙述。

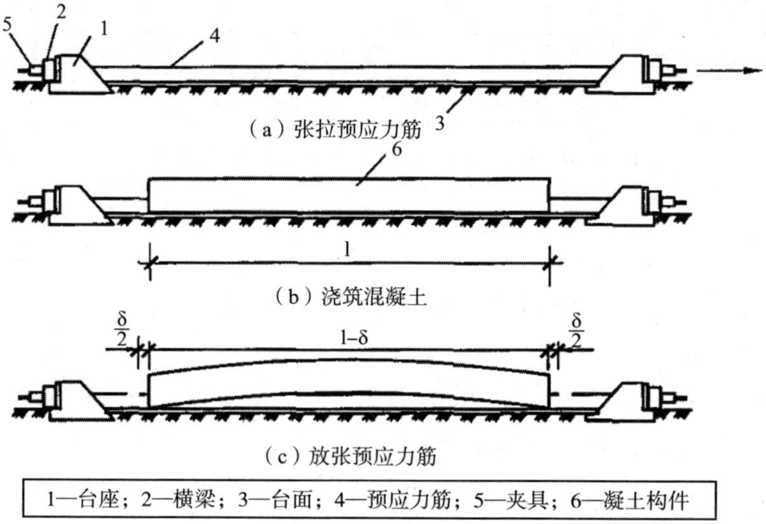


**图 5.11　先张法施工工艺**

### 5.3.1　台座

台座是先张法施工中主要的设备之一，它必须有足够的强度、刚度和稳定性，以免因台座的变形、倾覆和滑移而引起预应力值的损失。

台座按构造形式不同可分为墩式台座和槽式台座两类。

**1. 墩式台座**

墩式台座由承力台墩、台面与横梁三部分组成，其长度宜为 50～150m（见图 5.12）。目前常用的是台墩与台面共同受力的墩式台座。台座的宽度主要取决于构件的布筋宽度、张拉与浇筑混凝土是否方便，一般不大于 2m。在台座的端部应留出张拉操作用地和通道，两侧要有构件运输和堆放的场地。台座的强度应根据构件张拉力的大小，可按台座每米宽的承载力为 200～500kN 设计台座。

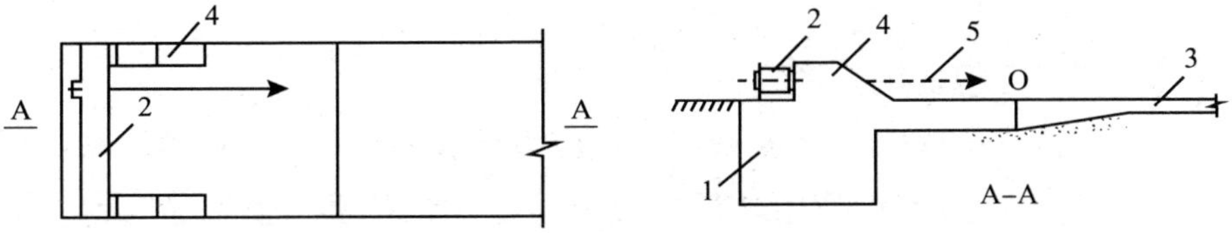


1—混凝土墩式台座；2—横梁；3—凝土台面；4—牛腿；5—预应力筋

**图 5.12　墩式台座**

承力台墩一般埋置在地下，由现浇钢筋混凝土做成。台座的稳定性验算包括抗倾覆验算和抗滑移验算。

台面一般是在夯实的碎石垫层上浇筑一层厚度为 60 ~ 100mm 的混凝土而成。台面伸缩缝可根据当地温差和经验设置，约为 10m 一道，也可采用预应力混凝土滑动台面，不留伸缩缝。预应力滑动台面是在原有的混凝土台面或新浇筑的混凝土基层上刷隔离剂，张拉预应力筋、浇筑混凝土面层，待混凝土达到放张强度后切断预应力筋，台面就发生滑动。这种台面使用效果良好。

台座的两端设置有固定预应力筋的横梁，一般用型钢制作，设计时，除应要求横梁在张拉力的作用下有一定的强度外，尚应特别注意变形，以减少预应力损失。

**2. 槽式台座**

槽式台座由钢筋混凝土压杆、上下槽梁及台面组成（见图 5. 13）。台座的长度一般不大于 76m，宽度随构件外形及制作方式而定，一般不小于 1m，承载力可达 1000kN 以上。为便于混凝土，浇筑和蒸汽养护，槽式台座多低于地面。在施工现场还可利用已预制好的柱、桩等构件装配成简易槽式台座。

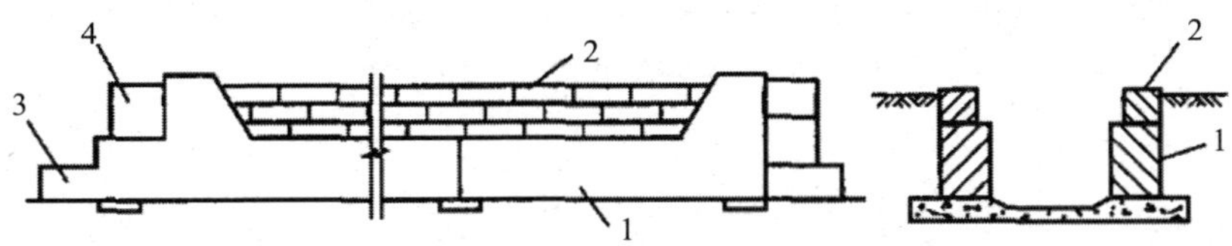


1—压杆；2—砖墙；3—下横梁；4—上横梁

**图 5. 13　槽式台座**

### 5.3.2 张拉机具和夹具

先张法生产的构件中，常采用的预应力筋有钢丝和钢筋两种。张拉预应力钢丝时，一般直接采用卷扬机或电动螺杆张拉机。张拉预应力钢筋时，在槽式台座中常采用四横梁式成组张拉装置，用千斤顶张拉（见图5.14和图5.15）。

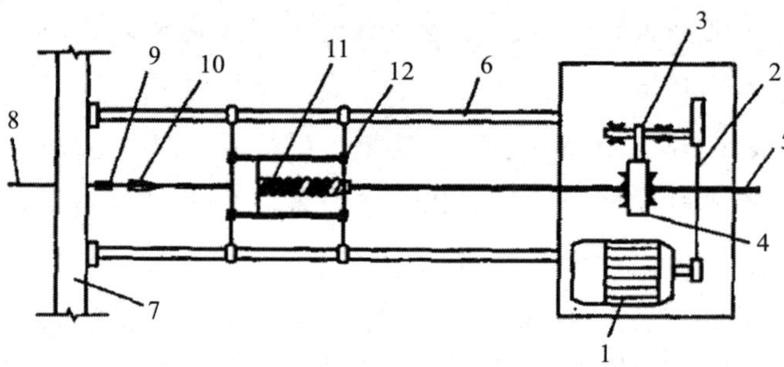


1—电动机；2—皮带传动；3—齿轮；4—齿轮螺母；5—螺杆；6—顶杆；7—台座横梁；8—钢丝；9—锚固夹具；10—张拉夹具；11—弹簧测力器；12—滑动架

**图5.14 电动螺杆张拉机**

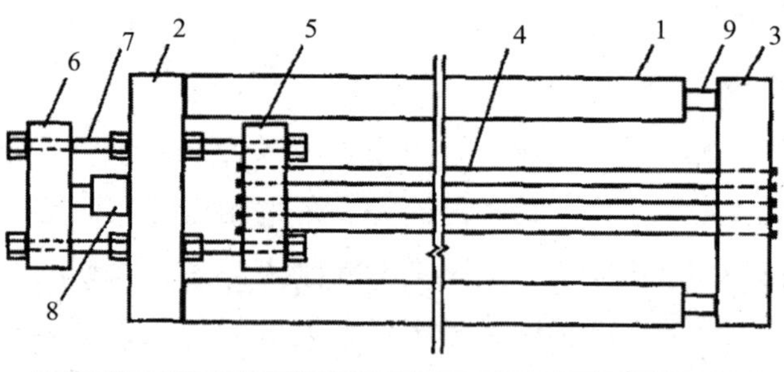


1—台座；2、3—前后横梁；4—钢筋；5、6—拉力架；7—螺丝杆；8—千斤顶；9—放张装置

**图5.15 四横梁式成组张拉装置**

预应力筋张拉后用锚固夹具直接锚固于横梁上。要求锚固夹具工作可靠、加工方便、成本低，并能多次周转使用。预应力钢丝常采用圆锥齿板式锚固夹具锚固，预应力钢筋常采用螺丝端杆锚固。

### 5.3.3　先张法施工工艺

用先张法在台座上生产预应力混凝土构件时，其工艺流程一般如图 5.16 所示。

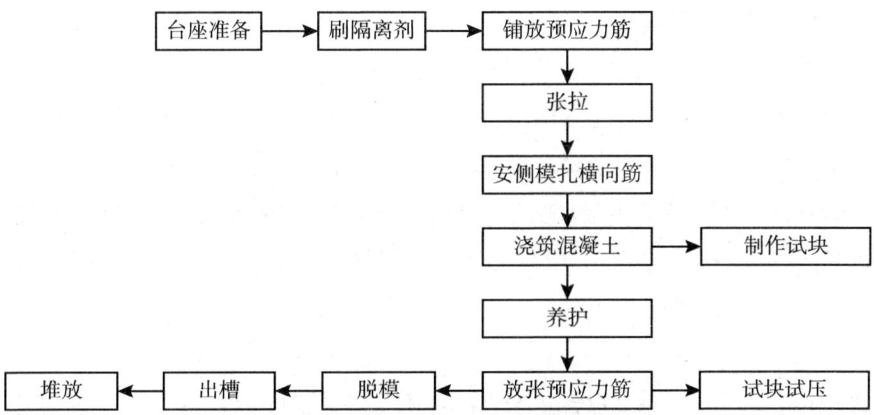


**图 5.16　先张法工艺流程**

预应力混凝土先张法工艺的特点是：预应力筋在浇筑混凝土前张拉，预应力的传递主要依靠预应力筋与混凝土之间的粘结力，为了获得质量良好的构件，在整个生产过程中，除确保混凝土质量以外，还必须确保预应力筋与混凝土之间的良好粘结，使预应力混凝土构件获得符合设计要求的预应力值。

碳素钢丝强度很高，但表面光滑，与混凝土粘结力较差，必要时可采取刻痕和压波措施，以提高钢丝与混凝土的粘结力。

**1. 预应力筋铺设**

预应力筋应采用砂轮锯或切断机切断，不得采用电弧切割。为便于脱模，长线台座（或胎模）在铺放预应力筋前应先刷隔离剂，但应采取措施，防止隔离剂污损预应力筋，影响其与混凝土的粘结。如果预应力筋遭受污染，应使用适宜的溶剂清洗干净。预应力钢丝宜用牵引车铺设。如遇钢亶需要接长时，可借助于钢丝拼接器用 20 ~ 22 号铁丝密排绑扎。

**2. 预应力筋张拉及预应力值校核**

预应力筋的张拉应根据设计要求，采用合适的张拉方法、张拉顺序和张拉程序进行，并应有可靠的质量和安全保证措施。

预应力筋的张拉可采用单根张拉或多根同时张拉，当预应力筋数量不多、张拉设备拉力有限时常采用单根张拉。当预应力筋数量较多且密集布筋，张拉设备拉力较大时，则可采用多根同时张拉。在确定预应力筋张拉顺序时，应考虑尽可能减少台座的倾覆力矩和偏心力，先张拉靠近台座截面重心处的预应力筋。

预应力筋的张拉控制应力应符合设计要求，但不宜超过表 5.1 中的控制应力限值。对于要求提高构件在施工阶段的抗裂性能而在使用阶段受压区设置的预应力筋，或当要求部分抵消由于应力松弛、摩擦、钢筋分批张拉以及预应力筋与张拉台座之间的温差等引起的应力损失时，可提高 $0.05f_{ptk}$ 或 $0.05f_{pyk}$。施工中预应力筋需要超张拉时，其最大张拉控制应力应符合表 5.1 的规定。

**表 5.1　　张拉控制应力允许值和最大张拉控制应力**

| 钢筋种类 | 张拉控制应力限值 | | 超张拉最大张拉控制应力 |
|---|---|---|---|
| | 先张法 | 后张法 | |
| 消除应力钢丝、钢绞线 | $0.75f_{ptk}$ | $0.75f_{ptk}$ | $0.80f_{ptk}$ |
| 冷轧带肋钢筋 | $0.70f_{ptk}$ | — | $0.75f_{ptk}$ |
| 精轧螺纹钢筋 | — | $0.85f_{pyk}$ | $0.95f_{pyk}$ |

注：$f_{ptk}$ 指根据极限抗拉强度确定的强度标准值；$f_{pyk}$ 指根据屈服强度确定的强度标准值。

预应力钢丝由于张拉工作量大，宜采用一次张拉程序：

$$0 \rightarrow (1.03 \sim 1.05)6_{con} \text{锚固} \tag{5.2}$$

式（5.2）中，$6_{con}$ 系预应力筋的张拉控制应力；超张拉系数 1.03 ~ 1.05 是考虑弹簧测力计的误差、温度影响、台座横梁或定位板刚度不足、台座长度不符合设计取值、工人操作影响等。

采用低松弛钢绞线时，可采用一次张拉程序：

对单根张拉，$0 \rightarrow 6_{con}$ 锚固；

对整体张拉，$0 \rightarrow$ 初应力调整值 $\rightarrow 6_{con}$ 锚固。

**【例 5.1】** 某预应力混凝土屋架采用消除应力的刻痕钢丝 $\phi^{I}5$ 作为预应

力筋，单根钢丝截面面积为 $19.6mm^2$，$f_{ptk}=1570N/mm^2$，张拉控制应力 $6_{con}=0.75f_{ptk}$，如采用一次张拉程序：$0 \rightarrow 1.036_{con}$锚固，则其单根钢丝的张拉力 $N=1.03\times1570\times0.75\times19.6=23.77kN$。其张拉应力为 $0.77f_{ptk}$，小于 $0.80f_{ptk}$。

多根预应力筋同时张拉时，应预先调整初应力，使其相互之间的应力一致。

预应力筋张拉锚固后实际建立的预应力值与工程设计规定检验值的允许偏差为 ±5%。

预应力钢丝张拉时，伸长值不作校核。钢丝张拉锚固后，应采用钢丝内力测定仪检查钢丝的预应力值，其偏差应符合上述要求。预应力钢丝内力的检测，一般在张拉锚固 1h 后进行，此时，锚固损失已经完成。钢绞线预应力筋的张拉力，一般采用伸长值校核。张拉时预应力的实际伸长值与设计计算理论伸长值的相对允许偏差为 ±6%。

预应力筋张拉时，张拉机具与预应力筋应在一条直线上；同时在台面上每隔一定距离放一根圆钢筋头或相当于混凝土保护层厚度的其他垫块，以防预应力筋因自重而下垂。张拉过程中应避免预应力筋断裂或滑脱；先张法预应力构件，在浇筑混凝土前发生断裂或滑脱的预应力筋必须予以更换。预应力筋张拉锚固后，对设计位置的偏差不得大于 5mm，且不得大于构件截面最短边长的 4%。张拉过程中，应按规范要求填写预应力张拉记录表，以便检查。

施工中应注意安全。台座两端应有防护措施，张拉时，正对钢筋两端禁止站入，也不准进入台座。敲击锚具的锥塞或楔块时，不应用力过猛，以免损伤预应力筋而断裂伤人，但又要锚固可靠。冬期张拉预应力筋时，其温度不宜低于 -15℃，且应考虑预应力筋容易脆断的危险。

**3. 预应力筋的放张**

预应力筋的放张过程是预应力值的建立过程，是先张法构件能否获得良好质量的重要环节，应根据放张要求，确定合宜的放张顺序、放张方法及相应的技术措施。

（1）放张要求。

预应力筋放张时，混凝土强度应符合设计要求：当设计无具体要求时，不应低于设计混凝土强度等级的75%。放张过早会由于混凝土强度不足，产生较大的混凝土弹性回缩或滑丝而引起较大的预应力损失。

（2）放张方法。

在放张过程中，应使预应力构件自由压缩。放张工作应缓慢进行，避免过大的冲击与偏心。

当预应力筋为钢丝时，若钢丝数量不多，可采用剪切、锯割或氧－乙炔焰预热熔断的方法进行放张。放张时，应从靠近生产线中间处剪（熔）断钢丝，这样比靠近台座一端剪（熔）断时回弹要小，且有利于脱模。钢丝数量较多时，所有钢丝应同时放张，不允许采用逐根放张的方法，否则，最后的几根钢丝将可能由于承受过大的应力而突然断裂，导致构件应力传递长度骤增，或使构件端部开裂。放张可采用放张横梁来实现，横梁可用千斤顶或预先设置在横梁支点处的放张装置（砂箱或楔块等）来放张，如图5.17和图5.18所示。采用湿热养护的预应力混凝土构件宜热态放张，不宜降温后放张。

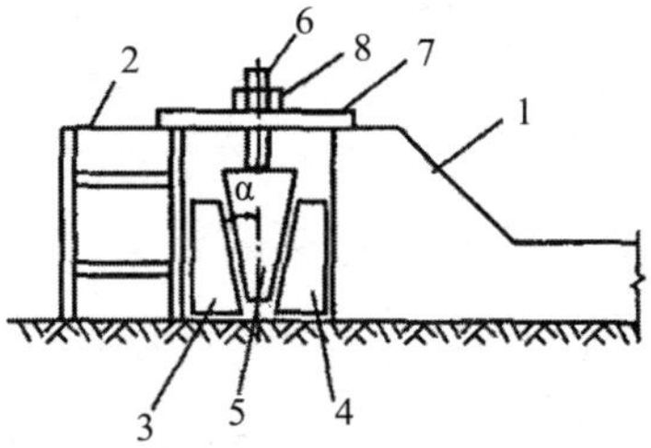


1—台座；2—横梁；3、4—钢块；
5—钢楔块；6—螺杆；7—承力板；8—螺母

**图5.17　楔块放张**

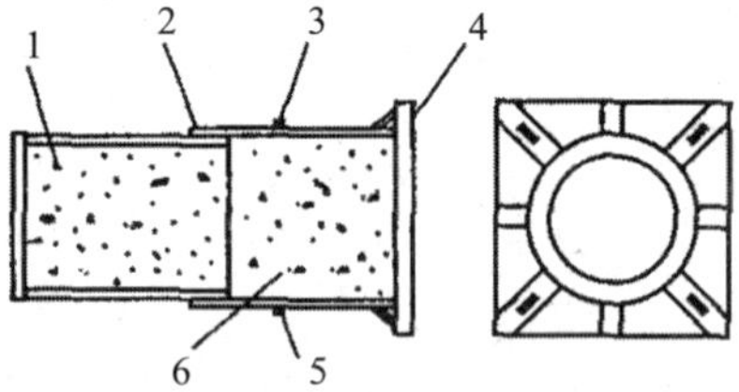


1—活塞；2—套箱；3—进砂口；
4—套箱底板；5—出砂口；6—砂

**图5.18　砂箱放张**

（3）放张顺序。

预应力筋的放张顺序，应符合设计要求；当设计无特殊要求时，应遵循下列规定：

①对承受轴心预压力的构件（如压杆、桩等），所有预应力筋应同时放张；

②对承受偏心预压力的构件，应先同时放张预压力较小区域的预应力筋，再同时放张预压力较大区域的预应力筋；

③当不能按上述规定放张时，应分阶段、对称、相互交错地放张，以防止在放张过程中，构件产生弯曲、裂纹及预应力筋断裂等现象。

④放张后预应力筋的切断顺序，宜由放张端开始，逐次切向另一端。

## 5.4　后张法施工

后张法是先制作构件或结构，待混凝土达到一定强度后，再张拉预应力筋的方法。后张法预应力施工，不需要台座设备，灵活性大，广泛用于施工现场生产大型预制预应力混凝土构件和现场浇筑预应力混凝土结构。后张法预应力施工，又可以分为有粘结预应力施工和无粘结预应力施工两类。后张法预应力施工示意如图5.19所示。

后张法预应力施工的特点是直接在构件或结构上张拉预应力筋，混凝土在张拉过程中受到预压力而完成弹性压缩。因此，混凝土的弹性压缩，不直接影响预应力筋有效预应力值的建立。

后张法除可作为一种预加应力的工艺方法外，还可以作为一种预制构件的拼装手段。大型构件（如拼装式大跨度屋架）可以预制成小型块体，运至施工现场后，通过预加应力的手段拼装成整体；或各种构件安装就位后，通过预加应力手段，拼装成整体预应力结构。后张法预应力的传递主要依靠预应力筋两端的锚具，锚具作为预应力筋的组成部分，永远留置在构件上，不能重复使用。因此，后张法预应力施工需要耗用的钢材较多，锚具加工要求高，费用昂贵。另外，后张法工艺本身要预留孔道、穿筋、张拉、灌浆等，故施工工艺比较复杂，整体成本也比较高。

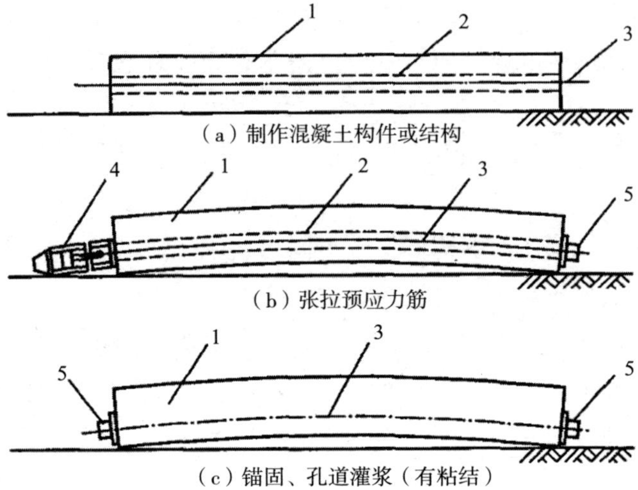


1—混凝土构件或结构；2—预留孔道；3—预应力筋；4—千斤顶；5—锚具

**图 5.19　后张法预应力施工**

图 5.20 为后张法有粘结预应力施工工艺流程。下面主要介绍孔道留设、穿筋、预应力筋张拉和锚固、孔道灌浆等内容。

**1. 孔道留设**

孔道留设是后张法有粘结预应力施工中的关键工作之一。预留孔道的规格、数量、位置和形状应符合设计要求；预留孔道的定位应牢固，浇筑混凝土时不应出现位移和变形；孔道应平顺，端部的预埋锚垫板应垂直于孔道中心线。

（1）预埋波纹管留孔。

预埋波纹管成孔时，波纹管直接埋在构件或结构中不再取出，这种方法特别适用于留设曲线孔道。按材料不同，波纹管分为金属波纹管和塑料波纹管。

金属波纹管又称螺旋管，是用冷轧钢带或镀锌钢带在卷管机上压波后螺旋咬合而成。按照截面形状可分为圆形和扁形两种；按照钢带表面状况可分为镀锌和不镀锌两种。预应力混凝土用金属波纹管应满足径向刚度、抗渗漏、外观等要求。

金属波纹管的连接，采用大一号的同型波纹管。接头管的长度为 200 ~ 300mm，其两端用密封胶带或塑料热缩管封裹。

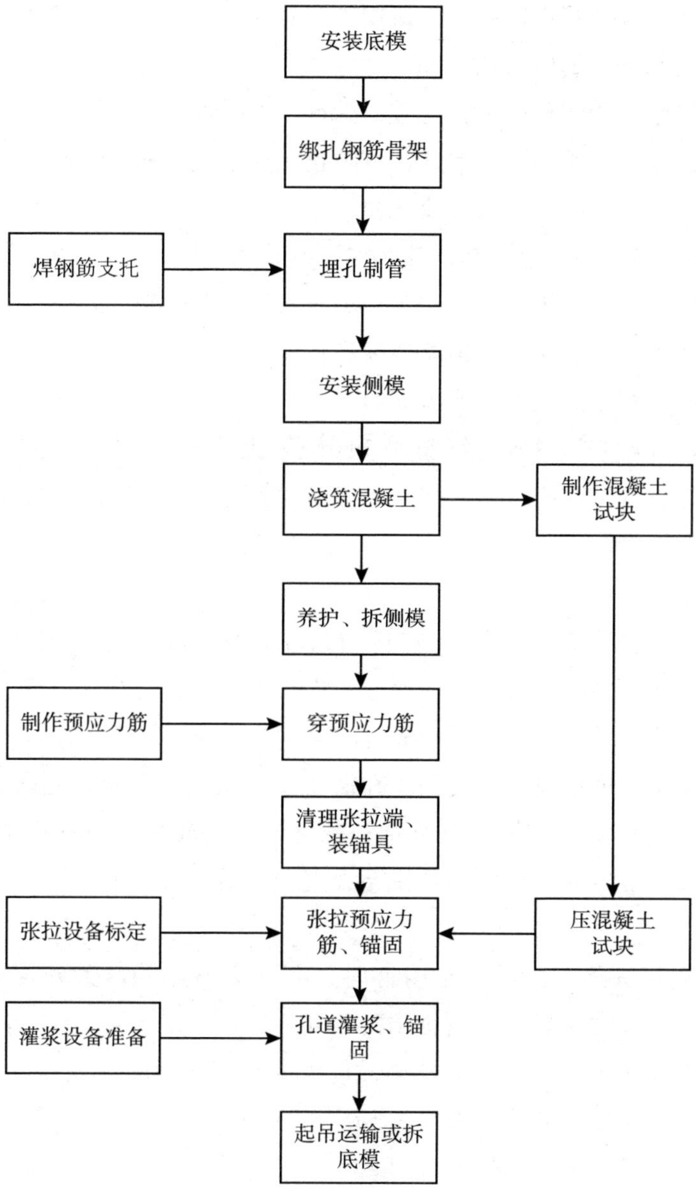


**图 5.20　后张法有粘结预应力施工工艺流程**

注：穿预应力筋也可以在浇筑混凝土前进行。

波纹管的安装，应事先按设计图中预应力筋的曲线坐标在箍筋上定出曲线位置。波纹管的固定应采用钢筋支托，支托钢筋应焊在箍筋上，箍筋底部应垫实。波纹管固定后，必须用铁丝扎牢，以防止浇筑混凝土时波纹管上浮而引起严重的质量事故。

塑料波纹管用于预应力筋孔道，具有以下优点：

①提高预应力筋的防腐保护，可防止氯离子侵入而产生的电腐蚀；

②不导电，可防止杂散电流腐蚀；

③密封性好，保护预应力筋不生锈；

④强度高，刚度大，不怕踩压，不易被振动棒凿破；

⑤减小张拉过程中的孔道摩擦损失；

⑥提高了预应力筋的耐疲劳能力。

安装时，塑料波纹管的钢筋支托间距不大于 0.8 ~ 1.0m。塑料波纹管接长采用熔焊法或高密度聚乙烯塑料套管。塑料波纹管与锚垫板连接，采用高密度聚乙烯套管。

（2）钢管抽芯法。

制作后张法预应力混凝土构件时，在预应力筋位置预先埋设钢管，待混凝土初凝后再将钢管旋转抽出的留孔方法。为防止在浇筑混凝土时钢管产生位移，每隔 1.0m 用钢筋井字架固定牢靠。钢管接头处可用长度为 300 ~ 400mm 的铁皮套管连接。在混凝土浇筑后，每隔一定时间慢慢同向转动钢管，使之不与混凝土粘结；待混凝土初凝后、终凝前抽出钢管，即形成孔道。钢管抽芯法仅适用于留设直线孔道。

（3）胶管抽芯法。

制作后张法预应力混凝土构件时，在预应力筋的位置处预先埋设胶管，待混凝土结硬后再将胶管抽出的留孔方法。采用 5 ~ 7 层帆布胶管。为防止在浇筑混凝土时胶管产生位移，直线段每隔 600mm 用钢筋井字架固定牢靠，曲线段应适当加密。胶管两端应有密封装置。在浇筑混凝土前，胶管内充入压力为 0.6 ~ 0.8MPa 的压缩空气或压力水，管径增大约 3mm，待浇筑的混凝土初凝后，放出压缩空气或压力水，管径缩小，混凝土脱开，随即拔出胶管。胶管抽芯法适用于留设直线与曲线孔道。

在预应力筋孔道两端，应设置灌浆孔和排气孔。灌浆孔可设置在锚垫板上或利用灌浆管引至构件外，其间距对抽芯成型孔道不宜大于 12m，孔径应能保证浆液畅通，一般不宜小于 20mm，曲线孔道的曲线波峰部位应设置排气兼泌水管，必要时可在最低点设置排水孔，泌水管伸出构件顶面的高度不宜小于0.5m。

**2. 预应力筋穿入孔道**

预应力筋穿入孔道（以下简称“穿筋”）。根据穿筋与浇筑混凝土之间的先后关系，可分为先穿筋和后穿筋两种。

先穿筋法即在浇筑混凝土之前穿筋。此法穿筋省力，但穿筋占用工期，预应力筋的自重引起的波纹管摆动会增大摩擦损失，预应力筋端部保护不当易生锈。

后穿筋法即在浇筑混凝土之后穿筋。此法可在混凝土养护期内进行，不影响工期，便于用通孔器或高压水通孔，穿筋后即行张拉，易于防锈，但穿筋较为费力。

根据一次穿入数量，可分为整束穿和单根穿。钢丝束应整束穿；钢绞线宜采用整束穿，也可用单根穿。穿筋工作可由人工、卷扬机和穿筋机进行。

人工穿筋可利用人工或起重设备将预应力筋吊起，工人站在脚手架上逐步穿入孔内。预应力筋的前端应扎紧并裹胶布，以便顺利通过孔道。对多波曲线预应力筋，宜采用特制的牵引头，工人在前头牵引，后头推送，用对讲机保持前后两端同时出现。对长度不大于60m的曲线预应力筋，人工穿筋方便。

预应力筋长60～80m时，也可采用人工先穿筋，但在梁的中部留设约3m长的穿筋助力段。助力段的波纹管应加大一号，在穿筋前套接在原波纹管上留出穿筋空间，待钢绞线穿入后再将助力段波纹管旋出接通，该范围内的箍筋暂缓绑扎。

对长度大于80m的预应力筋，宜采用卷扬机穿筋。钢绞线与钢丝绳间用特制的牵引头连接。每次牵引2～3根钢绞线，穿筋速度快。

用穿筋机穿筋适用于大型桥梁与构筑物单根穿钢绞线的情况。穿筋机有两种类型：一是由油泵驱动链板夹持钢绞线传送，速度可任意调节，穿筋可进可退，使用方便；二是由电动机经减速箱减速后由两对滚轮夹持钢绞线传送，进退由电动机正反转控制。穿筋时，钢绞线前头应套上一个子弹头形壳帽。

**3. 预应力筋张拉**

（1）准备工作。

①混凝土强度检验。

预应力筋张拉时，混凝土强度应符合设计要求：当设计无具体要求时，不应低于设计混凝土强度等级的75%。

②构件端头清理。

构件端部预埋钢板与锚具接触处的焊渣、毛刺、混凝土残渣等应清除干净。

③张拉操作台搭设。

高空张拉预应力筋时，应搭设可靠的操作平台。张拉操作平台应能承受操作人员与张拉设备的重量，并装有防护栏杆。为了减轻操作平台的负荷，张拉设备应尽量移至靠近的楼板上，无关人员不得停留在操作平台上。

④锚具与张拉设备安装。

锚具进场后应经过检验合格，方可使用；张拉设备应事先配套校验。对钢绞线束夹片锚固体系，安装锚具时应注意工作锚板或锚环对中，夹片均匀打紧并外露一致；千斤顶上的工具锚孔与构件端部工作锚的孔位排列要一致，以防钢绞线在千斤顶穿心孔内打叉。对钢丝束锥形锚固体系，安装钢质锥形锚具时必须严格对中，钢丝在锚环周边应分布均匀。对钢丝束镦头锚固体系，由于穿筋关系，其中一端锚具要后装并进行镦头。安装张拉设备时，对直线预应力筋，应使张拉力作用线与孔道中心线重合；对曲线预应力筋，应使张拉力作用线与孔道中心线末端的切线重合。

（2）预应力筋张拉方式。

根据预应力混凝土结构特点、预应力筋形状与长度以及方法的不同，预应力筋张拉方式有以下几种。

①一端张拉方式。

张拉设备放置在预应力筋的一端进行张拉。适用于长度≤30m的直线预应力筋与锚固损失影响长度 $L_f = \frac{1}{2}L$（L为预应力筋长度）的曲线预应力筋。如设计人员认可，同意放宽上述限制条件，也可采用一端张拉，但张拉端宜分别设置在构件的两端。

②两端张拉方式。

张拉设备放置在预应力筋两端进行张拉。适用于长度大于30m的直线

预应力筋与 $L_f = \frac{1}{2}L$ 的曲线预应筋。

③分批张拉方式。

对配有多束预应力筋的构件或结构分批进行张拉。后批预应力筋张拉所产生的混凝土弹性压缩对先批张拉的预应力筋造成预应力损失，所以先批张拉的预应力筋张拉力应加上该弹性压缩损失值，使分批张拉后，每根预应力筋的张拉力基本相等。若为两批张拉，则第一批张拉的预应力筋的张拉控制应力应为：

$$\sigma'_{con} = \sigma_{con} + \alpha_E \sigma_{PC} \tag{5.3}$$

式（5.3）中：$\sigma'_{con}$——第一批张拉的预应力筋的张拉控制应力；

$\sigma_{con}$——设计控制应力，即第二批张拉的预应力筋的张拉控制应力；

$\sigma_E$——钢筋与混凝土的弹性模量比；

$\sigma_{PC}$——第二批预应力筋张拉时，在已张拉预应力筋重心处产生的混凝土法向应力。

**【例 5.2】**某预应力混凝土屋架，混凝土强度等级为 C40，$E_C = 3.25 \times 10^4 N/mm^2$，下弦配置 4 束钢丝束预应力筋，$Es = 2.05 \times 10^5 N/mm^2$；张拉控制应力 $\sigma_{con} = 0.75 f_{ptk} = 0.75 \times 1570 = 1177.5 N/mm^2$，采用对角线对称分两批张拉，则第二批两根预应力筋的张拉控制应力 $\sigma_{con} = 1177.5 N/mm^2$，又知 $\sigma_{PC} = 12.0 N/mm^2$，计算得第一批预应力筋的张拉控制应力为：

$$\sigma'_{con} = 1177.5 + \frac{2.05 \times 10^5}{3.25 \times 10^4} \times 12 = 1253.2 N/mm^2$$

另外，对较长的多跨连续梁可采用分段张拉方式；在后张传力梁等结构中，为了平衡各阶段的荷载，可采用分阶段张拉方式；为达到较好的预应力效果，也可采用在早期预应力损失基本完成后再进行张拉的补偿张拉方式等。

（3）预应力筋张拉顺序。

预应力筋的张拉顺序，应使混凝土不产生超应力、构件不扭转与侧弯、结构不变位等，因此，张拉宜对称进行。同时还应考虑尽量减少张拉设备的移动次数。

预应力混凝土屋架下弦杆钢丝束的张拉顺序示意如图 5.21 所示。钢丝束的长度不大于 30mm，采用一端张拉方式。图 5.21（a）是预应力筋为2束，用两台千斤顶分别设置在构件两端，对称张拉，一次完成。图5.21（b）是预应力筋为4束，需要分两批张拉，用两台千斤顶分别张拉对角线上的2束，然后张拉另2束。图中1、2为预应力筋分批张拉顺序。图5.22表示双跨预应力混凝土框架钢绞线束的张拉顺序。钢绞线束为双跨曲线筋，长度达40m，采用两端张拉方式。图中4束钢绞线分为两批张拉，两台千斤顶分别设置在梁的两端，按左右对称各张拉1束，待束均进行一端张拉后，再分批在另一端补张拉。这种张拉顺序，还可减少先批张拉预应力筋的弹性压缩损失。

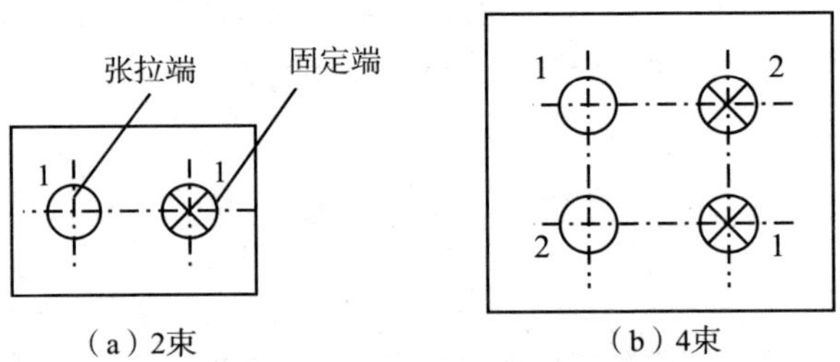


**图5.21　屋架下弦杆预应力筋张拉顺序**

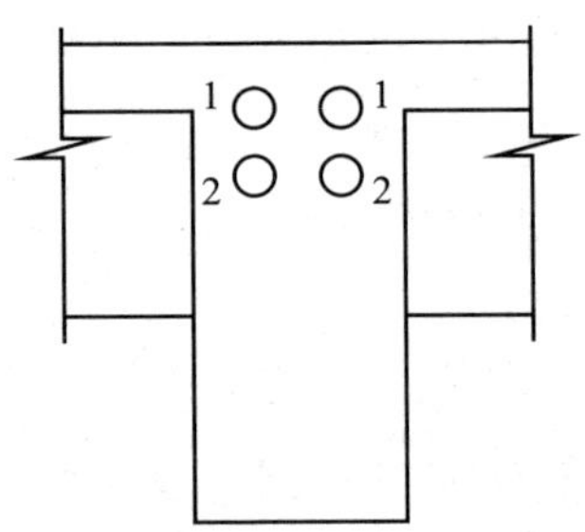


**图5.22　框架梁预应力筋张拉顺序**

后张法预应力混凝土屋架等构件一般在施工现场平卧重叠制作，重叠层数为3~4层，其张拉顺序宜先上后下逐层进行。为了减少上下层之间因摩擦引起的预应力损失，可逐层加大张拉力。

（4）张拉程序。

预应力筋的张拉操作程序，主要根据构件类型、张拉锚固体系、松弛损失等因素确定。

①采用低松弛钢丝和钢绞线时，张拉操作程序为：

$$0 \to P_j \text{ 锚固}$$

其中，$P_j$为预应力筋的张拉力：

$$P_j = \sigma_{con} A_p \tag{5.4}$$

式（5.4）中：$A_p$——预应力筋的截面面积。

②采用普通松弛预应力筋时，按超张拉程序进行：

对撤头锚具等可卸载锚具 $0 \to 1.05P_j \to$ 持荷 2min 锚固

对夹片锚具等不可卸载锚具 $0 \to 1.03P_j$　　锚固

超张拉并持荷 2min 的目的是加快预应力筋松弛损失的早期发展。以上各种张拉操作程序，均可分级加载。对曲线预应力束，一般以（0.2 ~ 0.25）$P_j$为测量伸长值的起点，分 3 级加载（$0.2P_j$、$0.6P_j$及 $1.0P_j$）或 4 级加载（$0.25P_j$、$0.50P_j$、$0.75P_j$及 $1.0P_j$）。

当预应力筋长度较大，千斤顶张拉行程不够时，应采取分级张拉、分级锚固。第二级初始油压为第一级最终油压。预应力筋张拉到规定油压后，持荷校核伸长值，合格后进行锚固。

**【例 5.3】**某预应力混凝土梁，配有 6 束 $\phi^s 15.2$ 低松弛钢绞线预应力筋，$f_{ptk} = 1860N/mm^2$，每束 $\phi^s 15.2$ 钢绞线预应力筋的截面面积为 $139mm^2$，设计张拉控制应力 $\sigma_{con} = 0.70f_{ptk}$，采用 $0 \to P_j$ 锚固的张拉程序，则其张拉力 $P_j = 0.70 \times 1860 \times 6 \times 139 = 1085.9kN$。选用 YDC2500B 穿心式千斤顶与配套压力表张拉，当拉力为 1320.2kN 时，按其校验线性回归方程 $P_{实际} = 0.0224N + 0.4667$，可知压力表实际读数应为 $0.0224 \times 1085.9 + 0.4667 = 24.8N/mm^2$。

（5）张拉控制方法。

预应力筋张拉时，通过伸长值的校核，可以综合反映张拉力是否足够，孔道摩阻损失是否偏大，以及预应力筋是否有异常现象等。因此，对张拉伸长值的校核，要引起重视。当采用应力控制方法张拉时，应校核预应力筋的伸长值。实际伸长值与设计计算理论伸长值的相对允许偏差为 ±6%。现场实际操作时，对于较长的预应力束，不宜控制。分析原因在于：

①理论计算伸长值的钢绞线弹性模量与实际值有偏差；

②现场施工用的油压表精度不够，实际操作时存在一定的量测误差；

③对于较长的预应力束初应力选择不合理。

初应力的作用主要有两个方面：一是使预应力筋由自然松弛状态转为绷紧状态；二是消除张拉过程中工具锚和固定端工作锚楔紧引起的预应力筋内缩的影响。规范中对于初应力的大小没有明确规定，施工中大都以10%控制应力作为张拉的初应力。实践中发现，对于跨度较大的曲线预应力筋，以10%控制应力作为张拉初应力时，预应力筋不易拉紧。

④现场量测预应力筋实际张拉伸长值的方法不合理。

现场量测预应力筋实际张拉伸长值往往是从千斤顶的行程上测量推算而来的，即采取量测千斤顶活塞体（或称为缸体）伸长量法。当千斤顶不需回油缩回活塞（工程上常称为倒缸）时，这种方法是可行的。现实情况是预应力筋的张拉伸长值经常远大于千斤顶的缸体伸出量，此时基本都是采取千斤顶倒缸反复张拉、伸长值叠加的方法量测。考虑到倒缸时张拉端工具锚和工作锚上的夹片反复楔紧钢绞线的影响以及人为操作误差，采取量测缸体伸长量法计算预应力筋的伸长值存在一定误差。

⑤浇筑混凝土时，部分砂浆进入孔道。

对于低松弛钢绞线张拉控制程序可参考：

①对于较短的直线束孔道（≤30m）：

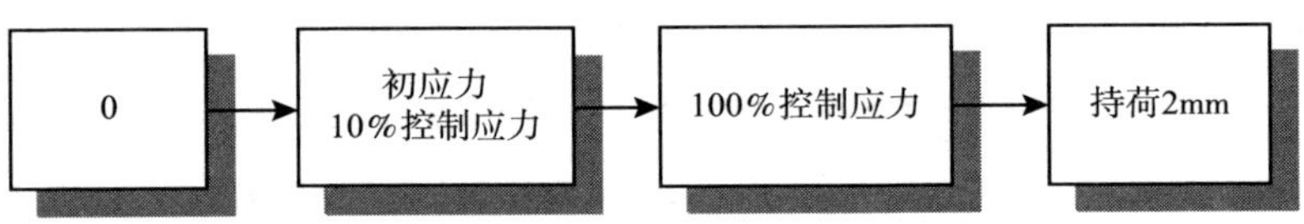


②对于较短的曲线束孔道（≤30m）及较长的直线束孔道（>30m）：

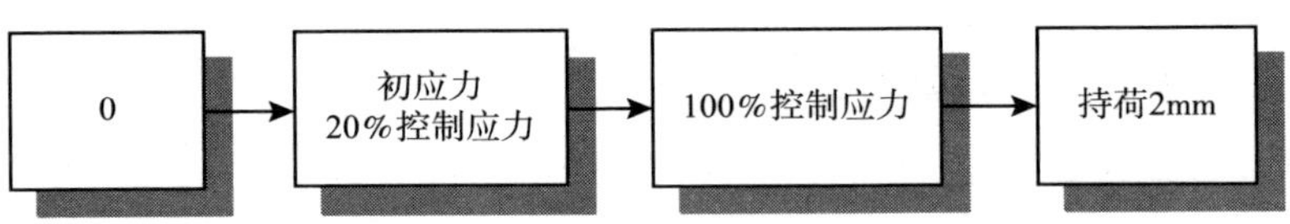


③对于较长的曲线束孔道（>30m）：

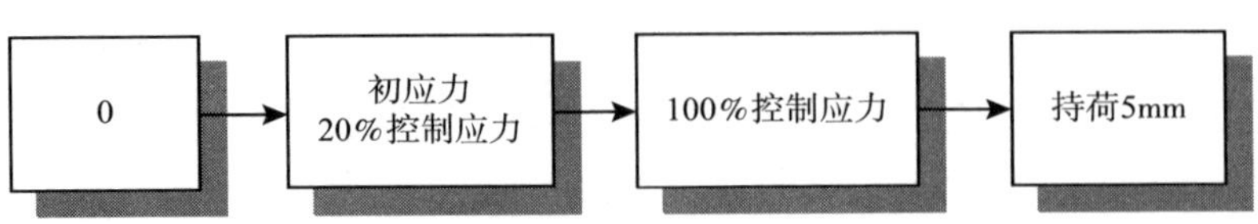

（6）张拉安全注意事项。

在预应力作业中，必须特别注意安全，因为预应力持有很大的能量，万一预应力筋拉断或锚具与张拉千斤顶失效，巨大能量急剧释放，有可能造成很大危害，因此，在任何情况下作业人员不得站在预应力筋的两端，同时在张拉千斤顶的后面应设立防护装置。

**4. 孔道灌浆**

预应力筋张拉后，利用灌浆泵将水泥浆压灌到预应力筋孔道中去，其作用有二：一是保护预应力筋，防止锈蚀；二是使预应力筋与构件混凝土能有效地粘结，以控制超载时裂缝的间距与宽度并减轻梁端锚具的负荷状况。

预应力筋张拉后，应尽早进行孔道灌浆。对孔道灌浆的质量，必须重视。孔道内水泥浆应饱满、密实，应采用强度等级不低于32.5级的普通硅酸盐水泥配制水泥浆，其水灰比不应大于0.45；搅拌后3h泌水率不宜大于2%，且不应大于3%。泌水应能在24h内全部重新被水泥浆吸收。为改善水泥浆性能，可掺缓凝减水剂。水泥浆应采用机械搅拌，以确保拌和均匀。搅拌好的水泥浆必须过滤（网眼不大于5mm）置于贮浆桶内，并不断搅拌以防水沉淀。

灌浆设备包括：砂浆搅拌机、灌浆泵、贮浆桶、过滤网、橡胶管和喷浆嘴等。灌浆泵应根据灌浆高度、长度、形态等选用，并配备计量校验合格的压力表。

灌浆前应全面检查构件孔道及灌浆孔、泌水孔、排气孔是否畅通。对抽拔管成孔，可采用压力水冲洗孔道；对预埋波纹管成孔，必要时可采用压缩空气清孔。宜先灌下层孔道，后灌上层孔道。灌浆工作应缓慢均匀地进行，不得中断，并应排气通顺，在出浆口出浓浆并封闭排气孔后，宜再继续加压至$0.5\sim0.7N/mm^2$，稳压2min，再封闭灌浆孔。当孔道直径较大且水泥浆不掺微膨胀剂或减水剂进行灌浆时，可采取二次压浆法或重力补浆法。超长孔道、大曲率孔道、扁管孔道、腐蚀环境的孔道等可采用真空辅助灌浆。

灌浆用水泥浆的配合比应通过试验确定，施工中不得任意更改。灌浆试块采用$7.07cm^2$的试模制作，其标准养护28d的抗压强度不应低于

$30N/mm^2$。移动构件或拆除底模时，水泥浆试块强度不应低于 $15N/mm^2$。孔道灌浆后，应检查孔道上凸部位灌浆密实性，如有空隙，应采取人工补浆措施。对孔道阻塞或孔道灌浆密实情况有疑问时，可局部凿开或钻孔检查，但以不损坏结构为前提，否则应采取加固措施。

**5. 预应力专项施工与普通钢筋混凝土有关工序的配合要求**

预应力作为混凝土结构分部工程中的一个分项工程，在施工中须与钢筋分项工程、模板分项工程、混凝土分项工程等密切配合。

（1）模板安装与拆除。

①确定预应力混凝土梁、板底模起拱值时，应考虑张拉后产生的反拱，起拱高度宜为全跨长度的 0.5‰～1‰。

②现浇预应力梁的一侧模板可在金属波纹管铺设前安装，另一侧模板应在金属波纹管铺设后安装。梁的端模应在端部预埋件安装后封闭。

③现浇预应力梁的侧模宜在预应力筋张拉前拆除。底模支架的拆除应按施工技术方案执行，当无具体要求时应在预应力筋张拉及灌浆强度达到 15 兆帕后拆除。

（2）钢筋安装。

①普通钢筋安装时应避让预应力筋孔道；梁腰筋间的拉筋应在金属波纹管安装后绑扎。

②金属波纹管或无粘结预应力筋铺设后，其附近不得进行电焊作业；如有必要，则应采取防护措施。

（3）混凝土浇筑。

①混凝土浇筑时，应防止振动器触碰金属波纹管、无粘结预应力筋和端部预埋件等。

②混凝土浇筑时，不得踏压或撞碰无粘结预应力筋、支撑架等。

③预应力梁板混凝土浇筑时，应多留置 1～2 组混凝土试块，并与梁板同条件养护，用以测定预应力筋张拉时混凝土的实际强度值。

④施加预应力时临时断开的部位，在预应力筋张拉后，即可浇筑混凝土。

## 5.5　无粘结预应力混凝土施工

后张无粘结预应力混凝土施工方法是将无粘结预应力筋像普通布筋一样先铺设在支好的模板内，然后浇筑混凝土，待混凝土达到设计规定强度后进行张拉锚固的施工方法。无粘结预应力筋施工无须预留孔道与灌浆，施工简便，预应力筋易弯成所需的曲线形状。主要用于现浇混凝土结构，如双向连续平板、密肋板和多跨连续梁等，也可用于暴露或腐蚀环境中的体外索、拉索等。

### 5.5.1　无粘结预应力筋的制作

无粘结预应力筋用防腐润滑油脂涂敷在预应力钢材（高强钢丝或钢绞线）表面上，并外包塑料护套制成（见图 5.23）。涂料层的作用是使预应力筋与混凝土隔离，减少张拉时的摩擦损失，防止预应力筋腐蚀等。防腐润滑油脂应具有良好的化学稳定性，对周围材料无侵蚀作用；不透水、不吸湿；抗腐蚀性能强；润滑性能好；在规定温度范围内高温不流淌、低温不变脆，并有一定韧性。成型后的整盘无粘结预应力筋可按工程所需长度、锚固形式下料，进行组装。

无粘结预应力筋的包装、运输、保管应符合下列要求：

（1）对不同规格的无粘结预应力筋应有明确标记；

（2）当无粘结预应力筋带有镦头锚具时，应用塑料袋包裹；

（3）无粘结预应力筋应堆放在通风干燥处，露天堆放应搁置在板架上，并加以覆盖，以免烈日暴晒造成涂料流淌。

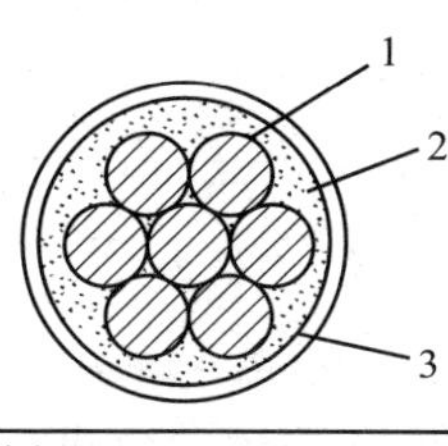


1—钢绞线或钢丝；2—油脂；3—塑料护套

**图 5.23　无粘结预应力筋**

### 5.5.2 无粘结预应力筋的铺设

在单向板中，无粘结预应力筋的铺设比较简单，与非预应力筋铺设基本相同。在双向板中，无粘结预应力筋需要配置成两个方向的悬垂曲线，要相互穿插，施工操作较为困难，必须事先编出无粘结筋的铺设顺序。其方法是将各向无粘结筋各搭接点的标高标出，对各搭接点相应的两个标高分别进行比较，若一个方向某一无粘结筋的各点标高均分别低于与其相交的各筋相应点标高时，则此筋可先放置。按此规律编出全部无粘结筋的铺设顺序。

无粘结预应力筋的铺设，通常是在底部钢筋铺设后进行。水电管线一般宜在无粘结筋铺设后进行，且不得将无粘结筋的竖向位置抬高或压低。支座处负弯矩钢筋通常是在最后铺设。

无粘结预应力筋应严格按设计要求的曲线形状就位并固定牢靠。无粘结筋竖向位置，宜用支撑钢筋或钢筋马凳控制，其间距为 1 ~ 2m。应保证无粘结筋的曲线顺直。在双向连续平板中，各无粘结筋曲线高度的控制点用铁马凳垫好并扎牢。在支座部位，无粘结筋可直接绑扎在梁或墙的顶部钢筋上；在跨中部位，可直接绑扎在板的底部钢筋上。

### 5.5.3 无粘结预应力筋张拉

无粘结预应力筋张拉程序等有关要求基本上与有粘结后张法相同。

无粘结预应力混凝土楼盖结构宜先张拉楼板，后张拉楼面梁。板中的无粘结筋，可依次张拉。梁中的无粘结筋宜对称张拉。板中的无粘结筋一般采用前卡式千斤顶单根张拉，并用单孔夹片锚具锚固。无粘结曲线预应力筋的长度超过 35m 时，宜采取两端张拉；当筋长超过 70m 时，宜采取分段张拉。如遇到摩擦损失较大时，宜先松动一次再张拉。在梁板顶面或墙壁侧面的斜槽内张拉无粘结预应力筋时，宜采用变角张拉装置。

无粘结预应力筋张拉伸长值校核与有粘结预应力筋相同；对超长无粘结筋由于张拉初期的阻力大，初拉力以下的伸长值比常规推算伸长值小，应通过试验修正。无粘结预应力筋的锚固区，必须有严格的密封防护措施，严防水汽进入，锈蚀预应力筋。无粘结预应力筋锚固后的外露长度不小于 30mm，多余部分宜用手提砂轮锯切割，但不得采用电弧切割。在锚具与锚垫板表面涂以防水涂料。为了使无粘结筋端头全封闭，在锚具端头涂防腐润滑油脂后，罩上封端塑料盖帽（见图 5.24）。

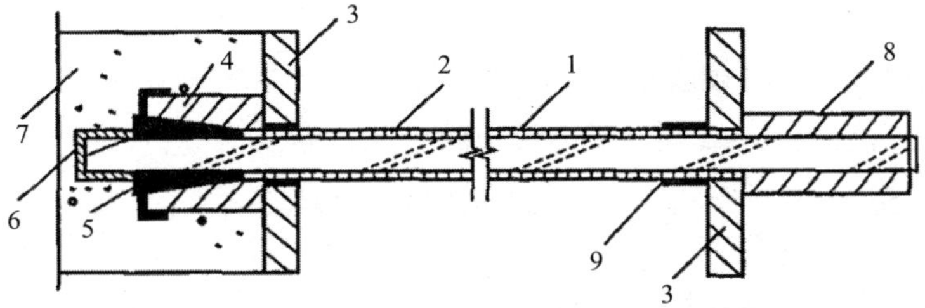


1—护套；2—钢绞线；3—承压钢板；4—锚环；5—夹片；6—塑料帽；7—封头混凝土；8—挤压锚具；9—塑料套管或橡胶带

**图 5.24 无粘结预应力筋全密封构造**

对凹入式锚固区，锚具表面经上述处理后，再用微胀混凝土或低收缩防水砂浆密封。对凸出式锚固区，可采用外包钢筋混凝土圈梁封闭。对留有后浇带的锚固区，可采取二次浇筑混凝土的方法封锚。

## 5.6 预应力混凝土工程案例分析

随着绿色建筑、新材料、新技术、新工艺广泛应用，缓粘结预应力钢绞线的问世以来，这种先进的材料被建筑大跨度工程、桥梁工程、机场等大型大空间工程所使用的，具有比传统类似施工技术节约工期、确保工程质量、技术先进和施工简便等特点。缓粘结预应力施工技术具有速度快、承载力高，能有效控制混凝土裂缝、损耗率低以及辅材用量少等优点，符合当代绿色建筑的发展要求。缓粘结力学性能与普通预应力混凝土构件相同，具有强度高、稳定性好、传力合理、控制变形以及受力合理等优点。

预应力运用较广的为后张法有粘结预应力，该预应力施工较为成熟，在工程中广泛应用，但是在实际施工的过程中，尤其是房屋建筑工程预应力施工，在梁柱交叉点位置由于梁、柱、板钢筋汇集，交叉点钢筋非常密，后张法管道预埋施工困难，施工时混凝土无法浇筑。交接点钢筋的净距、保护层厚度等无法满足规范要求，严重影响设计及施工质量。因为缓粘结预应力的施工不需要预埋套管，缓粘结预应力钢绞线直径和当前的钢筋相似，解决了交接点套管无法预埋及混凝土浇筑等施工难题。

### 5.6.1　缓粘结预应力施工步骤

构件钢筋加工→支架搭设→模板施工→钢筋及预应力钢筋安装→模板加固→混凝土浇筑→预应力筋张拉→锚固→封锚。

### 5.6.2　缓粘结预应力筋安装

首先搭设支架。由于预应力张拉过程中预制件也存在一定的先后顺序，支架搭设需要考虑梁上部荷载的自重、施工荷载等组合，支架搭设完成后需要进行架体验收合格后才可以使用。

支架搭设完成后，需要安装梁底模板，然后进行梁钢筋绑扎，两侧模板安装前，需要对缓粘结预应力钢筋的布置方向、布置位置、与梁上下的关系等进行标记。与后张法有粘结孔道灌浆的预应力筋施工方法不同，传统的施工方法需要进行预埋孔道，缓粘结预应力筋施工无语预埋孔道，直接进行预应力钢丝束定位施工。当梁底、梁面及箍筋绑扎施工完成后，缓粘结预应力位置标记好后，需要对缓粘结预应力钢筋进行安装，在安装过程中需要结合施工图纸位置准确，尤其是预应力钢丝束在梁竖向位置上需要严格控制，确定量测好预应力筋位置后，为了防止预应力筋改变上下位置，需要安装横向钢筋，定位准确后，需要采用扎丝将缓粘结预应力束绑扎牢固，防止混凝土浇筑、振捣过程中影响预应力束的位置。预应力束安装加固完成后需要对梁侧模板进行安装，安装完成后混凝土浇筑前对模板进行加固。

### 5.6.3　混凝土浇筑

由于缓粘结预应力钢丝束平段较长，当浇筑混凝土时，施工缝严禁留置在预应力钢丝束位置，防止张拉过程中两侧质量受到影响。混凝土浇筑完成后，及时对混凝土进行养护，同时必须配置足量的混凝土同条件养护试件。张拉过程中梁底模板及支撑不能拆除，预应力施加后方可拆除梁底支撑及模板。

### 5.6.4　预应力筋张拉

混凝土同条件养护达到设计强度的 75% 以上可以张拉预应力筋，张拉前需要对张拉力进行精确计算，确保张拉力满足设计要求，具体张拉步骤如下：安装工作锚板→安装工作夹片→安装限位板→安装千斤顶→安装工具锚板→安装工具夹片→施加预应力→持荷→退锚→拆除张拉设备→切除多余钢绞线。在张拉过程中确保张拉力达到设计要求，根据设计是否需要超张拉，然后持荷 3min，防止预应力损失导致张拉不足等。

### 5.6.5　封锚

张拉完成后，切除多余的预应力钢丝束，然后对张拉部位进行混凝土封锚，封锚前需要清除松散的混凝土、油渍等。封锚区混凝土需要相对结构混凝土提高一级，封锚混凝土需要振捣密实。封锚后拆除封锚区模板，模板拆除时严禁敲击封锚混凝土，确保封锚部位质量。

## 思考题

1. 简述预应力混凝土的概念及特点。
2. 试述先张法预应力混凝土的主要施工工艺过程。
3. 试述后张法预应力混凝土的主要施工工艺过程。
4. 锚具和夹具有哪些种类？其适用范围如何？
5. 预应力的张拉程序有几种？为什么要超张拉并持荷 2min？
6. 先张法台座种类主要有哪几种？
7. 千斤顶为什么要配套校验？常用校验方法有哪几种？如何校验？
8. 后张法分批张拉、平卧重叠构件张拉时如何补足预应力损失？
9. 后张法孔道留设方法有几种？留设孔道时应注意哪些问题？
10. 预应力筋张拉时为什么要校核其伸长值？如何量测？理论伸长值如何计算？
11. 后张法孔道灌浆有何作用？对灌浆材料有何要求？如何设置灌浆

孔和泌水孔？

12. 后张无粘结预应力有何特点？无粘结筋铺设和张拉时应注意哪些问题？

## 练习题

后张法施工某预应力混凝土梁，混凝土强度等级 C40，孔道长 30m，每根梁配有 7 束 $\Phi^s15.2$ 钢绞线，每束钢绞线截面面积为 $139mm^2$，钢绞线 $f_{ptk}=1860N/mm^2$，弹性模量 $E=1.95\times10FN/mm^2$，张拉控制应力 $\delta_{con}=0.70f_{ptk}$，设计规定混凝土达到立方体抗压强度标准值的 80% 时才能张拉，试问：

（1）确定张拉程序；

（2）计算同时张拉 7 束钢绞线所需的张拉力；

（3）计算 $0\rightarrow1.0\delta_{con}$ 过程中，钢绞线的伸长值；

（4）计算张拉时混凝土应达到的强度值。

# 第 6 章

# 结构安装工程

**本章提要**

在现场或工厂预制的结构构件或构件组合，用起重机械在施工现场把它们吊起并安装在设计位置上，这样形成的结构称为装配式结构。结构吊装工程就是有效地完成装配式结构构件的吊装任务。

结构吊装工程是装配式结构施工的主导工种工程，其施工特点如下：

(1) 受预制构件的类型和质量影响大。预制构件的外形尺寸、埋件位置、构件强度及预制构件类型，都直接影响吊装进度和工程质量。

(2) 正确选用起重机具是完成吊装任务的主要因素。构件的吊装方法取决于所采用的起重机械。

(3) 施工中构件应力状态变化多。构件在运输和吊装时，因吊点或支承点不同，其应力状态也会不一致，甚至完全相反，必要时，应对构件进行吊装验算，并采取相应措施。

(4) 高空作业多，容易发生事故，必须采取可靠措施，并加强安全教育。

**学习要求**

1. 了解卷扬机的性能；自行式起重机的特点；龙门架、浮吊、缆索起重机、屋面起重机的工作性能；屋架、小型构件和特殊构件安装的特点。

2. 熟悉预制构件的吊装工艺流程；构件的就位、临时固定、校正及最后固定。

3. 掌握桅杆式起重机的特点、分类和使用条件；塔式起重机的工作特点；柱起吊的两种方法；大型构件安装的基本方法。

## 6.1 起重机械

### 6.1.1 索具设备

**1. 卷扬机**

卷扬机又称绞车。按驱动方式可分为手动卷扬机和电动卷扬机。卷扬机是结构吊装最常用的工具。

用于结构吊装的卷扬机多为电动卷扬机。电动卷扬机主要由电动机、卷筒、电磁制动器和减速机构等组成。按运绳速度，卷扬机分快速和慢速两种。快速电动卷扬机主要用于垂直运输和打桩作业；慢速电动卷扬机主要用于结构吊装、钢筋冷拉、预应力筋张拉等作业。

**2. 钢丝绳**

钢丝绳是起重机械中用于悬吊、牵引或捆缚重物的挠性件。它是由许多根直径为 0.4 ~ 2mm、抗拉强度为 1200 ~ 2200MPa 的钢丝按一定规则捻制而成。按照捻制方法的不同，分为单绕、双绕和三绕钢丝绳，土木工程施工中常用的是双绕钢丝绳，它是由钢丝捻成股，再由多股围绕绳芯绕成绳。双绕钢丝绳按照捻制方向分为同向绕、交叉绕和混合绕三种。同向绕是钢丝捻成股的方向与股捻成绳的方向相同，这种绳的挠性好、表面光滑、磨损小，但易松散和扭转，不宜用来悬吊重物。交叉绕是指钢丝捻成股的方向与股捻成绳的方向相反，这种绳不易松散和扭转，宜作起吊绳，但绕性差。混合绕是指相邻两股钢丝的绕向相反，性能介于同向绕和交叉绕之间，制造复杂，用得较少。

钢丝绳按每股钢丝数量的不同又可分为 6 × 19、6 × 37 和 6 × 61 三种。6 × 19 钢丝绳在绳的直径相同的情况下，钢丝粗，比较耐磨，但较硬，不易弯曲，一般用作缆风绳；6 × 37 钢丝绳比较柔软，可用作穿滑车组和吊索；6 × 61 钢丝绳质地软，主要用于重型起重机械中。

### 6.1.2　起重机械

结构吊装工程常用的起重机械主要有桅杆式起重机、自行式起重机、塔式起重机及浮吊起重机、缆索起重机等。后两种常用于桥梁工程的施工。

**1. 桅杆式起重机**

桅杆式起重机具有制作简单、装拆方便、起重量大、受地形限制小等特点。但它的机动性较差、工作半径小、移动较困难，并需要拉设较多的缆风绳，故一般只适用于安装工程量比较集中的工程。

桅杆式起重机可分为独脚把杆、人字把杆、悬臂把杆和牵缆式桅杆起重机。

（1）独脚把杆。

独脚把杆由把杆、起重滑轮组、卷扬机、缆风绳和锚碇等组成，如

图6.1（a）所示。在吊装作业时，把杆应保持不小于80°的倾角，以便吊装构件时不致撞击把杆。把杆底部要设置滑动底座以便移动。把杆的稳定主要依靠缆风绳，绳的一端固定在桅杆顶端，另一端固定在锚碇上，缆风绳一般设4～8根。根据制作材料的不同，把杆类型有4种，如图6.1所示。

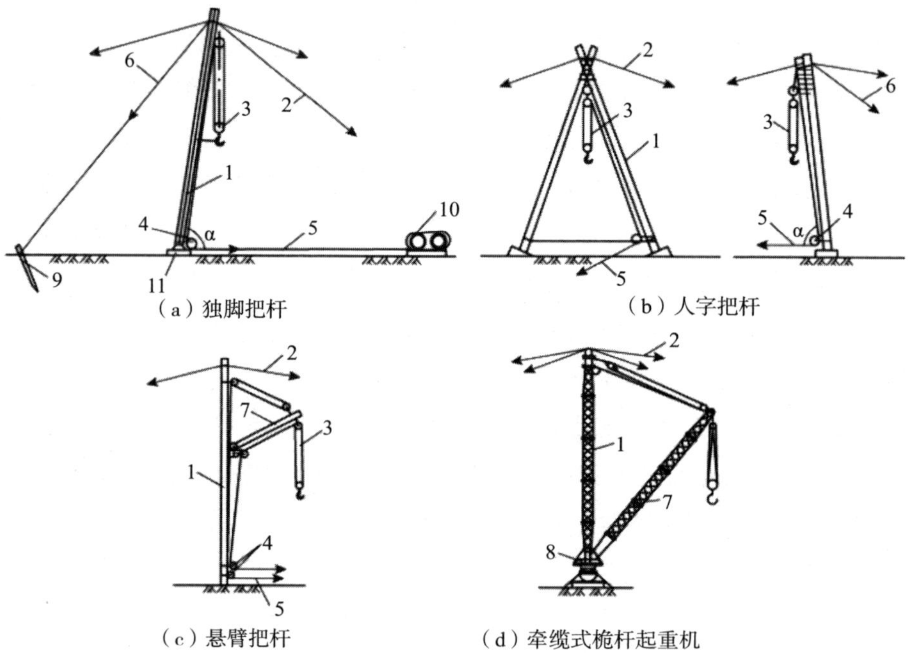

（a）独脚把杆　（b）人字把杆　（c）悬臂把杆　（d）牵缆式桅杆起重机

1—把杆；2—缆风绳；3—超重滑轮组；4—导向滑轮；5—拉索；6—主缆风绳；7—起重臂；8—回转盘；9—锚碇；10—卷扬机；11—滑动底座

**图6.1　桅杆式起重机**

（2）人字把杆。

人字把杆是由两根圆木或两根钢管以钢丝绳绑扎或铁件铰接而成，如图6.1（b）所示。两杆在顶部相交成20°～30°角，底部设有拉杆或拉绳，以平衡把杆本身的水平推力。其中一根把杆的底部装有一导向滑轮组，起重索通过它连到卷扬机，另用一钢丝绳连接到锚碇，以保证起重时底部稳固。人字把杆是前倾的，但倾角α不宜小于80°，并在前、后各用两根缆风绳拉结。

人字把杆的优点是侧向稳定性较好，缆风绳较少；缺点是起吊高度小、构件的活动范围小，故一般仅用于安装重型柱或其他重型构件。

（3）悬臂把杆。

在独脚把杆的中部或 2/3 高度处装上一根起重臂，即成悬臂把杆。起重杆可以回转和起伏变幅，如图 6.1（c）所示。

悬臂把杆的特点是能够获得较大的起重高度，起重杆能左右摆动 120°～270°，宜用于吊装重量较小，但高度较大的构件。

（4）牵缆式桅杆起重机。

这种起重机在独脚把杆的下端装上一根可以 360°回转和起伏的起重杆而成，如图 6.1（d）所示。它具有较大的起重半径，能把构件吊送到有效起重半径内的任何位置。格构式截面的桅杆起重机，起重量可达 1000kN，起重高度可达 80m，其缺点是缆风绳较多。

**2. 自行式起重机**

自行式起重机分为履带式起重机和轮胎式起重机两种，轮胎式起重机又分为汽车起重机和轮胎起重机两种。自行式起重机的优点是灵活性大，移动方便；缺点是稳定性较差。

（1）履带式起重机。

履带式起重机是一种具有履带行走装置的转臂起重机，其起重量和起重高度均较大。常用的起重量为 500～1000kN，目前最大起重量达 40000kN，最大起重力矩达 800000kN·m，起重机臂长达 140m。由于履带接地面积大，起重机能在较差的地面上行驶和工作，可负载移动，并可原地回转，故多用于重型工业厂房及旱地桥梁等结构吊装。但其自重大，行走速度慢，远距离转移时，需要其他车辆运载。

履带式起重机主要由底盘、机身和起重臂三部分组成，如图 6.2 所示。

履带式起重机的主要技术参数有三个：起重量 Q，起重高度 H，起重半径 R。表 6.1 为 QY550 型起重机的工作性能表，由表可知：起重量、起重高度和回转半径的大小与起重臂长度均相互有关。当起重臂长度一定时，随着仰角的增大，起重量和起重高度增加而回转半径减小；当起重臂长度增加时，起重半径和起重高度增加而起重量减小。

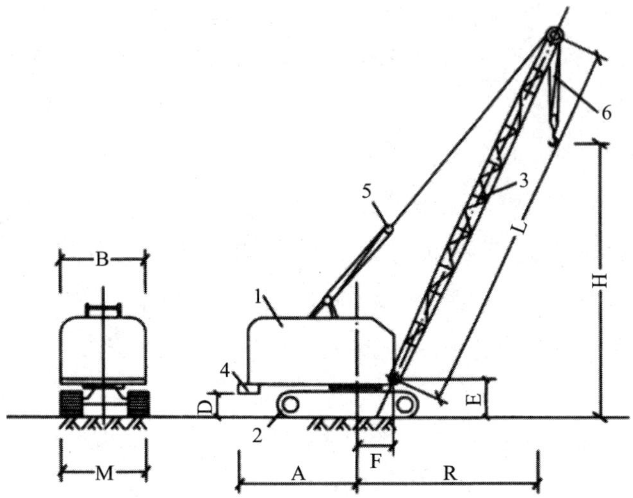


1—机身；2—行走机构；3—起重臂；4—回转机；5—变幅滑轮组；6—起重滑轮组

**图 6.2　履带式起重机**

**表 6.1　　QY550 型起重机的工作性能表**

| 半径/m | 起重臂杆长/m |  |  |  |  |  |  |  |  |  |  |  |  |  | 半径/m |
|---|---|---|---|---|---|---|---|---|---|---|---|---|---|---|---|
|  | 13 | 16 | 19 | 22 | 25 | 28 | 31 | 34 | 37 | 40 | 43 | 46 | 49 | 52 |  |
|  | 起重量/kN |  |  |  |  |  |  |  |  |  |  |  |  |  |  |
| 3.7 | 550 |  |  |  |  |  |  |  |  |  |  |  |  |  | 3.7 |
| 4 | 502 | 482 |  |  |  |  |  |  |  |  |  |  |  |  | 4 |
| 4.5 | 425 | 418 | 402 |  |  |  |  |  |  |  |  |  |  |  | 4.5 |
| 5 | 375 | 360 | 350 | 332 |  |  |  |  |  |  |  |  |  |  | 5 |
| 5.5 | 325 | 319 | 310 | 302 | 282 |  |  |  |  |  |  |  |  |  | 5.5 |
| 6 | 285 | 283 | 275 | 272 | 262 | 252 |  |  |  |  |  |  |  |  | 6 |
| 7 | 229 | 227 | 225 | 222 | 217 | 212 | 205 |  |  |  |  |  |  |  | 7 |
| 8 | 192 | 190 | 187 | 185 | 185 | 180 | 75 | 171 | 167 |  |  |  |  |  | 8 |
| 9 | 161 | 157 | 157 | 156 | 155 | 154 | 148 | 142 | 140 | 132 | 128 |  |  |  | 9 |
| 10 | 142 | 140 | 139 | 139 | 137 | 137 | 35 | 132 | 128 | 125 | 121 | 117 | 113 |  | 10 |
| 12 | 113 | 112 | 111 | 110 | 109 | 108 | 108 | 105 | 103 | 100 | 96 | 93 | 92 | 92 | 12 |
| 14 |  | 93 | 92 | 91 | 90 | 88 | 88 | 86 | 81 | 82 | 80 | 77 | 74 | 74 | 14 |
| 16 |  |  | 78 | 77 | 76 | 75 | 74 | 72 | 71 | 69 | 69 | 64 | 62 | 62 | 16 |
| 18 |  |  | 66 | 66 | 66 | 65 | 64 | 52 | 61 | 59 | 58 | 55 | 53 | 51 | 18 |
| 20 |  |  |  | 56 | 56 | 55 | 55 | 53 | 52 | 49 | 49 | 47 | 44 | 48 | 20 |
| 22 |  |  |  |  | 50 | 48 | 46 | 45 | 43 | 42 | 41 | 30 | 37 | 36 | 22 |

续表

| 半径/m | 起重臂杆长/m | | | | | | | | | | | | | | 半径/m |
|---|---|---|---|---|---|---|---|---|---|---|---|---|---|---|---|
| | 13 | 16 | 19 | 22 | 25 | 28 | 31 | 34 | 37 | 40 | 43 | 46 | 49 | 52 | |
| | 起重量/kN | | | | | | | | | | | | | | |
| 24 | | | | | | 42 | 40 | 39 | 37 | 36 | 35 | 33 | 32 | 30 | 24 |
| 26 | | | | | | 36 | 36 | 34 | 33 | 32 | 30 | 29 | 27 | 25 | 26 |
| 28 | | | | | | | 30 | 30 | 29 | 27 | 25 | 24 | 23 | 21 | 28 |
| 30 | | | | | | | | 26 | 25 | 23 | 21 | 20 | 19 | 17 | 30 |
| 32 | | | | | | | | | 21 | 20 | 18 | 17 | 16 | 14 | 32 |
| 34 | | | | | | | | | 18 | 17 | 15 | 14 | 13 | 12 | 34 |
| 36 | | | | | | | | | | 13 | 11 | 10 | 9 | | 36 |

（2）汽车起重机。

汽车起重机是一种将起重作业设备安装在汽车底盘上、具有载重汽车行驶性能的起重机。根据吊臂结构可分为定长臂、接长臂和伸缩臂三种，前两种多采用桁架式结构臂，后一种采用箱形结构臂。根据传动动力，又可分为机械传动和液压传动两种。因汽车起重机机动性好，能够迅速转移场地，广泛用于土木工程。

现在普遍使用的汽车起重机多为液压伸缩臂汽车起重机，液压伸缩臂一般有 2～4 节，最下（最外）一节为基本臂，吊臂内装有液压伸缩机构控制其伸缩。

汽车起重机作业时，必须先设置自带的支腿，以增大起重机的支承面积，保证必要的稳定性。因此，汽车起重机不能负荷行驶。汽车起重机的底盘由起升、变幅、回转、吊臂伸缩和支腿机构等组成，全部采用液压传动，如图 6.3 所示。

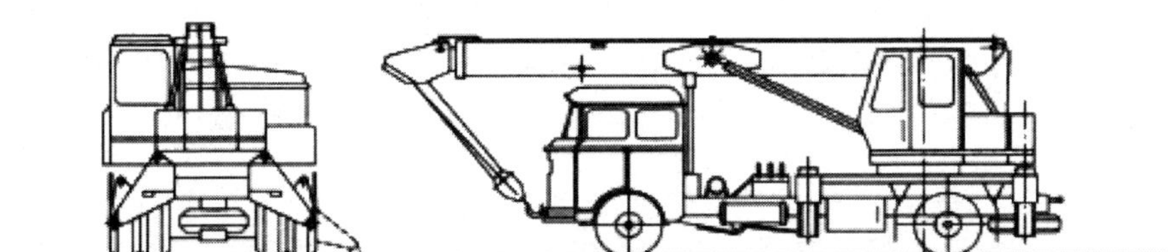

**图 6.3　汽车起重机**

汽车起重机的主要技术性能参数有最大起重量、整机质量、吊臂全伸长度、吊臂全缩长度、最大起升高度、最小工作半径、起升速度、最大行驶速度等。

**3. 塔式起重机**

塔式起重机（以下简称“塔机”），在土木工程尤其在高层建筑和高耸结构施工中得到了广泛应用，适用于物料的垂直与水平运输和构件的安装。

根据塔式起重机在工地上架设的方式，可分为行走式、附着式和爬升式三种（见图6.4）。行走式塔机路基工作量大、占用施工场地大，起重高度和起重量较小，因此，目前已很少使用。附着式和爬升式塔机可随结构施工逐渐升高，在一定高度下，也可以独立的悬臂状态进行作业，是工程中常用的机型。塔式起重机按起重变幅方式可分为小车变幅式、动臂式和折臂式三种。折臂式塔机由于安全性较差，也逐渐被淘汰。

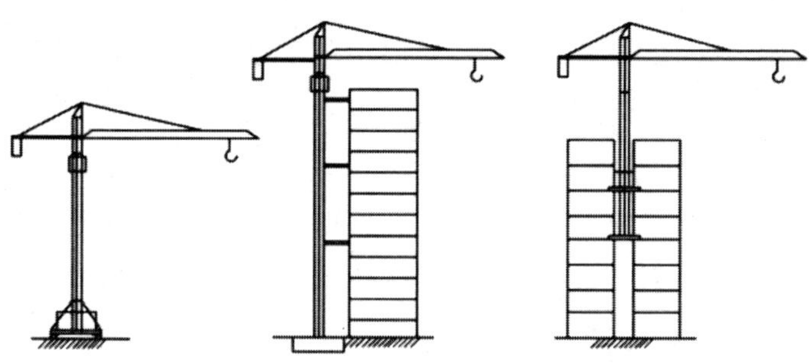

（a）行走式　　（b）附着式　　（c）爬升式

**图6.4　塔式起重机的不同架设方式**

（1）行走式塔机。

行走式塔机可带重物行走，作业范围大，非生产时间少，生产效率高。其主要性能参数有吊臂长度、起重半径、起重量、起升速度及行走速度等。图6.4（a）所示为QT－60/80型起重机，它是一种上旋行走式塔机，起重量为30～80kN，采用动臂变幅，起重半径为7.5～20m，是工地上使用较多的一种塔式起重机。

QT－60/80型塔式起重机的行走通过行走驱动平台，带动整个起重机沿轨道运行。行走式塔机轨道下的地基应坚实稳定，必要时应作加固处理。

（2）附着式塔机。

附着式塔机属于自升式起重机，它固定在建筑物或构筑物近旁的混凝土基础上，随着结构的升高，不断自行接高塔身，使起重高度不断增大。为了塔身稳定，塔身每隔 20m 高度左右用附墙杆与结构锚固，如图 6.4（b）所示。

附着式塔机多为小车变幅，起重半径变化幅度大。此外，可通过自身的起吊机构进行塔身顶升、安装与拆卸。

（3）爬升式塔机。

爬升式塔机又称内爬式起重机，通常安装在建筑物或构筑物上，也可安装在筒形结构内。依靠爬升机构，起重机可随着结构的升高而升高，一般是每建造 3 ~ 8m，起重机就爬升一次，塔身高度只有 20m 左右，因此整机重量小，施工十分方便，如图 6.4（c）所示。

爬升式塔机的优点：起重机以建筑物或构筑物作支撑，塔身短，起重高度大，而且不占用建筑物外围空间；缺点：施工结束后拆卸复杂，一般需设辅助起重机拆卸。

塔式起重机按照变幅方式可分为小车变幅式和吊臂变幅式。小车变幅式塔机工作平稳、最小起重半径小，可同时进行起升、旋转和小车行走（变幅）三个动作，作业效率高。但其平衡臂较长，起重量较小。

折臂式是吊臂变幅的一种形式，它普遍用于履带式起重机和汽车式起重机，但在塔式起重机中采用折臂式，其工作平稳性和安全性均较差，因此，现已基本被淘汰。

伴随着城市建设的迅速发展，动臂塔式起重机得到广泛应用。动臂式起重机也属于吊臂变幅。大型动臂塔式起重机已不是传统意义上的下回转、非自升式起重机，而是以大起重量、大起升高度、大起升速度为特征的现代重型建筑起重机。动臂塔式起重机除具备外爬、内爬功能外，还具有如下特点。

（1）大起重量。

现代大型工程普遍采用了钢或钢筋混凝土组合结构，吊装单元的重量大大提高，异型组合结构通常达到 30 多 t，最大达到 80 多 t。因此，大型动臂塔式起重机配置重型主起升系统，最大起重量可达 100t。

（2）大起升高度。

由于采用了特殊的爬升体系，起重机可随建筑结构整体爬高，起升高度大幅度提高。

（3）大起升速度。

动臂塔式起重机的起升结构功率大，特别是采用了自备的内燃机拖动方案，负荷起升速度可达 100m/min。

## 6.2 钢结构工程

钢结构工程从广义上讲是指以钢铁为基材，经过机械加工组装而成的结构。一般意义上的钢结构仅限于工业厂房、高层建筑、塔桅、桥梁等钢结构。由于钢结构具有强度高、结构轻、施工周期短和精度高等特点，因而在建筑、桥梁等土木工程中被广泛采用。

由于受运输、吊装等条件的限制，有时构件要分成两段或若干段出厂，为了保证现场安装的顺利进行，应根据构件或结构的复杂程度和设计文件或合同要求，在出厂前进行预拼装。除管结构为立体预拼装，其他结构一般均为平面拼装。预拼装的构件应处于自由状态，不得强行固定。

装配式钢结构建筑是我国建筑产业化发展的需要。装配式钢结构建筑具有标准化设计、工厂化生产、装配化施工、一体化装修、信息化管理等特点；同时，装配式钢结构建筑具有工期短、自重轻、工厂加工、可持续发展的优势，是全寿命周期内的绿色建筑。装配式钢结构现已成为欧洲、美国、日本、澳大利亚等发达国家建筑的重要形式，将成为未来中国建筑发展的主要形式之一。

装配式钢结构建筑是指结构系统、外围护系统、内装系统、设备与管线系统的主要部分采用预制构（部）件部品集成装配建造的建筑（如国家大剧院）。

相对于装配式混凝土建筑而言，装配式钢结构建筑具有以下优点。

（1）没有现场现浇节点，安装速度更快，施工质量更容易得到保证。

（2）钢结构是延性材料，具有更好的抗震性能。

（3）相对于混凝土结构，钢结构自重更轻，基础造价更低。

（4）钢结构是可回收材料，更加绿色环保。

（5）精心设计的钢结构装配式建筑，比装配式混凝土建筑具有更好的经济性。

（6）梁柱截面更小，可获得更多的使用面积。

目前应用较多的多高层钢结构体系有：钢框架结构体系、钢框架—剪力墙结构体系、钢框架—支撑结构体系、钢框架—核心筒结构体系。

### 6.2.1　钢结构加工前的生产准备

**1. 详图设计和审查图纸**

一般设计院提供的设计图，不能直接用来加工制作钢结构，而是要考虑加工工艺，如公差配合、加工余量、焊接控制等因素后，在原设计图的基础上绘制加工制作图（又称施工详图）。详图设计一般由加工单位负责进行，应根据建设单位的技术设计图纸以及发包文件中所规定的规范、标准和要求进行。加工制作图是最后沟通设计人员及施工人员意图的详图，是实际尺寸、画线、剪切、坡口加工、制孔、弯制、拼装、焊接、涂装、产品检查、堆放、发送等各项作业的指示书。

**2. 备料和核对**

根据图纸材料表计算出各种材质、规格、材料净用量，再加一定数量的损耗提出材料预算计划。工程预算一般可按实际用量所需的数值再增加10%进行提料和备料。核对来料的规格、尺寸和质量大小，仔细核对材质；如进行材料代用，必须经过设计部门同意，并进行相应修改。

**3. 编制工艺流程**

编制工艺流程的原则是操作能以最快的速度、最少的劳动量和最低的费用，可靠地加工出符合图纸设计要求的产品。其主要内容如下。

工艺流程表（或工艺过程卡）的基本内容包括零件名称、件号、材料牌号、规格、件数、工序名称和内容、所用设备和工艺装备名称及编号、工时定额等。关键零件还要标注加工尺寸和公差，重要工序要画出工序图。

**4. 组织技术交底**

上岗操作人员应进行培训和考核，特殊工种应进行资格确认，充分做好各项工序的技术交底工作。技术交底按工程的实施阶段可分为两个层次。

第一个层次是开工前的技术交底会，参加的人员主要有工程图纸的设计单位、工程建设单位、工程监理单位及制作单位的有关部门和有关人员。技术交底主要内容如下。

（1）工程概况。

（2）工程结构件的类型和数量。

（3）图纸中关键部位的说明和要求。

（4）设计图纸的节点情况介绍。

（5）对钢材、辅料的要求和原材料对接的质量要求。

（6）工程验收的技术标准说明。

（7）交货期限、交货方式的说明。

（8）构件包装和运输要求。

（9）涂层质量要求。

（10）其他需要说明的技术要求。

第二个层次是在投料加工前进行的本工厂施工人员交底会，参加的人员主要有制作单位的技术、质量负责人，技术部门和质检部门的技术人员、质检人员，生产部门的负责人、施工员及相关工序的代表人员等。此类技术交底主要内容除上述 10 点外，还应增加工艺方案、工艺规程、施工要点、主要工序的控制方法、检查方法等与实际施工相关的内容。

**5. 钢结构制作的安全工作**

钢结构生产效率很高，工件在空间大量、频繁地移动，各个工序中大量采用的机械设备都须作必要的防护和保护。因此，生产过程中的安全措施极为重要，特别是在制作大型、超大型钢结构时，更必须十分重视安全事故的防范。

（1）进入施工现场的操作者和生产管理人员均应穿戴好劳动防护用品，按规程要求操作。

（2）对操作人员进行安全学习和安全教育，特殊工种必须持证上岗。

（3）为了便于钢结构的制作和操作者的操作活动，构件宜在一定高度上测量。装配组装胎架、焊接胎架、各种搁置架等，均应与地面离开 0.4 ~ 1.2m。

（4）构件的堆放、搁置应十分稳固，必要时应设置支撑或定位。构件堆垛不得超过 2 层。

（5）索具、吊具要定时检查，不得超过额定荷载。正常磨损的钢丝绳应按规定更换。

（6）所有钢结构制作中各种胎具的制造和安装，均应进行强度计算，不能仅凭经验估算。

（7）生产过程中所使用的氧气、乙炔、丙烷、电源等必须有安全防护措施，并定期检测泄漏和接地情况。

（8）对施工现场的危险源应做出相应的标志、信号、警戒等，操作人员必须严格遵守各岗位的安全操作规程，以避免意外伤害。

（9）构件起吊应听从一个人的指挥。构件移动时，移动区域内不得有人滞留和通过。

（10）所有制作场地的安全通道必须畅通。

### 6.2.2　施工与安装

装配式钢结构建筑施工单位应建立完善的安全、质量、环境和职业健康管理体系。

装配式钢结构建筑工程施工前应完成施工组织设计、专项施工方案、安全专项方案、环境保护专项方案等技术文件的编制，并按规定审批论证，以规范项目管理，确保安全施工、文明施工。

施工组织设计一般包括编制依据、工程概况、资源配置、进度计划、施工总平面布置、主要施工方案、施工质量保证措施、安全保证措施及应急预案、文明施工及环境保护措施、季节性施工措施、夜间施工措施等内容，也可以根据工程项目的具体情况对施工组织设计的编制内容进行取舍。

施工单位应根据装配式钢结构建筑的特点，选择合适的施工方法，制定合理的施工顺序，并应尽量减少现场支模和脚手架用量，提高施工效率。

装配式钢结构建筑工程施工期间，使用的机具和工具必须进行定期检验，保证达到使用要求的性能和各项指标。

装配式钢结构宜采用信息化技术，对安全、质量、技术、施工进度等进行全过程的信息化协同管理。宜采用建筑信息模型（BIM）技术对结构构件、建筑部品和设备管线等进行虚拟建造。

装配式钢结构建筑应遵守国家环境保护的法规和标准，采取有效措施减少各种粉尘、废弃物、噪声等对周围环境造成的污染和危害，并应采取可靠有效的防火等安全措施。

施工单位应对装配式钢结构建筑的现场施工人员进行相应专业的培训，对进场的部品部件进行检查，合格后方可使用。

**1. 构件堆放**

构件进场后应根据施工组织设计规定的位置进行堆放。对大型重要构件可协调运输与吊装时间，进场后直接吊装至安装位置并进行临时连接。

钢结构安装现场应设置专门的构件堆场，并采取防止构件变形及表面污染的保护措施。构件在运输、存放和安装过程中损坏的涂层，以及安装连接部位，应按照有关规定进行补漆。

**2. 吊装的一般要求**

吊装前将构件清除干净，避免编号、标志、标记被污染看不清，给构件寻找、安装和对号造成困难。工件焊接完毕，常有操作人员图省事，将耳板随意用大锤击落。这是不允许的。这样吊装耳板在强烈的冲击下被撕裂脱落，断裂处会引起应力集中，产生肉眼看不见的裂纹，后续使用时在荷载作用下裂纹会慢慢延伸扩展，使焊缝也出现裂纹，这对焊缝危害性很大，严重时会使连接破坏。因此，工件焊接完毕，应对引弧板和引出板用气割切除或用机械切割的方法切割下来，并沿边修磨平整，严禁用锤击落。在不影响主体结构的强度和建筑外观及使用功能的前提下，保留吊装耳板和吊装孔，可避免在除去此类措施时对结构母材造成损伤。现场焊接引入、引出板的切除处理也可参照吊装耳板的处理方式。

**3. 安装顺序的一般要求**

钢结构安装中要考虑安装阶段的结构稳定性，进行相应阶段稳定性验算，并根据具体情况采取必要的结构稳定措施，制订合理的安装程序和方案，否则有可能影响结构的稳定性或导致结构产生永久变形，严重时甚至导致结构失稳倒塌。

**4. 起重设备和吊具**

钢结构现场运输与钢筋混凝土施工现场运输不同。对于后者，在绑扎和支模过程中，钢筋、模板等施工材料和机具可采取人工方式进行现场搬运；但钢构件由于重量重、体积大，需使用起重设备。

钢结构安装宜采用塔式起重机、履带吊、汽车吊等定型产品。选用非定型产品作起重设备时，应编制专项方案，并应经评审后再组织实施。

起重设备应根据起重设备性能、结构特点、现场环境、作业效率等因素综合确定。起重设备需要附着或支承在结构上时，应得到设计单位的同意，并应进行结构安全验算。钢结构吊装作业必须在起重设备的额定起重量范围内进行。

钢结构装不宜采用抬吊。当构件重量超过单台起重设备的额定起重量范围时，构件可采用抬吊的方式吊装。

起重设备和吊具是钢结构工程施工中必不可少的工程设备，其选择的正确与否直接影响施工速度、质量、成本和安全，因此应尤为慎重。

（1）选择依据。

①构件最大重量、数量、外形尺寸、结构特点、安装高度、吊装方法等。

②各类型构件的吊装要求、施工现场条件。

③吊装机械的技术性能。

④吊装工程量的大小、工程进度等。

⑤现有或租赁起重设备的情况。

⑥施工力量和技术水平。

⑦构件吊装的安全和质量要求及经济合理性。

（2）选择原则。

①应考虑起重机的性能满足使用方便、吊装效率、吊装工程量和工期等要求。

②能适应现场道路、吊装平面布置和设备、机具等条件，能充分发挥其技术性能。

③能保证吊装工程量、施工安全和一定的经济效益。

④避免使用起重能力大的起重机吊小构件。

（3）起重机类型的选择。

①一般吊装多按履带式、轮胎式、汽车式、塔式的顺序选用。对高度不大的中小型厂房优先选择起重量大、全回转、移动方便的100～150kN履带式起重机或轮胎式起重机吊装主体；对大型工业厂房，主体结构高度较高、跨度较大、构件较重，宜选用500～750kN履带式起重机或350～1000kN汽车式起重机；对重型工业厂房，主体结构高度高、跨度大，宜选用塔式起重机吊装。

②对厂房大型构件，可选用重型塔式起重机吊装。

③当缺乏起重设备或吊装工作量不大、厂房不高时，可选用各种拔杆进行吊装。回转式拔杆较适用于单层钢结构厂房的综合吊装。

④当厂房位于狭窄的地段，或厂房采用敞开式施工方案（厂房内设备基础先施工）时，宜采用双机抬吊吊装屋面结构或选用单机在设备基础上铺设枕木垫道吊装。

⑤当起重机的起重量不能满足要求时，可以采取增加支腿或增长支腿、后移或增加配重、增设拉绳等措施来提高起重能力。

### 6.2.3 结构系统施工安装

钢结构应根据结构特点选择合理的顺序进行安装，并应形成稳定的空间单元，必要时应增加临时支撑或临时措施。

合理顺序需考虑到平面运输、结构体系转换、测量校正、精度调整及系统构成等因素。安装阶段的结构稳定性对保证施工安全和安装精度非常重要，构件在安装就位后，应利用其他相邻构件或采用临时措施进行固定。临时支撑或临时措施应能承受结构自重、施工荷载、风荷载、雪荷载、吊装产生的冲击荷载等荷载的作用，并且不使结构产生永久变形。

高层钢结构安装时，随着楼层升高，结构承受的荷载将不断增加，这会使已安装完成的竖向结构产生竖向压缩变形，同时也会使局部构件（如伸臂桁架杆件）产生附加应力和弯矩。在编制安装方案时，应根据设计文件的要求，并结合结构特点以及竖向变形对结构的影响程度，考虑是否需要采取预调安装标高、设置后连接构件固定等措施。

钢结构施工期间，应对结构变形、环境变化（如温差、日照、风荷载等外界环境因素对结构的影响）等进行过程监测，监测方法、内容及部位应根据设计或结构特点确定。钢结构现场焊接工艺和质量应符合现行国家标准《钢结构焊接规范》《钢结构工程施工质量验收规范》的规定。

## 6.3　结构安装工程案例分析

随着城市化进程不断推进，高层建筑的建设越来越多，尤其是超高层建筑的兴建已成为现代城市建设的重要标志之一。然而，复杂的钢结构施工对施工工艺和技术水平提出了更高要求，也增加了更多的施工风险和挑战。此外，在如何提高施工效率、确保施工质量和安全方面，超高层建筑领域还存在亟待解决的问题。建筑信息模型（BIM）技术是一种数字化建筑设计和管理工具，它能够帮助建筑数字化管理全过程，并实现数据共享、协同设计和施工管理等功能。在超高层建筑领域，BIM 技术已经得到广泛应用并取得很好的成果。

超高层复杂节点深化技术是通过对超高层钢结构节点进行全面深化设计和模拟，以实现结构的高效施工。该技术将钢结构设计、模拟和施工各个阶段的信息集成到一个共享的 BIM 模型中，实现了设计与施工的无缝衔接，确保施工方案的可行性，并降低了建筑的总体风险。

基于 BIM 的复杂节点深化技术，设计人员可以在建立的 BIM 模型中对节点进行分析，确定节点的力学特性以及节点间的协调性。随后，通过 BIM 软件中的参数化设计功能，对节点的细节进行优化设计，例如，调整节点的尺寸、构件连接方式和构件材料等，以满足节点的设计要求。在进行节点深化设计时，BIM 技术还可以实现多专业协同。通过将结构、机电、管道等专业的模型进行整合，设计人员可以在一个模型中完成各专业之间的协调设计，避免各专业之间的冲突和重复设计，从而提高设计效率和准确性。此外，BIM 技术还可以实现节点模型的可视化展示，以便设计人员进行模型评审和沟通。同时，BIM 模型可以与其他模拟软件进行集成，例如，风荷载模拟、地震模拟等，从而进一步验证节点设计的可行性。

BIM 技术的应用可以将复杂节点的设计过程直观化、可视化，使得设计者和施工方在协作过程中能够更好地沟通，更快地发现和解决问题。通过 BIM 模型，设计者和施工方可以在虚拟环境中对节点进行分析和优化，找到合适的解决方案。在施工现场，施工人员可以通过 BIM 模型进行 3D 定位和数据交流，实现精确的节点定位和构件拼装，避免人为因素和施工错误的影响。此外，BIM 技术的应用还可以降低建筑项目的成本和风险。由于节点深化设计的精准性和准确性，可以大大降低施工中出现错误的风险，减少材料浪费和重复施工。此外，BIM 技术还可以在施工前通过虚拟建模和仿真，预先发现和解决潜在的问题，降低工程变更和延误的成本，实现工程的精准管理和控制。

基于 BIM 技术的超高层钢结构碰撞分析技术主要是为了避免在施工过程中出现各种碰撞和冲突问题。在超高层钢结构的施工中，钢结构构件密集，且各种管线、设备等专业的布置也很复杂，不同专业之间需要进行密切的协调配合，否则就会出现各种碰撞问题。在传统的施工模式中，通常需要在施工现场进行人工检查和调整，但是由于超高层钢结构的特殊性，人工检查和调整的难度很大，而且也很容易出现漏检和误检等问题，因此需要采用一种高效、精准的碰撞分析技术来解决这一问题。

首先，基于 BIM 技术的超高层钢结构安装技术以对施工现场进行数字化建模和规划，提高施工的精确度和安全性。其次，BIM 技术可以实现数据的共享和交互，促进多专业间的协作和交流，有效避免施工过程中的错误和矛盾。此外，BIM 技术可以实现信息的实时更新和监控，加快施工进度的准确性和可控性。最后，BIM 技术可以在安装过程中进行碰撞检测和预装，提高钢结构构件的准确安装率，节约材料和成本。

实践证明，采用基于 BIM 技术的超高层复杂钢结构施工技术，可以提高施工效率，减少误差，降低安全风险，提高工程质量，节约资源，为超高层钢结构施工提供了新的思路和方法。

## 思考题

1. 叙述钢丝绳构造与种类，它的允许拉力如何确定？
2. 常用起重机械分哪几类？各有何特点？其适用范围如何？
3. 塔式起重机基础有哪几种类型？分别适用于什么场合？

# 第7章

# 防水工程

**本章提要**

本章内容包括屋面防水工程和地下防水工程两部分。在屋面防水工程中，主要介绍卷材防水屋面、涂膜防水屋面、细石混凝土防水屋面所用材料的种类及性能，不同类型屋面防水层的施工方法及保证质量的措施。在地下防水工程中，重点阐述了卷材防水层、水泥砂浆防水层、冷胶料防水层和防水混凝土的防水机理、施工方法和质量要求，并简略介绍了止水堵漏技术。

**学习要求**

1. 掌握卷材防水屋面、涂膜防水屋面和细石混凝土防水屋面的施工要点及质量标准。了解沥青胶、冷底子油的配制及卷材防水层的起鼓、开裂，沥青流淌、老化，屋面漏水的原因。

2. 了解地下工程防水方案，掌握卷材防水层、水泥砂浆防水层、冷胶料防水层和防水混凝土的构造及施工要点。

3. 了解止水堵漏技术及方法。

## 7.1 卷材防水屋面

卷材屋面是目前屋面防水的一种主要方法，尤其是在重要的工业与民用建筑工程中，应用十分广泛。卷材屋面一般采用沥青防水卷材、高聚物改性沥青防水卷材、合成高分子防水卷材等柔性防水材料粘成一整片能防水的屋面覆盖层。胶结材料取决于卷材的种类。若采用沥青卷材，则以沥青胶结材料做粘贴层，一般为热铺；若采用高聚物改性沥青卷材或合成高分子卷材，则以特制的胶粘剂做粘贴层，一般为冷铺。卷材防水屋面由结构层、隔气层、保温层、找平层、防水层和保护层组成（见图 7.1）。其中隔气层和保温层在一定的气温和使用条件下可以不设，若将保温层设置在防水层以上时，则称倒置式屋面。

卷材防水屋面属柔性防水屋面，其优点是：质量轻、防水性能较好，尤其是防水层具有良好的柔韧性，能适应一定程度的结构振动和胀缩变形；缺点是：易起鼓、老化，产生渗漏水时修补找漏困难。

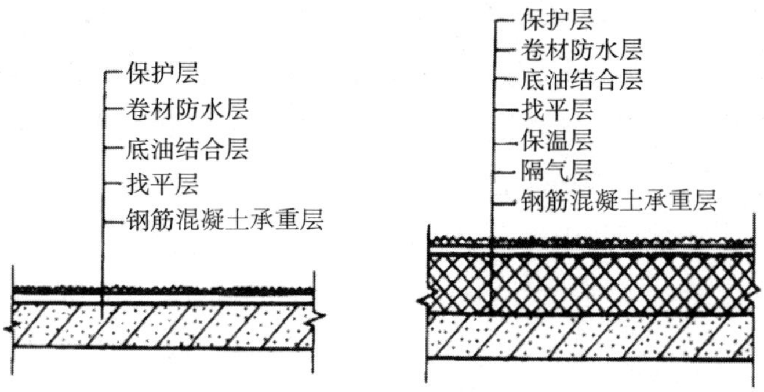


（a）不保温卷材屋面　　（b）保温卷材屋面

**图 7.1　卷材防水屋面构造**

### 7.1.1　防水材料

**1. 卷材**

（1）石油沥青卷材。

石油沥青卷材又称油毡，是用高软化点的石油沥青涂盖纸胎两面，再撒上滑石粉（称粉毡）或云母片（称片毡）而形成的防水材料。屋面防水中常用的为石油沥青粉毡，标号有 350 号、500 号，宽度为 915mm，每卷长 20 ±0. 3m。

（2）高聚物改性沥青卷材。

高聚物改性沥青防水卷材是以合成高分子聚合物改性沥青为涂盖层，纤维织物或纤维毡为胎体，粉状、粒状、片状或薄膜材料为覆盖材料制成可卷曲的片状防水材料。目前所使用的有 SBS 改性沥青柔性卷材、APP 改性沥青卷材、化纤胎改性沥青卷材、废胶粉改性沥青耐低温卷材等，其规格如表 7. 1 所示。

**表 7.1　高聚物改性沥青防水卷材规格**

| 厚度（mm） | 宽度（mm） | 每卷长度（m） | 厚度（mm） | 宽度（mm） | 每卷长度（m） |
|---|---|---|---|---|---|
| 2. 0 | ≥1000 | 15. 0 ~ 20. 0 | 4. 0 | ≥1000 | 7. 5 |
| 3. 0 | ≥1000 | 10. 0 | 5. 0 | ≥1000 | 5. 0 |

（3）合成高分子卷材。

合成高分子防水卷材是以合成橡胶、合成树脂或二者的共混体为基料，加入适量的化学助剂和填充料等，经不同工序加工成可卷曲的片状防水材料；或把上述材料与合成纤维等复合形成两层或两层以上可卷曲的片状防水材料。目前，常用的有三元乙丙橡胶防水卷材、氯化聚乙烯防水卷材、氯化聚乙烯—橡胶共混防水卷材、氯硫化聚乙烯防水卷材等。

由于石油沥青卷材性能差、强度低、延伸率小，所以其使用量也在逐年减少。现已广泛使用高聚物改性沥青卷材和合成高分子卷材，尤其是合成高分子卷材，具有强度高、延伸率大、耐热性能好、低温柔性好、耐腐蚀、耐老化、可冷施工等优越性，更是今后防水卷材发展的方向。

不同品种、标号、规格的卷材，应分别直立堆放，其高度不得超过两层；应贮存在阴凉通风的室内，避免雨淋、日晒和受潮；严禁接近火源和热源，避免与化学介质及有机溶剂等有害物质接触。

**2. 冷底子油**

冷底子油一般用作石油沥青卷材防水屋面基层处理剂，它是用10号或30号石油沥青加入挥发性溶剂配制而成的溶液。冷底子油具有较强的渗透性和憎水性，并使沥青胶结材料与找平层之间的粘结力增强。喷涂冷底子油一般应待找平层干燥后进行，若需在潮湿的找平层上涂喷冷底子油，则应待找平层水泥砂浆略具强度能够操作时，方可进行。冷底子油可喷涂或涂刷，涂刷应薄而均匀，不得有空白、麻点或气泡。待冷底子油油层干燥后，即可铺贴卷材。

**3. 沥青胶**

沥青胶（又称玛𤧛脂）是用石油沥青按一定配合量掺入填充料（粉状或纤维状矿物质）混合熬制而成。用于粘贴油毡作防水层或作为沥青防水涂层以及接头填缝之用。

**4. 胶粘剂**

胶粘剂是高聚物改性沥青卷材和合成高分子卷材的粘贴材料。高聚物改性沥青卷材的胶粘剂主要有氯丁橡胶改性沥青胶粘剂，CCTP 抗腐耐水冷胶料等。前者由氯丁橡胶加入沥青和助剂以及溶剂等配制而成，外观为黑色液体，主要用于卷材基层，卷材与卷材的粘结。后者是由煤沥青经氯化聚烯烃改性而制成的一种溶剂型胶粘剂，具有良好的抗腐蚀、耐酸碱、防水和耐低温等性能。合成高分子卷材的胶粘剂主要有氯丁系胶粘剂（404胶）、丁基胶粘剂、BX－12胶粘剂、BX－12乙组分、XY－409胶等。

### 7.1.2 卷材防水屋面的施工

#### 1. 沥青卷材防水屋面的施工

（1）基层处理。

基层处理的好坏，直接影响到屋面的施工质量。要求基层要有足够的强度和刚度，承受荷载时不产生显著变形，一般采用水泥砂浆、沥青砂浆和细石混凝土找平层作基层。水泥砂浆配合比（体积比）为1∶2.5～1∶3，水泥强度等级不低于32.5级，找平层厚15～30mm；沥青砂浆配合比（质量比）为1∶8，找平层厚15～25mm；细石混凝土强度等级不低于C20，找平层厚度为30～35mm。为防止由于温差及混凝土构件收缩而使卷材防水层开裂，找平层应留分格缝，缝宽为20mm，其留设位置应在预制板支承端的拼缝处，其纵横向最大间距，当找平层为水泥砂浆或细石混凝土时，不宜大于6m；当采用沥青砂浆时，则不宜大于4m。并于缝口上加铺200～300mm宽的油毡条，用沥青胶结材料单边点贴，以防结构变形将防水层拉裂。在突出屋面结构的连接处及基层转角处，均应做成边长为100mm的钝角或半径为100～150mm的圆弧。找平层应平整坚实，无松动、翻砂和起壳现象。

（2）卷材铺贴。

卷材铺贴前应先熬制好沥青胶和清除卷材表面的撒料。沥青胶中的沥青成分应与卷材中沥青成分相同。卷材铺贴层数一般为2～3层，沥青胶铺贴厚度一般在1～1.5mm，最厚不得超过2mm。

卷材的铺贴方向应根据屋面坡度或是否受震动荷载而确定。当屋面坡度小于3%时，宜平行于屋脊铺贴；屋面坡度大于15%或屋面受震动时，应垂直于屋脊铺贴；屋面坡度在3%～15%时，可平行或垂直于屋脊铺贴。卷材防水屋面的坡度不宜超过25%，否则应在短边搭接处将卷材用钉子钉入找平层内固定，以防卷材下滑。此外，在铺贴卷材时，上下层卷材不得互相垂直铺贴。

平行于屋脊铺贴时，由檐口开始。两幅卷材的长边搭接（又称压边），应顺流水方向；短边搭接（又称接头），应顺主导风向。平行于屋脊铺贴效率高，材料损耗少。此外，由于卷材的横向抗拉强度远比纵向抗拉强度高，因此，此方法可以防止卷材因基层变形而产生裂缝。

垂直于屋脊铺贴时，则应从屋脊开始向檐口进行，以免出现沥青胶超厚而铺贴不平等现象。压边顺主导风向，接头应顺流水方向。同时，屋脊处不能留设搭接缝，必须使卷材相互越过屋脊交错搭接以增强屋脊的防水和耐久性。

当铺贴连续多跨或高低跨房屋屋面时，应按先高跨后低跨、先远后近的顺序进行。对同一坡面，则应先铺好水落口、天沟、女儿墙和沉降缝等地方，特别应先做好泛水处，然后顺序铺贴大屋面的卷材。

为防止卷材接缝处漏水，卷材间应具有一定的搭接宽度。通常各层卷材的搭接宽度，长边不应小于70mm，短边不应小于100mm，上下两层及相邻两幅卷材的搭接缝均应错开，搭接缝处必须用沥青胶结材料仔细封严。

防水卷材按原材料的组成不同一般可分为沥青防水卷材，高聚物改性沥青防水卷材和合成高分子防水卷材三大系列。施工时根据不同的设计要求、材料和工程的具体情况选用合适的施工方法。一般主要有自粘法、热融法、冷粘接法、湿铺法。

①自粘法。自粘法是指采用带有自粘胶的防水卷材，不用热施工，也不需要涂胶结材料，而进行粘结的施工方法。

②热熔法。热熔法是指采用火焰加热融化热熔型防水卷材底层的热熔胶进行粘结的施工方法。用火焰喷枪或其他加热工具对准卷材底面和基层均匀加热，待表面沥青开始熔化并呈黑色光亮状态时，边烘烤边铺贴卷材，并用压混压实。同时应注意调节火焰大小和速度，使沥青温度保持在200℃～250℃。施工完毕后，再用冷粘剂对搭接边进行密封处理。

③冷粘接法。用橡皮刮板将高聚物改性沥青胶粘剂或冷玛脂等冷粘剂均匀涂在基层表面，并控制厚度均匀，边铺卷材边用橡皮棍子推展卷材一边排除空气至压实。当环境温度低于15℃时，应采用热熔法处理搭接部位和卷材收头部位。

④湿铺法。湿铺法是指将用于非外露防水工程的湿铺防水卷材，用素水泥浆或水泥砂浆与基层粘结的施工方法。清理基层表面，基层可以潮湿，但不能有明水。如基层干燥需洒水湿润。在水泥（不低于32.5R级普通硅盐水泥）当中直接加水，水泥：水=1∶0.3～0.4（重量比）用电动搅拌器搅拌12min，搅匀静置5～8min。用刮刀或刮板将拌制好的水泥素浆均匀地涂刮在基层上，边涂刮边将高分子复合自粘防水卷材铺贴在上面，并排气压实。

沥青卷材防水层最容易产生的质量问题是：防水层起鼓、开裂、沥青流淌、老化、屋面漏水等。为了防止起鼓，要求基层干燥，其含水率在6%以内，避免雨、雾、霜天气施工，隔气层良好；防止卷材受潮；保证基层平整，卷材铺贴涂油均匀、封闭严密，各层卷材粘贴密实，以免水分蒸发、空气残留形成气囊而使防水层产生起鼓现象。为此，在铺贴过程中应派专人检查，如发生气泡或空鼓时，应将其割开修补。在潮湿基层上铺贴卷材时，若不采用合理的方式，卷材极易出现起鼓、开裂，甚至渗漏水，解决这个问题的一种可行方式是做成排气屋面。

防水层破裂的主要原因是：结构层变形、找平层开裂；屋面刚度不够，建筑物不均匀下沉；沥青胶流淌，卷材接头错动；防水层温度收缩，沥青胶变硬、变脆而拉裂；防水层起鼓后内部气体受热膨胀等。

此外，沥青在热能、阳光、空气等长期作用下，内部成分将逐渐老化，为了延长防水层的使用寿命，通常设置保护层是一项重要措施。

**2. 高聚物改性沥青卷材防水屋面的施工**

（1）基层的处理。

高聚物改性沥青卷材防水屋面可用水泥砂浆、沥青砂浆和细石混凝土找平层作基层。要求找平层抹平压光，坡度应符合设计要求，不允许有起砂掉灰和凹凸不平等缺陷存在，其含水率一般不宜大于9%，找平层不应有局部积水现象。找平层与突起物（如女儿墙、烟囱、通气孔、变形缝等）相连接的阴角，应做成均匀光滑的小圆角；找平层与檐口、排水口、沟脊等相连接的转角，应抹成光滑一致的圆弧形。

（2）施工要点。

高聚物改性沥青卷材施工方法有冷粘剂粘结法和火焰热熔法两种。

①冷粘法施工：冷粘法施工的卷材主要有 SBS 改性沥青卷材、App 改性沥青卷材、铝箔面改性沥青卷材等。进行施工前清除基层表面的突起物，并将尘土杂物等吹扫干净，随后用基层处理剂进行基层处理，基层处理剂系由汽油等溶剂稀释胶粘剂制成，涂刷时要均匀一致。待基层处理剂干燥后，方可铺贴卷材。铺贴卷材时，应根据卷材的配置方案，边涂刷胶粘剂边向前滚铺卷材，并及时辊压密实。

卷材纵横之间的搭接宽度为 100mm，一般接缝既可采用胶粘剂粘合，也可采用汽油喷灯等进行加热熔接，其中，加热熔接效果更为理想。对卷材搭接缝的边缘及末端收头部位，应刮抹膏状胶粘剂进行粘合封闭处理，其宽度不应小于 10mm。必要时，也可在经过密封处理的末端收头处，再用掺入水泥质量 20% 的 107 胶水泥砂浆进行压缝处理。

为了屏蔽或反射阳光的辐射和延长卷材的使用寿命，在防水层铺设工作完成后，可在防水层的表面上采用边涂刷冷粘剂边铺撒蛭石粉保护层或均匀涂刷银色或绿色涂料作保护层。

②热熔法施工：热熔法施工的卷材主要以 App 改性沥青卷材较为适宜。采用热熔法施工可节省冷粘剂，降低防水工程造价，特别是当气温较低时或屋面基层略有湿气时尤为适合。基层处理时，必须待涂刷基层处理剂 8h 以上方能进行施工作业。火焰加热器的喷嘴距卷材面的距离应适中，一般为 0.5m 左右，幅宽内加热应均匀，以卷材表面熔融至光亮黑色为度，不得过分加热或烧穿卷材。卷材表面热熔后应立即铺卷材，滚铺时应排除卷材下面的空气，使之平展不得皱折，并应辊压粘结牢固。铺贴的卷材应平整顺直，搭接尺寸应准确，不得扭曲或皱折。搭接部位宜采用热风焊枪加热，加热后随即粘贴牢固，溢出的自粘胶随即刮平封口。接缝口应用密封材料封严，宽度不应小于 10mm，保护层做法与冷粘法施工相同。

**3. 合成高分子卷材防水屋面施工**

（1）基层处理。

合成高分子卷材防水屋面应以水泥砂浆找平层作为基层，其配合比为 1:3（体积比），厚度为 15 ~ 30mm，其平整度用 2m 长直尺检查，最大空隙不应超过 5mm，空隙仅允许平缓变化。如预制构件（无保温层时）接头部位高低不齐或凹坑较大时，可用掺水泥量 15% 的 107 胶的 1:2.5 ~ 1:3

的水泥砂浆找平，基层与突出屋面结构相连接的阴角，应抹成均匀一致和平整光滑的直角，而基层与檐口、天沟、排水口等相连接的转角则应做成半径为100～200mm的光滑圆弧。基层必须干燥，其含水率一般不应大于9%。

（2）施工要点。

待基层表面清理干净后，即可涂布基层处理剂，一般是将聚氨酯涂膜防水材料的甲料、乙料、二甲苯按1∶1.5∶3的比例配合搅拌均匀，然后将其均匀涂布在基层表面上，干燥4h后，即可进行铺贴卷材的工作。将卷材展开摊铺在平整干净的基层上，用滚刷蘸满氯丁橡胶系胶粘剂（如404胶等），均匀涂布在卷材上，涂布厚度要均匀，不得漏涂，但沿搭接缝部位100mm处不得涂胶。涂胶粘剂后，静置10～20min，待胶粘剂结膜干燥到不粘手指时，将卷材用纸筒芯卷好，然后再将胶粘剂均匀涂布在基层处理剂已基本干燥的洁净基层上，干燥10～20min，指触基本不粘时，即可铺贴卷材。卷材铺设的一般原则是铺设多跨或高低跨屋面时，应按先高跨后低跨、先远后近的顺序进行；铺设同一跨屋面时，应先铺设排水比较集中的部位，按标高由低向高进行。卷材应顺长方向进行配置，并使卷材长向与流水坡度垂直，其长边搭接应顺流水坡度方向。卷材的铺贴应根据配置方案，从流水下坡开始，沿先弹出的基准线，将已涂布胶粘剂的卷材圆筒从流水下坡铺展。铺展时，卷材不得皱折，也不得用力拉伸卷材，并应排除卷材下面的空气，辊压粘贴牢固。卷材铺好压粘后，应将搭接部位的结合面清除干净，采用与卷材配套的接缝专用胶粘剂（如氯丁系胶粘剂），在搭接缝粘合面上涂刷均匀，待其干燥不粘手指后，辊压粘牢。除此之外，接缝口应采用密封材料封严，其宽度不应小于10mm。

## 7.2 涂膜防水屋面

涂膜防水屋面是将以高分子合成材料为主体的涂料，涂布在经嵌缝处理的屋面板或找平层上，形成具有防水效能的坚韧涂膜。涂膜防水屋面的施工过程为板缝嵌缝施工和防水涂料施工。

### 7.2.1　防水涂料

防水涂料有薄质涂料和厚质涂料之分。

薄质涂料按其形成液态的方式可分成溶剂型、反应型和水乳型三类。溶剂型涂料是以各种有机溶剂使高分子材料等溶解成液态的涂料，如氯丁橡胶涂料及氯磺化聚乙烯涂料，这两种涂料均以甲苯为溶剂，溶解挥发后而成膜。反应型涂料是以一个或两个液态组分构成的涂料，涂刷后经化学反应形成固态涂膜，如聚氨基甲酸酯橡胶类涂料、环氧树脂和聚硫化合物。水乳型涂料是以水为分散介质，使高分子材料及沥青材料等形成乳状液，水分蒸发后成膜，如丙烯酸乳液及橡胶沥青乳液等。溶剂型涂料成膜迅速，但易燃、有毒；反应型涂料成膜时体积不收缩，但配制须精确，否则不易保证质量；水乳型涂料可在较潮湿的基面上施工，但粘结力较差，且低温时成膜困难。

厚质涂料主要有石灰乳化沥青防水涂料、膨润土乳化沥青防水涂料、石棉沥青防水涂料等。

### 7.2.2　防水涂料施工

板面防水涂料层施工应在嵌缝完毕后进行，一般采用手工抹压、涂刷或喷涂等方法。厚质涂料涂刷前，应先刷一道冷底子油。涂刷时，上下层应交错涂刷，接槎宜留在板缝处，每层涂刷厚度应均匀一致，一道涂刷完毕，必须待其干燥结膜后，方可进行下道涂层施工；在涂刷最后一道涂层时可掺入2%的云母粉或铝粉，以防涂层老化。在涂层结膜硬化前，不得在其上行走或堆放物品，以免破坏涂膜。

为加强涂料对基层开裂、房屋伸缩变形和结构沉陷的抵抗能力，在涂刷防水涂料时，可铺贴加筋材料，如玻璃丝布等。

雨天或在涂层干燥结膜前可能下雨刮风时，均不得施工。不宜在气温高于35℃或日均气温在5℃以下时施工。

# 7.3　刚性防水屋面

刚性防水屋面根据防水层所用材料的不同，可分为普通细石混凝土防水屋面、补偿收缩混凝土防水屋面及块体刚性防水屋面。刚性防水屋面的结构层宜为整体现浇的钢筋混凝土或装配式钢筋混凝土板。现重点介绍细石混凝土刚性防水屋面。

## 7.3.1　屋面构造

细石混凝土刚性防水屋面，一般是在屋面板上浇筑一层厚度不小于40mm的细石混凝土，作为屋面防水层（见图7.2）。

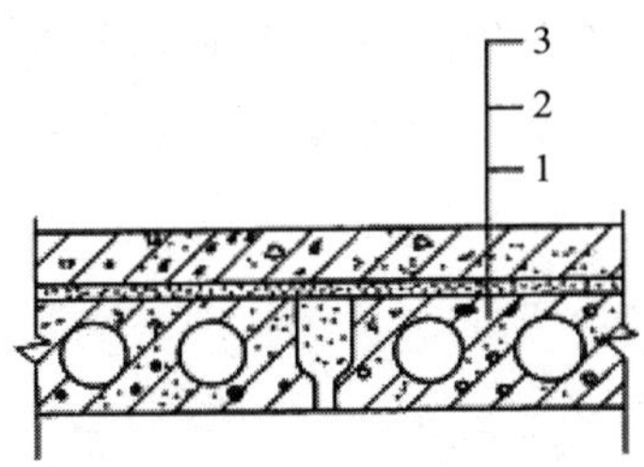


1—预制板；2—隔离层；3—细石混凝土防水层

图7.2　细石混凝土刚性防水屋面

刚性防水屋面的坡度宜为2%～3%，并应采用结构找坡，其混凝土不得低于C20，水灰比不大于0.55，每立方米水泥最小用量不应小于330kg，灰砂比为1∶2～1∶2.5。为了使其受力均匀，有良好的抗裂和抗渗能力，在混凝土中应配置直径为ϕ4～ϕ6、间距为100～200mm的双向钢筋网片，且钢筋网片在分格缝处应断开，其保护层厚度不小于10mm。细石混凝土防水层宜用普通硅酸盐水泥，当采用矿渣硅酸盐水泥时应采取减小泌水性措施；水泥强度等级不宜低于42.5级，防水层的细石混凝土和砂浆中，粗骨料最大粒径不宜大于15mm，含泥量不应大于1%，细骨料应采用中砂或粗砂，含泥量不应大于2%，拌合水应采用不含有害物质的洁净水。

### 7.3.2 施工工艺

**1. 分格缝设置**

对于大面积的细石混凝土屋面防水层，为了避免受温度变化等影响而产生裂缝，防水层必须设置分格缝。分格缝的位置应按设计要求而定，一般应留在结构应力变化较大的部位。如设置在屋面板的支承端、屋面转折处、防水层与突出屋面的交接处，并应与板缝对齐，其纵横向间跨不宜大于6m。一般情况下，屋面板的支承端每个开间应留横向缝，屋脊应留纵向缝，分格的面积以20m左右为宜。

**2. 细石混凝土防水层施工**

在浇筑防水层混凝土之前，为减少结构变形对防水层的影响，宜在防水层与基层间设置隔离层。隔离层可采用纸筋灰或麻刀灰、低强砂浆、干铺卷材等。在隔离层做好后，便在其上定好分格缝位置，再用分格木条隔开作为分格缝，一个分格缝内的混凝土必须一次浇完，不得留施工缝。浇筑混凝土时应保证双向钢筋网片设置在防水层中部，防水层混凝土应采用机械振捣密实，表面泛浆后抹平，收水后再次压光。待混凝土初凝后，将分格木条取出，分格缝处必须有防水措施，通常采用油膏嵌缝，缝口上还做覆盖保护层（见图7.3）。

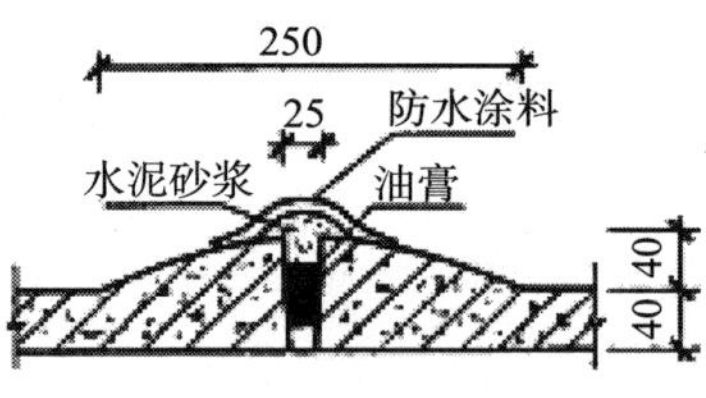


**图7.3 分格缝嵌注做法**

细石混凝土防水层施工时，屋面泛水与屋面防水层应一次做成，泛水高度不应低于120mm，以防止雨水倒灌或爬水现象引起渗漏水。细石混凝土防水层，其伸缩弹性很小，故对地基不均匀沉降，结构位移和变形，对温差和混凝土收缩、徐变引起的应力变形等敏感性大，容易开裂。在施工时应抓好以下主要工作，才能确保工程质量。

（1）防水层细石混凝土所用的水泥品种、水泥最小用量、水灰比以及粗细骨料规格和级配应符合规范要求。

（2）混凝土防水层，施工气温宜为5℃～35℃，不得在负温和烈日暴晒下施工。

（3）防水层混凝土浇筑后，应及时养护，养护时间不得少于14d。

## 7.4 地下防水工程

由于地下工程常年受到潮湿和地下水的影响，所以，对地下工程防水的处理比屋面工程要求更高更严，防水技术难度更大，故必须认真对待，确保良好防水效果，满足使用上的要求。

目前，地下工程的防水方案有下列几种。

（1）采用防水混凝土结构，它是利用提高混凝土结构本身的密实性来达到防水要求的。防水混凝土结构既能承重又能防水，应用较广泛。

（2）排水方案，即利用盲沟、渗排水层等措施，把地下水排走，以达到防水要求，此法多用于重要的、面积较大的地下防水工程。

（3）在地下结构表面设防水层，如抹水泥砂浆防水层或贴卷材防水层等。

为增强防水效果，必要时采取“防”“排”结合的多道防水方案。

### 7.4.1 卷材防水层

地下防水的防水卷材除应满足强度、延伸性、不透水性外，更要有耐腐蚀性。因此，宜优先采用高分子防水卷材和SBS沥青卷材等。地下防水卷材防水层的施工方法，有外防外贴法和外防内贴法。

**1. 外防外贴法施工**

外防外贴法（以下简称“外贴法”），如图7.4（a）所示，待混凝土垫层及砂浆找平层施工完毕，在垫层四周砌保护墙的位置干铺防水卷材一层，再砌半砖保护墙高300～500mm，并在内侧抹找平层。干燥后，刷基层处理剂，再铺贴底面及砌好保护墙部分的防水卷材防水层，在四周留出防水卷材接头，置于保护墙上，并用两块木板或其他合适材料将防水卷材接头压于其间，从而防止接头断裂、损伤、弄脏。然后在防水卷材层上做保护层。再进行钢筋混凝土底板及砌外墙等结构施工，并在墙的外边抹找平层，刷基层处理剂。干燥后，铺贴防水卷材防水层（先贴留出的接头，再分层接铺到要求的高度）。完成后，立即刷涂 1.5 ~ 3mm 厚的热沥青或加入填充料的沥青胶，以保护防水卷材。随即继续砌保护墙至防水卷材防水层稍高的地方。保护墙与防水层之间的空隙用砂浆随砌随填。

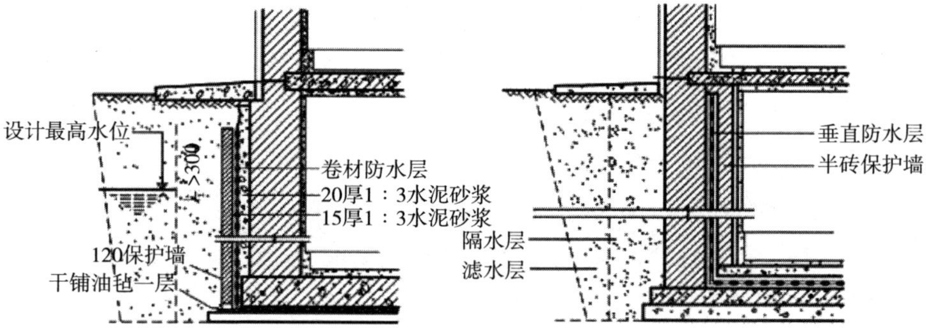


（a）外贴法防水　　（b）内贴法防水

**图 7.4　地下室卷材防水构造**

**2. 外防内贴法施工**

外防内贴法（以下简称“内贴法”）如图 7.4（b）所示。先做好混凝土垫层及找平层，在垫层四周干铺防水卷材一层并在其上砌一砖厚的保护墙，内侧抹找平层，刷基层处理剂然后铺贴防水卷材防水层。完成后，表面铺保护层。接着进行钢筋混凝土底板及砌外墙等结构施工。防水卷材铺贴要求及结构缝的施工保护墙每隔 5 ~ 6m 及转角处必须留缝，在缝内用油毡条或沥青麻丝填塞，以免保护墙伸缩时拉裂防水层。

地下防水层及结构施工时，地下水位要设法降至底部最低标高至少 300mm 以下，并防止地面水流入。防水卷材防水层施工时，气温不宜低于 5℃，最好在 10℃ ~ 25℃ 时进行。基层处理剂的浇涂厚度，一般为 1.5 ~ 2.5mm，最大不超过 3mm。防水卷材长、短边的接头宽度不小于 100mm；上下两幅防水卷材压边应错开 1/3 幅油毡宽；各层防水卷材接头应错开

300～500mm。两垂直面交角处的防水卷材要互相交叉搭接。

应特别注意阴阳角部位，穿墙管（见图7.5）及变形缝（见图7.6）部位的防水卷材铺贴，这是防水薄弱的地方，铺贴比较困难，操作要仔细，并增贴附加防水卷材层及采取必要的加强构造措施。

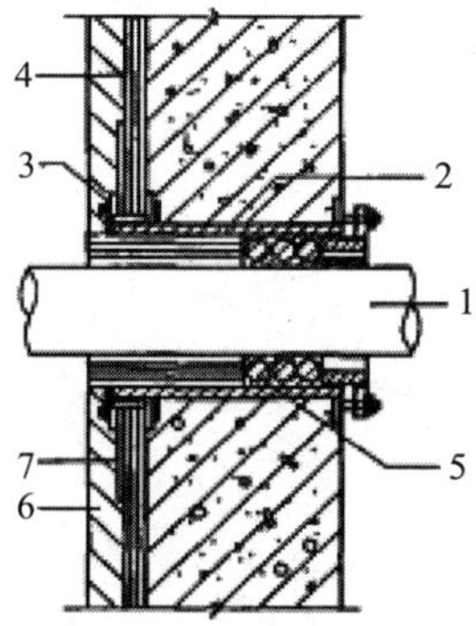


1—管道；2—套管；3—夹板；4—卷材防水层；5—填缝材料；6—保护墙；7—附加卷材衬层

图7.5 卷材防水层与管道埋设件连接处做法

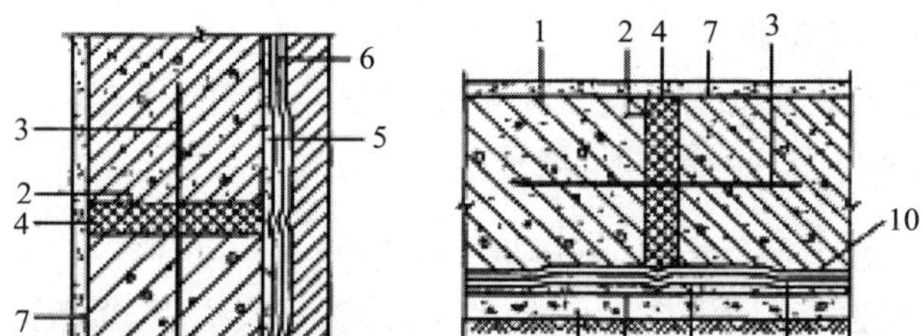


（a）墙体变形缝　　（b）底板变形缝

1—需防水结构；2—浸过沥青的木丝板；3—止水带；4—填缝油膏；5—卷材附加层；6—卷材防水层；7—水泥砂浆面层；8—混凝土垫层；9—水泥砂浆找平层；10—水泥砂浆保护层；11—保护墙

图7.6 变形缝处防水做法

### 7.4.2 水泥砂浆防水层

水泥砂浆防水层是用水泥砂浆，纯水泥浆交替抹压涂刷四层或五层的多层抹面的水泥砂浆防水层。其防水原理是分层闭合，构成一个多层整体防水层，各层的残留毛细孔道互相堵塞住，使水分不可能透过其毛细孔，从而具有较好的抗渗防水性能。

施工前，必须对基层表面进行严格而细致的处理，包括清理、浇水、凿槽和补平等工作，保证基层表面潮湿、清洁、坚实、大面积平整而表面粗糙，可增强防水层与结构层表面的粘结力。

防水层的第一层是在基面抹素灰，厚2mm，分两次抹成。第二层抹水泥砂浆，厚4～5mm，在第一层初凝时抹上，以增强两层粘结。第三层抹索灰，厚2mm，在第二层凝固并有一定强度，表面适当洒水湿润后进行。第四层抹水泥砂浆，厚4～5mm，同第二层操作。若采用四层防水时，则此层应表面抹平压光。若用五层防水时，第五层刷水泥浆一遍，随第四层抹平压光。

采用水泥砂浆防水层时，结构物阴阳角、转角均应做成圆角。防水层的施工缝需留斜坡阶梯形，层次要清楚，可留在地面或墙面上，离开阴阳角200mm左右。接缝时，先在阶梯形处均匀涂刷水泥浆一层，然后依次层层搭接。

### 7.4.3 防水混凝土

防水混凝土是以调整混凝土配合比或掺外加剂等方法提高混凝土本身的密实性和抗渗性，使其具有一定防水能力的特殊混凝土。防水混凝土具有取材容易、施工简便、工期较短、耐久性好、工程造价低等优点，因此，在地下工程中得到了广泛的应用。目前，常用的防水混凝土，主要有普通防水混凝土，外加剂防水混凝土等。

**1. 防水混凝土的性能与配制**

普通防水混凝土除满足设计强度要求外，还须根据设计抗渗等级来配制。在普通防水混凝土中，水泥砂浆除满足填充、粘结作用外，还要求在石子周围形成一定数量和质量良好的砂浆包裹层，减少混凝土内部毛细管、缝隙的形成，切断石子间相互连通的渗水通路，满足结构抗渗防水的要求。

普通防水混凝土宜采用普通硅酸盐水泥、火山灰硅酸盐水泥、粉煤灰硅酸盐水泥，水泥强度等级应不低于32.5级。如掺外加剂，也可用矿渣硅酸盐水泥。石子粒径不宜大于40mm，吸水率不大于1.5%，含泥量不大于1%。

普通防水混凝土的配合比应通过试验选定。选定配合比时，应按设计要求的抗渗等级提高0.2MPa，其他各项技术指标应符合下列规定；每立方米混凝土的水泥用量不少于300kg；含砂率以35%～40%为宜；灰砂比应为1∶2～1∶2.5；水灰比不大于0.55；坍落度不大于50mm，如掺用外加剂或用泵送混凝土时，不受此限。

外加剂防水混凝土是在混凝土中加入一定量的外加剂，如减水剂、加气剂、防水剂及膨胀剂等，以改善混凝土性能和结构的组成，提高其密实性和抗渗性，达到防水要求。

**2. 防水混凝土的施工**

防水混凝土工程质量除精心设计、合理选材外，关键还要保证施工质量。对施工中的各主要环节，如混凝土的搅拌、运输、浇筑振捣、养护等，均应严格遵循施工及验收规范和操作规程的规定进行施工，以保证防水混凝土工程的质量。

(1) 施工要点。

防水混凝土工程的模板应平整且拼缝严密不漏浆，并有足够的强度和刚度，吸水率要小。一般不宜用螺栓或铁丝贯穿混凝土墙固定模板，当墙高需要用螺栓贯穿混凝土墙固定模板时，应采取止水措施。一般可在螺栓中间加焊一块100mm×100mm的止水钢板，阻止渗水通路。

为了阻止钢筋的引水作用，迎水面防水混凝土其钢筋保护层厚度不得小于30mm，底板钢筋均不能接触混凝土垫层。墙体的钢筋不能用铁钉或铁丝固定在模板上。严禁用钢筋充当保护层垫块，以防止水沿钢筋浸入。

防水混凝土应用机械搅拌、机械振捣，浇筑时应严格做到分层连续进行，每层厚度不宜超过300～400mm。两层浇筑时间间隔不应超过2h，夏季适当缩短。混凝土进入终凝（一般浇后4～6h）即应覆盖，浇水湿润养护不少于14d。

(2) 施工缝。

施工缝是防水薄弱部位之一，施工中应尽量不留或少留。底板的混凝土应连续浇筑，墙体不得留垂直施工缝。墙体水平施工缝不应留在剪力与弯矩最大处或底板与墙体交接处，最低水平施工缝距底板面不少于

200mm，距穿墙孔洞边缘不少于 300mm。在施工缝上继续浇筑混凝土前，应将施工缝处松散的混凝土凿除，清除浮粒和杂物，用水清洗干净，保持润湿，铺上 10～20mm 厚水泥砂浆，再浇筑上层混凝土。

## 7.5 防水工程案例分析

在浇钢筋混凝土结构施工时留设临时的温度、收缩以及沉降变形缝，按照施工的实际情况保留相应时间，在保证建筑完成相应的伸缩变形之后利用混凝土将后浇带填筑充分，最终使得建筑成为连续、无伸缩的整体结构。因此后浇带的防水非常关键，是确保建筑质量的重要部分。在进行后浇带防水设计时要特别注意如下几个方面。

（1）后浇筑的混凝土采用掺加水泥基渗透结晶型防水剂的防水混凝土，用量应为单方水泥混凝土中水泥重量的 0.8%～1.5%。

（2）后浇带应设置在受力和变形小的部位，间距宜为 300～400mm，宽度宜为 600～1000mm，具体按照结构设计要求确定。

（3）后浇带封闭后，由于整体结构和混凝土间还存在少量变形，后浇带新旧混凝土接缝部位会出现微裂缝，因此选用能适应一定变形又可以止水的自粘丁基橡胶钢板止水带，单侧止水带宽度≥250mm，厚度≥2 mm。

（4）后浇带需超前止水时，在结构底板和墙板的外侧增加外包配筋混凝土板和留置变形缝，并安装临时止水带，其中：第一，底板后浇带留置深度应大于底板厚度 50～100mm，侧墙后浇带深度与结构侧墙相同；第二，后浇带下部用于临时封底的混凝土厚度不应小于 200mm，配筋通过结构计算确定，混凝土强度等级同底板混凝土；第三，临时封底混凝土板的临时变形缝宽度宜为 30～50mm，采用 350mm 宽中埋式橡胶止水带作为临时防水措施；第四，后浇带迎水面防水措施采用雨全水泥基渗透结晶型防水涂料，宽度应为后浇带宽 +250mm ×2，厚度≥1mm，用量≥1.5kg/m$^2$。

首层 HDPE 高分子卷材的铺设是非常关键的，直接决定着后续施工质量。首先要确保基层卷材的平整性、准确性，之后进行上层卷材铺设。要保证两张卷材顺着长边的指导线进行搭设，确保其搭接宽度在 80mm 之上，从而保证良好的防水效果。搭接过程中一定要保证搭接位置隔离膜去除掉，并且搭接位置不存在杂物，之后通过设备对搭接处进行压实，先对齐粘结的短边，再将隔离膜搭接长边撕掉5%。

通过水泥钉将胶带固定于基面上，要求胶带呈梅花桩布置，布置间距宜为500mm，再揭除胶带另一面隔离膜粘结卷材。为了确保最终的防水效果，卷材搭接时一定要保证重叠部分宽度≥80mm，该区域内去除隔离膜之后通过自粘胶对其进行密封，并且为了提升粘结性能可以利用硅隔离膜进行密封。确保卷材材料的长边真正对齐后就可以彻底清理掉隔离膜，实现材料有效搭接。短边主要采取对拼胶带对其进行粘结，首先确保对拼材料的短边对齐之后将对拼粘结胶带粘贴到接缝处，保证两侧材料的粘结长度≥80mm。

为了防止铺设卷材受到破坏，卷材铺设完成后要对其实施必要的防护。若是卷材铺设完后产生了一定程度的破损，要第一时间采用明显的标识对其进行标注，并且及时利用自粘胶带对破损区域实施修复。修补之后要对其防水性能进行检查测试，确保卷材修补之后的性能符合模板直立混凝土浇筑的相应标准要求。

## 思考题

1. 试述卷材屋面的组成及对材料的要求。
2. 在沥青胶结材料中加入填充料的作用是什么？
3. 什么叫冷底子油？作用有哪些？如何配制？
4. 卷材防水屋面找平层为何要留分格缝？如何留设？
5. 如何进行屋面卷材铺贴？有哪些铺贴方法？
6. 屋面卷材防水层最容易产生的质量问题有哪些？如何防治？
7. 试述涂膜防水屋面的组成，这种屋面的施工是怎样进行的？
8. 细石混凝土防水层的施工有何特点？如何预防裂缝和渗水？
9. 试述地下卷材防水层的构造及铺贴方法。各有何特点？
10. 水泥砂浆防水层的施工特点是什么？
11. 试述JG－2冷胶料防水层的施工工艺。
12. 试述防水混凝土的防水原理、配制方法及其适用范围。

# 第 8 章

# 装 饰 工 程

**本章提要**

装饰工程涉及面广，内容繁多，本章重点阐述一般抹灰、装饰抹灰工程，饰面板（砖）工程，裱糊工程，涂料工程、刷浆工程和玻璃幕墙工程等的施工方法和质量要求，并着重介绍了装饰工程的新材料、新技术和新工艺。

**学习要求**

1. 了解一般抹灰层的组成、作用和做法，掌握抹灰的质量标准及检验方法。

2. 了解装饰抹灰施工工艺及操作要点，掌握装饰抹灰面层的做法。

3. 了解装饰工程的新材料、新技术及发展方向，掌握板块饰面、壁纸裱糊的质量要求和施工工艺。

4. 了解涂料的种类、性能，掌握涂料和刷浆工程的施工要点。

5. 了解玻璃幕墙的类型及安装工艺。

## 8.1 装饰工程概述

装饰工程包括抹灰、饰面、裱糊、涂饰、刷浆、隔断、吊顶、门窗、幕墙、罩面板和花饰安装等内容。它不仅能增加建筑物的美观和艺术形象，而且能改善清洁卫生条件，美化城市和居住环境，有隔热、隔声、防腐、防潮的功能；还可保护结构构件免受大自然的侵蚀，提高围护结构的耐久性。

装饰工程项目繁多、涉及面广、工程量大、施工工期长，耗用的劳动量多。因此，为了加快工程进度、降低工程成本、满足装饰功能、增强装饰效果，装饰工程的发展方向是：必须不断地提高装饰工程工业化、专业化施工水平；实现结构与装饰合一；大力发展新型装饰材料；尽可能采用干法施工；广泛地应用胶粘剂和涂料，以及喷涂、滚涂和弹涂等新工艺。

结构和饰面合一，就是利用浇筑结构模板的不同造型，对结构混凝土表面进行饰面处理，使结构和饰面一次完成。如我国采用“正打”“反打”工艺成型墙板，使墙板表面形成仿蘑菇石、仿竹纹、仿面砖，或带有装饰性的凸肋、漏花、线角、纹理、图案和浮雕等质感；或使墙板表面露石、露渣，也可直接做成干粘石、水刷石等饰面层。这样，既可充分利用和体现混凝土的内在性质与独特的建筑效果，使结构的功能、耐久性与装饰相互统一；又可省工省料，减轻自重，减少现场装饰作业，缩短施工工期。

大力发展新型装饰材料和制品，是实现装饰工程工业化施工和干法施工的前提。所以，我国在《建筑材料与制品技术政策》中明文规定：要大力发展内外墙涂料和贴墙材料；优先发展弹性发泡塑料、铺地材料和塑料地毯；加强吊顶材料的开发与研究，推广应用各类顶棚涂料；积极发展铝合金、塑料门窗及室内塑料装饰制品（如扶手、踢脚板、挂镜线、窗帘盒等），以及塑料模具（模壳、模板）；积极发展多品种建筑胶粘剂系列产品及配套的施工技术和机具；积极发展满足建筑节能和其他物理功能要求的新品种建筑玻璃（如中空玻璃、彩色玻璃、钢化玻璃等）；改革提高传统的饰面砖、地面砖、马赛克等产品；开发新花色和新品种的饰面材料。

随着干法施工、裱糊工艺、喷涂、滚涂、弹涂工艺的发展，胶粘剂和涂料已成为装饰工程中必不可少的材料，其用途广，功能多样，可美化饰面；可防渗、防水、耐磨、抗冻；可提高饰面层的粘结力和强度，防开裂、脱落、掉面；可用以粘结各种墙板、饰面板、饰面构件和裱糊墙纸；也可保护墙面，减少污染。尤其是以涂料作饰面，施工简便，色彩鲜艳，艺术感强，工期短，工效高，因此，在国内外建筑装饰中得到广泛应用。

装饰工程必须进行设计，设计应符合城市规划、消防、环保、节能等有关规定；装饰工程所用材料，应符合国家有关装饰材料有害物质限量标准的规定，其品种、规格和质量应符合设计要求和国家现行标准的规定；装饰工程施工应确保工程质量和施工安全，应遵守有关防水、防毒和环境保护的法律法规，严格控制对周围环境造成的污染和危害。

## 8.2 抹灰工程

### 8.2.1 抹灰工程分类

抹灰工程的种类按使用材料和装饰效果不同，可分为一般抹灰和装饰抹灰两类；按工程部位不同，则又可分为墙面抹灰、顶棚抹灰和地面抹灰三类。

### 8.2.2 一般抹灰

一般抹灰按使用要求、质量标准和操作工序不同，分普通抹灰和高级抹灰二级。普通抹灰为一底层、一面层，两遍成活（或为一底层、一中层、一面层，三遍成活），需做标筋，分层赶平、修整，表面压光；高级抹灰为一底层、几遍中层、一面层，多遍成活，需做标筋，棱角找方，分层赶平、修整，表面压光。

抹灰层的组成如图 8.1 所示，对各层的要求如下。

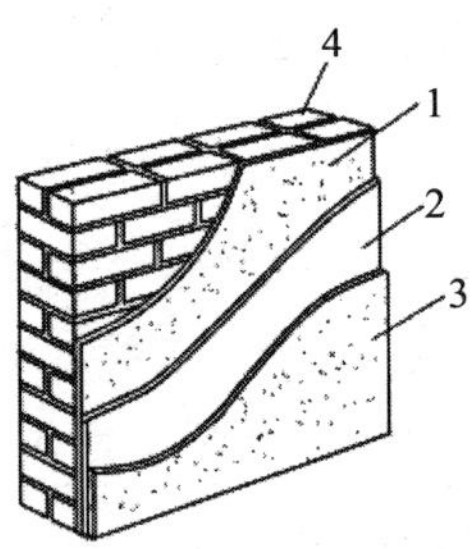


1—底层；2—中层；3—面层；4—基层

**图 8.1 抹灰的组成**

#### 1. 基层

抹灰前必须对基层予以处理，如砖墙灰缝剔成凹槽，混凝土墙面凿毛或刮 107 胶水泥泥子，板条墙的板条间应有 8 ~ 10mm 间隙；并应清除基层表面的灰层、污垢；填平脚手孔洞、管线沟槽、门窗框缝隙，洒水润湿。在不同结构基层的交接处（如砖墙、板条墙或混凝土的连接），应先铺钉一层金属网或丝绸纤维布，且与相交基层搭接宽度应各不小于 100mm，以防抹灰层因基层温度变化而胀缩不一产生裂缝。在门口、墙、柱易受碰撞的阳角处，宜用 1:2 的水泥砂浆抹出不低于 1.5m 高的护角，每边宽度不应小于 50mm（见图 8.2）。对于砖砌体的基层，应待砌体充分沉降后，方能进行底层抹灰，以防砌体沉降拉裂抹灰层。为了控制抹灰层的厚度和平整度，在抹灰前还必须先找好规矩，即四角规方。

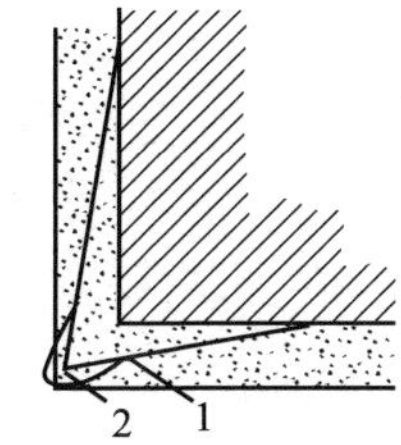


1—1：1.4水泥白灰砂浆；
2—1：2水泥砂浆

图 8.2 墙、柱阳角包角抹灰

横线找平，竖线吊直，弹出准线和墙裙、踢脚板线，并在墙面做出标志（灰饼）和标筋（冲筋），以便找平。如图 8.3 所示，为抹灰操作中灰饼与冲筋的做法。

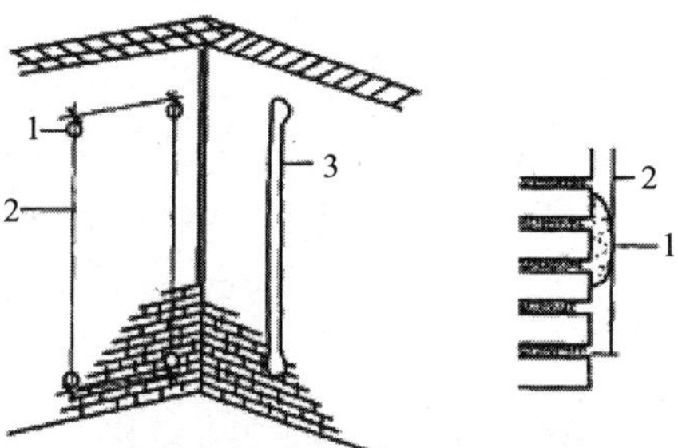


（a）灰饼和冲筋　（b）灰饼的剖面

1—灰饼；2—引线；3—冲筋

图 8.3 找规矩图

**2. 底层**

底层厚度为 5～9mm，其作用是使抹灰层能与基层牢固结合，并对基层进行初步找平。底层涂抹后，应间隔一定时间，让其干燥和水分蒸发，然后再涂抹中层或罩面灰。

**3. 中层**

中层主要起找平作用，厚度为 5～12mm，根据质量要求不同，可一次或分次涂抹。中层涂抹之后，在灰浆凝固之前，应每隔一定距离交叉刻痕，以便与面层能更好地粘结。待中层干至五六成时，即可涂抹面层。

### 4. 面层

面层也称罩面，厚度为 2 ~ 5mm，主要起装饰作用，必须仔细操作，确保表面平整、光滑、无裂纹。

抹灰层总厚度为 15 ~ 20mm，最厚不得超过 25mm，所用材料、配比及施工要点视基层及使用要求不同而异。

抹灰工程的施工一般应遵循先外墙后内墙，先上后下，先顶棚、墙面后地面的顺序。外墙由屋檐开始自上而下，先抹阳角线、台口线，后抹窗和墙面，再抹勒脚、散水坡和明沟。内墙和顶棚抹灰，应待屋面防水工程完工后，并在不致被后续工程损坏和沾污的情况下进行，一般应按先房间，后走廊，再楼梯和门厅等顺序施工。

外墙面抹灰时，在窗台、窗楣、雨篷、阳台、檐口等部位应做流水坡度，设计无要求时，可做坡度为 10% 的泛水，下面应做滴水线或滴水槽，滴水槽的宽度和深度均不小于 10mm，要求棱角整齐，光滑平整，起到挡水作用。

一般抹灰工程质量的允许偏差和检验方法应符合表 8.1 的规定。要求普通抹灰表面应光滑、洁净、接槎平整，分格缝应清晰；高级抹灰表面应光滑、洁净、颜色均匀、无抹纹，分格缝和灰线应清晰美观。

**表 8.1　　一般抹灰的允许偏差和检验方法**

| 项次 | 项目 | 允许偏差（mm） | | 检验方法 |
|---|---|---|---|---|
| | | 普通抹灰 | 高级抹灰 | |
| 1 | 立面垂直度 | 4 | 3 | 用 2m 垂直检测尺检查 |
| 2 | 表面平整度 | 4 | 3 | 用 2m 靠尺和塞尺检查 |
| 3 | 阴阳角方正 | 4 | 3 | 用直角检测尺检查 |
| 4 | 分格条（缝）直线度 | 4 | 3 | 拉 5m 线，不足 5m 拉通线，用钢直尺检查 |
| 5 | 墙裙、动即上口直线度 | 4 | 3 | 拉 5m 线，不足 5m 拉通线，用钢直尺检查 |

注：(1) 普通抹灰，本表第 3 项阴阳角方正可不检查；
(2) 顶棚抹灰，本表第 2 项表面平整度可不检查，但应平顺。

### 8.2.3 装饰抹灰

装饰抹灰的种类很多，但底层的做法基本相同（均为1∶3水泥砂浆打底），仅面层的做法不同。现将常用装饰抹灰的做法简述如下。

**1. 水刷石**

先将1∶3水泥砂浆底面湿润，再刮厚为1mm水泥浆一层，随即用厚为8～12mm、稠度为50～70mm、配合比为1∶2.5的水泥石渣浆抹平压实，待其达到一定强度（用手指按无陷痕印）时，用刷子蘸水刷掉面层水泥浆，使石子表面全部外露，然后用水冲洗干净。

**2. 水磨石**

在1∶3水泥砂浆底层上洒水湿润，刮水泥浆一层（厚1～1.5mm）作为粘结层，找平后按设计要求布置并固定分格嵌条（铜条、铝条、玻璃条），随后将不同色彩的水泥石子浆（水泥∶石子＝1∶1～1∶2.5）填入分格中，厚为8mm（比嵌条高出1～2mm），抹平压实。待罩面灰半凝固（1～2d）后，用磨石机浇水开磨至光滑发亮为止。每次磨光后，用同色水泥浆填补砂眼，每隔3～5d再按相同方法磨第二遍或第三遍。最后，有的工程还要求用草酸擦洗和进行打蜡。

**3. 斩假石**

先用1∶2～1∶2.5水泥砂浆打底，待2h后浇水养护，硬化后在表面洒水湿润，刮素水泥浆一道，随即用1∶1.25水泥石碴（内掺30%石膏）浆罩面，厚为10mm，抹完后要注意防止日晒和冰冻，并养护2～3d（强度达60%～70%），用剁斧将面层斩毛，剁的方向要一致，剁纹深浅要均匀，一般两遍成活，分格缝周边墙角、柱子的棱角周边留15～20mm不剁，即可做出似用石料砌成的装饰面。

**4. 干粘石**

先在已经硬化，厚为12mm的1∶3水泥砂浆底层上浇水湿润，再抹上一层厚为6mm的1∶（2～2.5）的水泥砂浆中层，随即紧跟抹厚为2mm的1∶0.5水泥石灰砂浆粘结层，同时将配有不同颜色的（或同色的）小8cm石碴略掺石屑，甩粘拍平压实在粘结层上。拍平压实石子时，不得把灰浆拍出，以免影响美观，待有一定强度后洒水养护。也可用喷枪将石子均匀有力地喷射于粘结层上，用铁抹子轻轻压一遍，使表面搓平。如在粘结砂浆层中掺入107胶，可使粘结层砂浆抹得更薄，石子粘得更牢。

**5. 拉毛灰和洒毛灰**

拉毛灰是将底层用水湿透，抹上1∶(0.05～0.3)∶(0.5～1）水泥石灰罩面砂浆，随即用硬棕刷或铁抹子进行拉毛。棕刷拉毛时，用刷蘸砂浆往墙上连续垂直拍拉，拉出毛头。铁抹子拉毛时，则不蘸砂浆，只用抹子粘结在墙面随即抽回，要做到快慢一致，拉得均匀整齐，色彩一样，不露底，在一个平面上要一次成活，避免中断留槎。

洒毛灰（又称撒云片）是用扫帚蘸1∶1水泥砂浆或1∶1∶4水泥石灰砂浆，由上往下洒在湿润的底层上，洒出的云片须错乱多变、大小相称、空隙均匀。也可在未干的底层上刷上颜色，然后不均匀地洒上罩面灰，并用抹子轻轻压平，使其部分地露出带色的底子灰，则洒出的云片具有浮动感。

**6. 喷涂饰面**

喷涂饰面是用喷枪将聚合物砂浆均匀喷涂在底层上，此种砂浆由于加入了107胶或二元乳液等聚合物，故具有良好的抗冻性及和易性，能提高装饰面层的表面强度与粘结强度。通过调整砂浆的稠度和喷射压力的大小，可喷成砂浆饱满、波纹起伏的“波面”，或表面不出浆而满布细碎颗粒的“粒状”；也可在表面涂层上再喷以不同色调的砂浆点，形成“花点套色”。

喷涂饰面分层做法为：(1）用10～13mm厚1∶3水泥砂浆打底，木抹搓平。采用滑升、大模板工艺的混凝土墙体，可以不抹底层砂浆，只做局部找平，但表面必须平整。在喷涂前，先喷刷1∶3（胶∶水）107胶水溶液一道，以保证涂层粘结牢固。(2）用3～4mm厚喷涂饰面层，要求三遍成活。(3）饰面层收水后，在分格缝处用铁皮刮子沿着靠尺刮去面层，露出基层，做成分格缝，缝内可涂刷聚合物水泥浆。(4）面层干燥后，喷涂憎水剂，以提高涂层的耐久性和减少墙面的污染。

近年来建筑工程上还广泛采用塑料涂料（如水性或油性丙烯树脂、聚氨酯等）作喷涂的饰面材料。实践证明，外墙喷塑是今后建筑装饰的发展方向，它具有防水、防潮、耐酸、耐碱的性能，面层色彩可任意选定，对气候的适应性强，施工方便，工期短等优点。

**7. 滚涂饰面**

滚涂饰面是将带颜色的聚合物砂浆涂抹在底层上，随即用平面或带有拉毛、刻有花纹的橡胶、泡沫塑料滚子滚出所需要的图案和花纹。其分层做法为：（1）用10~13mm厚水泥砂浆打底，木抹搓平；（2）粘结分格条（施工前分格处先刷一层聚合物水泥浆，滚涂前将涂有107胶水溶液的电工胶布贴上，等饰面砂浆收水后揭下胶布）；（3）用3mm厚色浆罩面，随抹随用辊子滚出各种花纹；（4）待面层干燥后，喷涂有机硅水溶液。

**8. 弹涂饰面**

彩色弹涂饰面是用电动弹力器将水泥色浆弹到墙面上，形成1~3mm的圆状色点。由于色浆一般由2~3种颜色组成，不同色点在墙面上相互交错、相互衬托，犹如水刷石、干粘石；也可做成单色光面、细麻面、小拉毛拍平等多种形式。实践证明，这种工艺可在墙面上做底灰，再做弹涂饰面；也可直接弹涂在基层较平的混凝土板、加气板、石膏板、水泥石棉板等板材上。其施工流程为：基层找平修整或做砂浆底灰→调配色浆刷底色→弹头道色点→弹二道色点→局部补弹→喷树脂罩面防护层。

## 8.3 饰面板（砖）工程

饰面板（砖）工程，就是将预制的饰面板（砖）铺贴或安装在基层上的一种装饰方法。饰面板（砖）的种类繁多，常用的有天然石饰面板、造石饰面板、金属饰面板、塑料饰面板、有色有机玻璃饰面板、饰面混凝土墙板和饰面砖（如瓷砖、面砖、陶瓷锦砖）等。随着科学技术的发展，新型装饰材料的不断出现，更进一步丰富了装饰工程的内容。

### 8.3.1 饰面板（砖）材料及要求

**1. 天然石饰面板**

常用的天然石饰面板有大理石和花岗石饰面板。要求棱角方正、表面平整、石质细密、光泽度好，不得有裂纹、色斑、风化等隐伤。选材时应使饰面色调和谐，纹理自然、对称、均匀，做到浑然一体；且要把纹理、色彩最好的饰面板用于主要的部位，以提高装饰效果。

**2. 人造石饰面板**

人造石饰面板主要是预制水磨石、人造大理石饰面板，要求几何尺寸准确，表面平整光滑，石粒均匀，色彩协调，无气孔、裂纹、刻痕和露筋等现象。

**3. 金属饰面板**

金属饰面板有铝合金板、镀塑板、镀锌板、彩色压型钢板和不锈钢等多种。金属板饰面具有典雅庄重，质感丰富的特点，尤其是铝合金板墙面是一种高档次的建筑装饰，装饰效果别具一格，应用较广。究其原因，主要是价格便宜，易于加工成型，具有高强、轻质、经久耐用、便于运输和施工、表面光亮、可反射太阳光及防火、防潮、耐腐蚀的特点。同时，当表面经阳极氧化或喷漆处理后，便可获得所需要的各种不同色彩，更可达到“蓬荜增辉”的装饰效果。

**4. 塑料饰面板**

塑料板饰面新颖美观，品种繁多，常用的有聚氯乙烯塑料板（PVC）、三聚氰胺塑料板、塑料贴面复合板、有机玻璃饰面板等。其特点是：板面光滑、色彩鲜艳，有多种花纹图案，质轻、耐磨、防水、耐腐蚀，硬度大，吸水性小，应用范围广。

**5. 饰面墙板**

随着建筑工业化的发展，结构与装饰合一也是装饰工程的发展方向。饰面墙板就是将墙板制作与饰面结合，一次成型，从而进一步扩大了装饰工程的内容，加速了施工进度。

如露石混凝土饰面板，就是当墙板采用平模生产时，在混凝土浇筑后，尚未凝固前，可采用水冲法和酸洗法除去表面的水泥浆，使骨料外露而形成饰面层。为了获得色彩丰富、多样化的饰面层，可选择不同颜色的骨料，也可在未凝固的混凝土表面直接嵌卵石或用带色彩的石子嵌成各种花纹图案。

**6. 饰面砖**

常用的饰面砖有釉面瓷砖、面砖和陶瓷锦砖等。要求表面光洁、色彩一致，不得有暗痕和裂纹，吸水率不得大于18%。

釉面瓷砖有白色、彩色、印花图案等多样品种，常用于卫生间、厨房、游泳池等饰面。

面砖有毛面和釉面两种，颜色有米黄、深黄、乳白、淡蓝等。广泛用于外墙、柱、窗间墙和门窗套等饰面。

陶瓷锦砖（马赛克）的形状有正方形、长方形、六角形等多种，由于尺寸小，产品先按各种图案组合反贴在纸上。常用于室内浴厕、地坪和外墙装饰。

### 8.3.2 饰面板（砖）的施工

饰面板（砖）可采用胶粘法施工和常规法施工，胶粘法施工是今后的发展方向，现分别阐述如下。

**1. 饰面板（砖）的胶粘法施工**

饰面板（砖）的施工已逐步采用胶粘剂固结技术，即利用胶粘剂将饰面板（砖）直接粘贴于基层上。此种施工方法具有工艺简单、操作方便、粘结力强、耐久性好、施工速度快等优点，是实现装饰工程干法施工的有效措施。现就饰面板（砖）施工中常用的几种胶粘剂及施工要点简介如下。

（1）AH－03大理石胶粘剂。

此种胶粘剂系由环氧树脂等多种高分子合成材料组成基材，增加适量的增稠剂、乳化剂、增粘剂、防腐剂、交联剂及填料配制成单组分膏状的胶粘剂，具有粘结强度高、耐水、耐气候等特点。适用于大理石、花岗石、马赛克、面砖、瓷砖等与水泥基层的粘结。

施工时，要求基层坚实平整，无浮灰及污物；大理石等饰面材料应干净，无灰尘、污垢。先用锯齿形的刮板将胶粘剂均匀涂刷于基层上，厚度不宜大于3mm；粘贴时用手轻轻推拉饰面板，使气泡排出，并用橡皮锤敲实；由下往上逐层粘贴，最后用湿布将饰面表面的胶擦净。

（2）SG－8407内墙瓷砖粘结剂。

适用于在水泥砂浆、混凝土基层上粘贴瓷砖、面砖和马赛克。其施工方法是：

①基层处理必须洁净、干燥，无油污、灰尘。可用喷砂、钢丝刷或以3∶1（水∶工业盐酸）的稀酸溶液进行酸洗处理，20min内将酸冲洗干净，待基层干燥。

②料浆制备将通过2.5mm筛孔的干砂和强度等级为32.5级和42.5级的普通硅酸盐水泥以（1～2）∶1干拌均匀，加入SG－8407胶液拌和至适宜施工的稠度，不允许加水；当粘结层厚度小于3mm时，不加砂，仅用纯水泥与SG－8407调配。

③粘贴铺贴瓷砖、马赛克时，先在基层上涂刷浆料，立即将瓷砖、马赛克敲打入浆料中，24h后即可将马赛克纸面撕下。瓷砖如吸水率大时，在使用前应浸水。

（3）TAM型通用瓷砖胶粘剂。

此种胶粘剂系以水泥为基料、聚合物改性的粉末，使用时只需加水搅拌，便获得粘稠的胶浆。具有耐水、耐久性良好的特点。适用于在混凝土、砂浆墙面、地面和石膏板等表面粘贴瓷砖、马赛克、天然大理石、人造大理石等饰面。施工时，基层表面应洁净、平整、坚实，无灰尘；胶浆按水∶胶粉＝1∶3.5（质量比）配制，经搅拌均匀静置10min后，再一次充分拌和即可使用；先用抹子将胶浆涂抹在基层上，随即铺贴饰面板，应在30min内粘贴完毕，2h后便可勾缝。

（4）TAS型高强度耐水瓷砖胶粘剂。

此种胶粘剂为双组分的高强度耐水瓷砖胶，具有耐水、耐候、耐各种化学物质侵蚀等特点，适用于在混凝土、钢铁、玻璃、木材等基层表面粘贴瓷砖、墙面砖、地面砖，尤其适用于长期受水浸泡或其他化学物质浸蚀的部位。胶料配制和粘贴方法同TAM型胶粘剂。

（5）YJ－2型建筑胶粘剂。

系双组分水乳型高分子胶粘剂，具有粘结力强、耐水、耐湿热、耐腐蚀、低毒、低污染等特点，适用于混凝土、大理石、瓷砖、玻璃马赛克、木材、钙塑板等的粘结，胶料按甲组分为100，乙组分为240～300，填料为800～1200比例配制，先将甲、乙组分胶料称量混合均匀，然后加入填料拌匀即可。填料可用细度为60～120目的石英粉；为加速硬化，也可采用石英加石膏混合粉料，一般石膏粉的用量为填料总量的1/5～1/2；如需用砂浆，则以石英粉、石英砂（0.5～2mm）各一半为填料，填料比例也应适当增加，其施工要求为：

①基层处理应平整、洁净、干燥，无浮灰、油污；

②在墙面粘贴大理石、花岗石块材时，先在基层上涂刷胶粘剂，然后铺贴块材，揉挤定位，静置待干即可，无须钻孔、挂钩；

③在石膏板上粘结瓷砖时，先用抹子将胶料涂敷于石膏板上（厚1～2mm），再用梳形泥刀梳刮胶料，然后铺贴瓷砖；

④在墙面粘贴玻璃马赛克时，可在基层涂敷一层薄薄的胶料，即可进行粘贴（擦缝用素泥浆）；

⑤施工及养护温度在5℃以上，以15～20℃为佳，施工完毕，自然养护7d，便可交付使用。

**2. 饰面板（砖）常规施工**

（1）小规格天然石、人造石饰面板的施工。

小规格的饰面板一般采用镶贴法施工，即先用1:3水泥砂浆打底划毛，待底子灰凝固后，找规矩，厚约12mm，弹出分格线，按镶贴顺序，将已湿润的板材背面抹上厚度为2～3mm的索水泥浆进行粘贴，然后用木锤轻敲，并随时用靠尺找平找直。

（2）大规格天然石、人造石饰面板施工。

大规格的饰面板（边长>400mm），则多采用安装法施工。安装的工艺有湿法工艺、干法工艺和G. P. C工艺。

①湿法工艺。

湿法工艺是按设计要求在饰面板的四周侧面钻好绑扎钢丝或铅丝用的圆孔，以便将板材与基层表面的钢筋骨架绑扎固定（见图8.4）。安装前墙面应先抄好水平，进行预排。安装时从中间开始往左右两边进行，或从一边依次拼贴，离墙面留20～50mm的空隙，上下口的四角用石膏临时固定，确保板面平整。然后用1:2的水泥砂浆（稠度80～120mm）分层灌缝，每层为100～200mm，待下层终凝后再灌上层，直到离板材水平接缝以下5.0～10mm为止。待安装好上一行板材后再继续灌缝处理，依次逐行往上操作。安装后的饰面板，其接缝处应用与饰面相同颜色的水泥浆或油腻子填抹，并将饰面清理干净，如饰面层光泽度受到影响，可以重新打蜡出光。

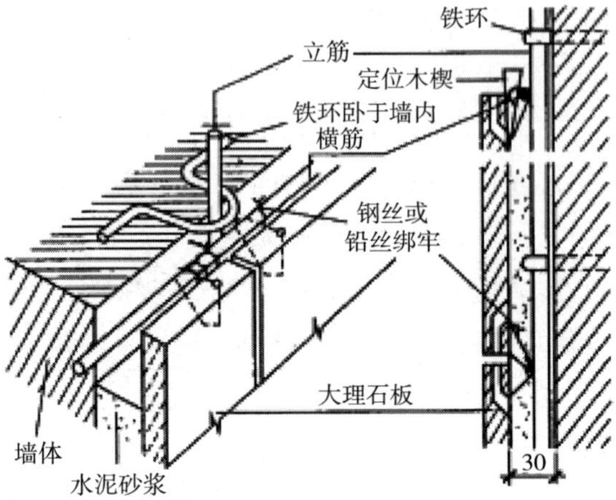


图 8.4　湿法工艺

②干法工艺。

干法工艺是直接在板上打孔，然后用不锈钢连接器与埋在混凝土墙体内的膨胀螺栓相连，板与墙体间形成 80 ~ 90mm 空气层（见图 8.5）。此种工艺一般多用于 30m 以下的钢筋混凝土结构，不适用砖墙或加气混凝土基层。

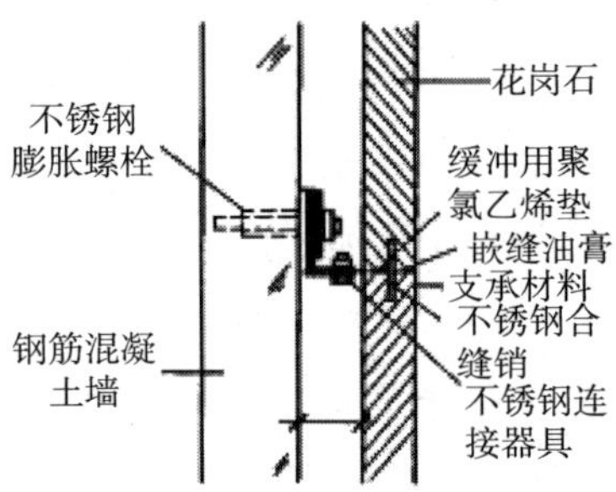


图 8.5　干法工艺

③G. P. C 工艺。

G. P. C 工艺是干法工艺的发展，它是以钢筋混凝土作衬板，用不锈钢连接环与饰面板连接后而浇筑成整体的复合板，再通过连接器悬挂到钢筋混凝土结构或钢结构上的做法（见图 8.6）。衬板与结构连接的部位其厚度加大。这种柔性节点可用于超高层建筑，以满足抗震要求。

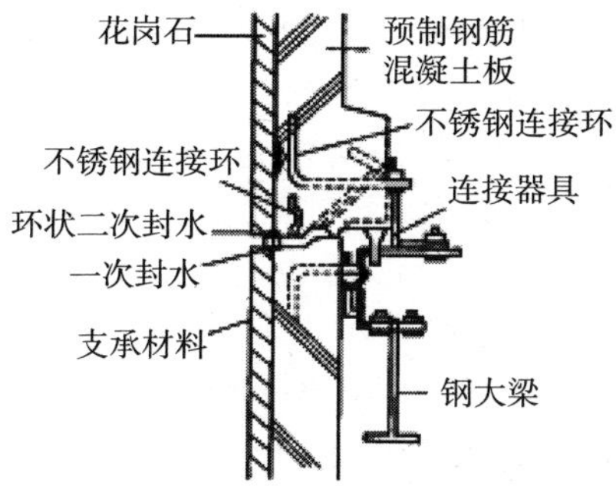


图8.6 G.P.C工艺

（3）面砖或釉面砖的镶贴。

面砖或釉面砖镶贴前应挑选、预排，使规格、颜色一致，灰缝均匀。基层应扫净，浇水湿润，用1∶3水泥砂浆打底，厚7～10mm，找平划毛，打底后养护1～2d方可镶贴。镶贴前应找好规矩，按砖实际尺寸弹出横竖控制线，定出水平标高和皮数。接缝宽度应符合设计要求，一般为1～1.5mm。然后用废瓷砖按粘结层厚度用混合砂浆贴灰饼，找出标准，灰饼间距一般为1.5～1.6m。阳角处要两面挂直。镶贴时先浇水湿润底层，根据弹线稳好平尺板，作为镶贴第一层瓷砖的依据。贴时一般从阳角开始，由下往上逐层粘贴，使不成整块的留在阴角。如有水池、镜框者，应以水池、镜框为中心往两边分贴，总之，先贴阳角大面，后贴阴角、凹槽等难度较大的部位。如墙面有突出的管线、灯具、卫生器具支承物，应用整砖套割吻合，不得用非整砖拼凑镶贴。

除采用掺107胶的水泥浆作粘结层可以抹一行（或数行）贴一行（或数行）外，其他均应将粘结砂浆均匀刮抹在瓷砖背面，逐块进行粘贴。107胶水泥浆要随调随用，在15℃环境下操作时，从涂抹水泥浆到贴瓷砖和修整缝隙，全部工作宜在3h内完成，并注意随时用棉丝或干布将缝隙挤出的浆液擦净。

镶贴后的每块瓷砖，当采用混合砂浆粘结层时，可用小铲把轻轻敲击；当采用107胶水泥浆粘结层时，可用手轻轻压，并用橡皮锤轻轻敲击，使其与基层粘结密实牢固。并要用靠尺随时检查平直方正情况，修整缝隙。凡遇缺灰、粘结不密实等情况时，应取下瓷砖重新粘贴，不得在砖口处塞灰，以防止空鼓室外接缝，应用水泥浆或水泥砂浆嵌缝；室内接缝，宜用与釉面砖相同颜色的石灰膏（非潮湿房间）或水泥浆嵌缝。待整个墙面与嵌缝材料硬化后，根据不同污染情况，用棉丝、砂纸清理或用稀盐酸刷洗，然后用清水冲洗干净。

（4）陶瓷锦砖的镶贴。

陶瓷锦砖镶贴前，应按照设计图案要求及图纸要求，核实墙面的实际尺寸，根据排砖模数和分格要求，绘制出施工大样图，加工好分格条，并对陶瓷锦砖统一编号，便于镶贴时对号入座。基层上用 12 ~ 15mm 厚 1∶3 水泥砂浆打底，找平划毛，洒水养护。镶贴前弹出水平、垂直分格线，找好规矩。然后在湿润的底层上刷素水泥浆一道，再抹一层 2 ~ 3mm 厚 1∶0.3 水泥纸筋灰，或 3mm 厚 1∶1 水泥砂浆（掺 2% 乳胶）粘结层，用靠尺刮平，抹子抹平。同时将锦砖底面铺在木垫板上，缝里撒灌 1∶2 干水泥砂，并用软毛刷子刷净底面浮砂，薄薄涂上一层粘结灰浆，然后逐张拿起，清理四边余灰，按平尺板上口沿线由下往上对齐接缝粘贴于墙上。粘贴时应仔细拍实，使其表面平整。待水泥砂浆初凝后，用软毛刷将护纸刷水湿润，约半小时后揭纸，并检查缝的平直大小，校正拨正。粘贴 48h 后，将缝隙用 1∶1 水泥砂浆嵌填，并用素水泥浆将其他小缝填平。待嵌缝材料硬化后，用稀盐酸溶液刷光，并随即用清水冲洗干净。

### 8.3.3 铝合金饰面板的施工

铝合金饰面板常用的固定方法有两类：一类是将饰面板用螺钉拧到型钢或木骨架上；另一类是将饰面板卡在特制的龙骨上。其施工工艺是：放线→固定骨架的连接件→固定骨架→安装铝合金板→收口构造处理。

**1. 放线**

放线就是将骨架的位置弹到基层上，以保证骨架施工的准确性。放线最好一次放完，如有差错，可随时进行调整。

**2. 固定骨架的连接件**

骨架的横竖杆件是通过连接件与基层固定，而连接件可与基层结构的预埋件焊接，也可打设膨胀螺栓。要求连接件固定牢固，位置准确，不易锈蚀。

**3. 固定骨架**

骨架应预先进行防腐处理，安装位置要准确，结合要牢固，横杆标高一致，骨架表面要平整。

**4. 安装铝合金饰面板**

板的安装要牢固、平整、无翘起、卷边等现象。板与板之间的间隙一般为10～20mm，用橡胶条或密封胶等弹性材料处理。安装完毕后，在易于被污染的部位，要用塑料薄膜覆盖保护；易被碰撞的部位，应设安全栏杆保护。

**5. 收口构造处理**

系指饰面板安装后对水平部位的压顶，端部的收口，伸缩缝、沉降缝的处理，以及两种不同材料交接处的处理。因这些部位往往是饰面施工的重点，直接影响美观和功能，所以必须用特制的铝合金成型板进行妥善处理。

### 8.3.4 塑料饰面板的施工

塑料饰面板品种繁多，现就聚氯乙烯塑料板的饰面施工简介如下。

**1. 基层处理**

基层必须垂直、平整、坚硬、整洁，不宜过光，不应有水泥浮浆；如有麻石，应先用乳胶腻子修补平整，再用乳胶水溶液涂刷一遍，以增强粘结力。

**2. 粘贴方法**

粘贴前，基层表面应按分块尺寸弹线预排。胶粘剂宜用脲醛、聚醋酸乙烯、环氧树脂等，也可用氯丁胶粘剂，以保证粘结强度。涂胶时应同时在基层表面和饰面板背面涂刷，胶液不宜太稀太稠，应涂刷均匀，无砂粒等杂物。涂胶后，当用手触试胶液，感到粘性较大时，即可进行粘贴。粘贴时要挤压密实，以防空鼓、翘边；粘贴后应采取临时措施固定，同时将挤压在板缝中多余的胶液刮除，否则胶干结后难以清除。对硬厚型的硬聚氯乙烯饰面板，当用螺钉和垫圈或金属压条固定时，螺丝的钉距一般为400～500mm。在固定金属压条时，应先用钉将饰面板临时固定，然后加盖金属压条。塑料板贮存和运输时，应严禁暴晒、高温或撞击，已损坏的板，如缺棱少角或裂缝严重，一般不应使用。

## 8.4 裱糊工程

### 8.4.1 裱糊材料及要求

裱糊工程就是将壁纸、墙布用胶粘剂裱糊在结构基层的表面上。由于壁纸和墙布的图案、花纹丰富，色彩鲜艳，故更显得室内装饰豪华、美观、艺术、雅致。

裱糊工程中常用的材料有普通壁纸、塑料壁纸、玻璃纤维墙布、无纺墙布及胶粘剂。

塑料壁纸、玻璃纤维墙布和无纺墙布是应用较广的内墙装饰材料，具有可擦洗、耐光、耐老化、颜色稳定、无毒、施工简单等特点，且花纹图案丰富多彩，富有质感，适用粘贴在抹灰层、混凝土基层、纤维板、石膏板和胶合板表面。

外观是壁纸装饰效果的具体表现，要求颜色均匀，图案清晰，无色差、折印和明显污痕。印花壁纸的套色偏差不大于1mm，且无漏印；压花壁纸其压花深浅一致，不允许出现光面。此外，其褪色性、耐磨性、湿强度、施工性均应符合现行材料标准的有关规定。材料进场后经检验合格，方可使用。

在运输和贮存时，压延壁纸和墙布应平放，发泡壁纸和复合壁纸应竖放，而且均不得受阳光直晒和雨淋，也不要放在潮湿处，以免产生变色和发霉。

### 8.4.2 裱糊施工

**1. 塑料壁纸的裱糊**

（1）基层处理。

裱糊前，应将基层表面的灰砂、污垢、灰疙瘩和尘土清除干净，有磕碰、麻面和缝隙的部位应用腻子抹平抹光，再用橡皮刮板在墙面上满刮腻子一遍，干后用砂纸磨平磨光，并将灰尘清扫干净。涂刷后的腻子要坚实牢固，不得粉化、起皮和裂缝。常用腻子为乙烯乳胶腻子。石膏板基层的接缝处和不同材料基层相接处应糊条盖缝。

为防止基层吸水过快而影响壁纸与基层的粘结效果，用排笔或喷枪在基层表面先涂刷1～2遍1∶1的107胶水溶液作底胶进行封闭处理，要求薄而均匀，不得漏刷和流淌。

（2）弹垂直线。

为使壁纸粘贴的花纹、图案、线条纵横连贯，在底胶干后，根据房间大小、门窗位置、壁纸宽度和花纹图案的完整性进行弹线，从墙的阳角开始，以壁纸宽度弹垂直线，作为裱糊时的操作准线。

（3）裁纸、闷水和刷胶。

壁纸粘贴前应进行预拼试贴，以确定裁纸尺寸，使接缝花纹完整、效果良好。裁纸应根据弹线实际尺寸统筹规划，并编号按顺序粘贴，一般以墙面高度进行分幅拼花裁切，并注意留有20～30mm的余量。裁切时要用尺子压紧壁纸，刀刃紧贴尺边，一气呵成，使壁纸边缘平直整齐，不得有纸毛和飞刺现象。

塑料壁纸有遇水膨胀、干后自行收缩的特性，因此，应将裁好的壁纸放入水槽中浸泡3～5min，取出后把明水抖掉，静置10min左右，使纸充分吸湿胀伸，然后在墙面和纸背面同时刷胶进行裱糊。

胶粘剂要求涂刷均匀，不漏刷。在基层表面涂刷胶粘剂应比壁纸宽20～30mm，涂刷一段，裱糊一张，不应涂刷过厚。如用背面带胶的壁纸，则只需在基层表面涂刷胶粘剂。

（4）裱糊壁纸。

以阴角处事先弹好的垂直线作为裱糊第一幅壁纸的基准；第二幅开始，先上后下对称裱糊，对缝必须严密，不显接槎，花纹图案的对缝必须端正吻合。拼缝对齐后，再用刮板由上往下抹压平整，挤出的多余胶粘剂用湿棉丝及时揩擦干净，不得有气泡和斑污，上下边多出的壁纸用刀切削整齐。每次裱糊2～3幅后，要吊线检查垂直度，以防造成累积误差，不足一幅的应裱糊在较暗或不显眼的部位。对裁纸的一边可在阴角处搭接，搭缝宽5～10mm，要压实，无张嘴现象。阳角处只能包角压实，不能对接和搭接，所以施工时对阳角的垂直度和平整度要严格控制。大厅明柱应在侧面或不显眼处对缝。裱糊到电灯开关，插座等处应剪口做标志，以后再安装纸面上的照明设备或附件。壁纸与挂镜线、贴脸板和踢脚板等部位的连接也应吻合，不得有缝隙，使接缝严密美观。

（5）清理修整。

整个房间贴好后，应进行全面细致的检查，对未贴好的局部进行清理修整，要求修整后不留痕迹，然后将房间封闭予以保护。

**2. 玻璃纤维布和无纺墙布的裱糊**

玻璃纤维布和无纺墙布的裱糊工艺与塑料壁纸的裱糊工艺基本相同，但应注意以下几点。

（1）基层处理。

玻璃纤维墙布和无纺墙布布料较薄，盖底力较差，故应注意基层颜色的深浅和均匀程度，防止裱糊后色彩不一，影响装饰效果。若基层表面颜色较深或相邻基层颜色不同时，应满刮石膏腻子，或在胶粘剂中掺入适量白色涂料（如白色乳胶漆等）。

（2）裁剪。

裁剪前应根据墙面尺寸进行分幅，并在墙面弹出分幅线，然后确定需要粘贴的长度，并应适当放长 100 ~ 150mm，再按墙布的花色图案及深浅选布剪裁，以便同幅墙面颜色一致，图案完整。裁布场所要清洁宽敞，用剪刀剪成段时，裁边应顺直，剪裁后应卷拢，横放贮存备用，切勿直立，以免玷污或碰毛布边，影响美观。

（3）刷胶粘剂。

胶粘剂中的羧甲基纤维素应先用水溶化，经 10h 左右用细眼纱过滤，除去杂质，再与其他材料调配并搅拌均匀。调配量以当天用完为限。

玻璃纤维布和无纺墙布无吸水膨胀现象，故裱糊前无须用水湿润。粘贴时墙布背面不用刷胶，否则胶粘剂容易渗透到墙布表面影响美观。

（4）裱糊墙布。

在基层上用排笔刷好胶粘剂后，把裁好成卷的墙布自上而下按对花要求缓缓放下，墙布上边应留出 50mm 左右，然后用湿毛巾将墙布抹平贴实，再用活动裁纸刀割去上下多余布料。阴阳角、线角及偏斜过多的部位，可以裁开拼接，也可搭接，对花要求可适当放宽，但切忌将墙布横拉斜扯，以免造成整块墙布歪斜变形甚至脱落。

### 8.4.3 裱糊工程的质量要求

裱糊工程的质量应满足以下要求：

（1）壁纸、墙布的种类、规格、图案、颜色和燃烧性能等级必须符合设计要求及国家现行标准的有关规定；

（2）裱糊后各幅拼接应横平竖直，拼接处花纹、图案应吻合，不离缝，不搭接，不显拼缝；

（3）壁纸、墙布应粘结牢固，不得有漏贴、补贴、脱层、空鼓和翘边，纹理无压平起光；

（4）裱糊后的壁纸、墙布表面应平整，色彩应一致，不得有波纹起伏、气泡、裂缝、皱折及斑污，斜视无胶痕；

（5）壁纸、墙布与各种装饰线、设备线盒应交接严密；

（6）壁纸、墙布边缘应平直整齐，不得有纸毛、飞刺；

（7）壁纸、墙布阴角处搭接应顺光，阳角处应无接缝。

## 8.5 涂饰工程

涂饰工程包括油漆涂饰和涂料涂饰。它是将胶体的溶液涂敷在物体表面，使之与基层粘结，并形成一层完整而坚韧的薄膜，借以达到装饰、美观和保护基层免受外界侵蚀的目的。

### 8.5.1 油漆涂饰

**1. 建筑工程中常用的油漆**

建筑工程中常用油漆的种类及其主要特征如下。

（1）清油（鱼油、熟油）。

清油又称鱼油、熟油，干燥后漆膜柔软，易发粘。多用于调稀厚漆和红丹防锈漆，也可单独涂于金属、木材表面或打底子及调配腻子。

（2）厚漆（铅油）。

厚漆又称铅油，有红、白、黄、绿、灰、黑等颜色。使用时需加清油、松香水等稀释。漆膜柔软，与面漆粘结性好，但干燥慢，光亮度、坚硬性较差。可用于各种涂层打底或单独作表面涂层，也可用来调配色油和腻子。

（3）调和漆。

调和漆分油性和磁性两类。油性调和漆的漆膜附着力强，有较高的弹性，不易粉化、脱落及龟裂，经久耐用，但漆膜较软，干燥缓慢，光泽差，适用于室外面层涂刷。磁性调和漆常用的有酯胶调和漆和酚醛调和漆等，漆膜较硬，颜色鲜明，光亮平滑，能耐水洗，但耐气候性差，易失光、龟裂和粉化，故仅用于室内面层涂刷调和漆有大红、奶油、白、绿、灰、黑等色，不需调配，使用时只需调匀或配色，稠度过大时可用松节油或200号溶剂汽油稀释。

（4）清漆。

清漆分油质清漆和挥发性清漆两类。油质清漆又称凡立水，常用的有酯胶清漆、酚醛清漆、钙酯清漆和醇酸清漆等。漆膜干燥快，透明光泽，适用于木门窗、板壁及金属表面罩光。挥发性清漆又称泡沫水，常用的有漆片，漆膜干燥快，坚硬光亮，但耐水、耐热、耐气候性差，易失光，多用于室内木材面层的油漆或家具罩面。

（5）聚醋酸乙烯乳胶漆。

这是一种性能良好的新型涂料和墙漆，适用于作高级建筑室内抹灰面、木材面的面层涂刷，也可用于室外抹灰面。其优点是漆膜坚硬平整，附着力强，干燥快，耐暴晒和水洗，新墙面稍干燥即可涂刷。

此外，还有磁漆、大漆、硝基纤维漆（即蜡克）、耐热漆、耐火漆、防锈漆及防腐漆等。

**2. 油漆涂饰施工**

油漆工程施工包括基层处理、打底子、抹腻子和涂刷油漆等工序。

（1）基层处理。

为了使油漆与基层表面粘结牢固，节省材料，必须对涂刷在木料、金属、抹灰层和混凝土基层的表面进行处理。

木材基层表面油漆前，要求将表面的灰尘、污垢清除干净，表面上的缝隙、毛刺、节疤和脂囊修整后，用腻子填补。抹腻子时对于宽缝、深洞要挤入压实，抹平刮光。砂磨时，不能磨穿油底，磨损棱角，但要打磨光滑。

金属基层表面油漆前，应除去锈斑，尘土、油渍、焊渣等杂物抹灰层和混凝土基层表面油漆前，要求表面干燥、洁净，不得有起皮和松散现象，粗糙的表面应磨光，缝隙和小孔应用腻子刮平。

（2）打底子。

在处理好的基层表面上刷底子油一遍（可适当加色），并使其厚薄均匀一致，以保证整个油漆面色彩均匀。

（3）抹腻子。

腻子是油料加上填料（石膏粉、大白粉）、水或松香水拌制成的膏状物。抹腻子的目的是使表面平整。对于高级油漆施工，需在基层上全部抹一层腻子，待其干后用砂纸打磨，然后再抹腻子，再打磨，直到表面平整光滑为止，有时，还要和涂刷油漆交替进行。腻子磨光后，表面清理干净，再涂刷一道清漆，以便节约油漆。

（4）涂刷油漆。

油漆施工按质量要求不同分为普通油漆、中级油漆和高级油漆三种（见表8.2）。一般松软木材面、金属面以采用普通或中级油漆较多；硬质木材面、抹灰面则采用中级或高级油漆。涂饰的方法有刷涂、喷涂、擦涂、揩涂及滚涂等多种。

**表8.2　油漆等级划分及组成**

| 基层种类 | 油漆名称 | 油漆等级 | | |
|---|---|---|---|---|
| | | 普通 | 中级 | 高级 |
| 木材面 | 混色漆 | 底层：干性油<br>面层：一遍厚漆 | 底层：干性油<br>面层：一遍厚漆<br>一遍调和漆 | 底层：干性油<br>面层：一遍厚漆<br>一遍调和漆<br>一遍树脂漆 |
| | 清漆 | | 底层：酮胶清漆<br>面层：酮胶清漆 | 底层：酚醛清漆<br>面层：酚醛清漆 |

续表

| 基层种类 | 油漆名称 | 油漆等级 | | |
|---|---|---|---|---|
| | | 普通 | 中级 | 高级 |
| 金属面 | 混色漆 | 底层：防锈漆<br>面层：防锈漆 | 底层：防锈漆<br>面层：一遍厚漆<br>一遍调和漆 | |
| 抹灰面 | 混色漆 | | 底层：干性油<br>面层：一遍厚漆<br>一遍调和漆 | 底层：干性油<br>面层：一遍厚漆<br>一遍调和漆<br>一遍无光油 |

在整个涂刷油漆过程中，油漆不得任意稀释，最后一遍油漆不宜加催干剂。涂刷中，应待前一遍油漆干燥后方可涂刷后一遍油漆。

**3. 油漆工程的安全技术**

（1）油漆材料、所用设备必须有专人保管，且设置在专用库房内，各原料桶必须要有封盖。

（2）在油库材料库房内，严禁吸烟，且应有消防设备，其周围有火源时，应按防火消防规定，隔绝火源。

（3）油漆原料间照明，应有防爆装置，且开关应设在门外。

（4）使用喷灯时，加油不得加满，打气不应过足，使用时间不宜过长，点火时，灯嘴不准对人。

（5）操作者应做好人体保护工作，坚持穿戴安全防护用具。

（6）使用溶剂时（如甲苯等有毒物质时），应采取对眼睛、皮肤等的防护措施，且随时注意中毒现象。

（7）熬胶浇油桶应离开建筑物 10m 以外，熬炼铜油时，应距建筑物 30～50m。

（8）在喷涂硝基漆或其他挥发性、易燃性溶剂稀释的涂料时不准使用明火。

（9）为了避免静电集聚引起事故，对罐体涂漆应接地线装置。

### 8.5.2 涂料涂饰

建筑涂料从化学组成上可分为有机高分子涂料，无机高分子涂料；按涂膜层状态分为薄质型涂料（如苯丙乳胶漆）、厚质型涂料（如乙－丙乳液厚涂料）、砂壁状涂层涂料（如彩砂苯－丙外墙涂料、彩色复层凹凸花纹涂料）等；按自身的特殊性能分为防火涂料、防水涂料、防霉涂料、防结露涂料等；按使用部位分为内墙涂料、外墙涂料、地面涂料、顶棚涂料、门窗涂料及屋面防水涂料等。

**1. 新型外墙涂料**

（1）JDL－82A着色砂丙烯酸系建筑涂料。

该涂料由丙烯酸系乳液人工着色石英砂及各种助剂混合而成。其特点是结膜快，耐污染、耐褪色性能良好，色彩鲜艳，质感丰富，粘结力强，适用于混凝土、水泥砂浆、石棉水泥板、纸面石膏板、砖墙等基层。

施工时，先处理好基层。喷涂前将涂料搅拌均匀，加水量不得大于涂料质量的5%，喷涂厚度要均匀，待第一道干燥后再喷第二道。喷涂机具采用喷嘴孔径为5～7mm的喷斗，喷斗距离墙面300～400mm。

（2）JH80－1无机高分子外墙涂料。

该涂料为碱金属硅酸系无机涂料，以硅酸钾为胶结剂，掺入固化剂、填充料、分散剂、着色剂等制成的水溶性涂料。可在常温和低温（0℃）条件下成膜，耐水、耐酸碱、耐污染，附着力好，遮盖力强，适用于混凝土预制板、水泥砂浆、石棉板等基层，也可用于室内装饰。

要求基层含水率不大于10%，有足够的强度，表面洁净。涂料使用前应搅拌均匀，使用中不得随意加水，施工可用刷涂和喷涂。由于涂料干燥快，刷涂应勤蘸短刷，涂刷方向和长短要一致，接槎必须设在分格处，一般涂刷两遍成活，施工后24h内应避免雨淋。喷涂一般是一遍成活，喷嘴距墙面500mm，并应与墙面垂直，以防流坠和漏喷。

（3）JH80－2无机高分子外墙涂料。

该涂料是以胶态氧化硅为主要胶结剂，掺入成膜助剂、填充剂、着色剂、表面活性剂等混合搅拌均匀，再经研磨而成的单组分水溶性涂料。具有耐酸碱、耐沸水、耐冻融、不产生静电和耐污染等性能。它以水为分散介质，宜于刷涂，也可用喷涂。

（4）彩砂涂料。

彩砂涂料是丙烯酸树脂类建筑涂料的一种，有优异的耐候性、耐水性、耐碱性和保色性等。它是用着色骨料代替一般涂料中的颜料、填料，从根本上解决了褪色问题。同时，着色骨料由于是高温烧结、人工制造，可做到色彩鲜艳、质感丰富。彩砂涂料所用的合成树脂乳液涂料的耐水性、成膜温度、与基层的粘结力、耐候性等都有所改进，从而提高了涂料的质量。

基层要求平整、洁净、干燥，应用107胶水泥腻子找平。在大面积墙面上喷涂彩砂涂料时，均应弹线做分格缝，以便于涂料施工接槎。

无论是单组分或双组分包装的彩砂涂料，都应按配合比充分搅拌均匀，不能随意加水冲稀，以免影响涂层质量，

喷涂时，喷斗要把握平稳，出料口与墙面垂直，距离为400～500mm，空气压缩机压力保持在0.6～0.8MPa，喷嘴直径以5mm为宜。喷涂后用胶辊滚压两遍，把悬浮石粒压入涂料中，使饰面密实平整，观感好。然后隔2h左右再喷罩面胶两遍，使石粒粘结牢固，不致掉落。

（5）丙烯酸有光凹凸乳胶漆。

这种涂料是以有机高分子材料苯乙烯、丙烯酸酯乳液为主要胶粘剂，加上不同颜料、填料和集料而制成的薄质型和厚质型两部分涂料。厚质型涂料是丙烯酸凹凸乳胶底漆；薄质型涂料是各色丙烯酸有光乳胶漆。

丙烯酸凹凸乳胶漆具有良好的耐水性和耐碱性。涂饰的方法有两种：一种是在底层上喷一遍凹凸乳胶底漆，经过辊压后再喷1～2遍各色丙烯酸有光乳胶漆；另一种方法是在底层上喷一遍各色丙烯酸有光乳胶漆，等干后再喷涂丙烯酸凹凸乳胶底漆，然后经过辊压显出凹凸图案，等干后再罩一层苯－丙乳液。这样，便可在外墙面显示出各种各样的花纹图案和美丽的色彩，装饰质感甚佳。施工温度要求基层面在5℃以上，不宜在风雨天施工。

**2. 新型内墙涂料**

（1）乳胶漆。

乳胶漆属乳液型涂料，是以合成树脂乳液为主要成膜物质，加入颜料、填料以及保护胶体、增塑剂，耐湿剂、防冻剂、消泡剂、防霉剂等辅助材料，经过研磨或分散处理而制成的涂料。其种类很多，通常以合

成树脂乳液来命名，如醋酸乙烯乳胶漆、丙烯酸酯乳胶漆、苯－丙乳胶漆、乙－丙乳胶漆、聚氨酯乳胶漆等。乳胶漆作为内墙涂料可以洗刷，易于保持清洁，安全无毒，操作方便，涂膜透气性和耐碱性好，适于混凝土、水泥砂浆、石棉水泥板、纸面石膏板等各种基层，可采用喷涂和刷涂施工。

（2）喷塑涂料。

喷塑涂料是以丙烯酸酯乳液和无机高分子材料为主要成膜物质的有骨料的建筑涂料（又称“浮雕涂料”或“华丽喷砖”）。它是用喷枪将其喷涂在基层上，适用于内、外墙装饰。

喷塑涂层结构分为底油、骨架、面油三部分。底油是涂布乙烯－丙烯酸酯共聚乳液，既能抗碱、耐水，又能增强骨架与基层的粘结力；骨架是喷塑涂料特有的一层成型层，是主要构成部分，用特制的喷枪、喷嘴将涂料涂在底油上，再经过滚压形成主体花纹图案；面油是喷塑涂层的表面层，面油内加入各种耐晒彩色颜料，使喷塑涂层带有柔和的色彩。

喷塑涂料可用于水泥砂浆、混凝土、水泥石棉板、胶合板等面层上；按喷喘大小分为小花、中花、大花，施工时应预先作出样板，经选定后方可进行。其施工工艺为：基层处理→贴分格条→喷刷底油→喷点料（骨架层）→压花→喷面层→分格缝上色。

（3）JHN84－1 耐擦洗内墙涂料。

这种涂料是一种粘结度较高又耐擦洗的内墙无机涂料，它以改性硅酸钠为主要成膜物质，成膜物是无机高分子聚合物，掺入少量成膜助剂和颜料等。它以水为分散介质，操作方便，耐擦洗、耐老化、耐高温、耐酸碱，价格便宜，适用于住宅及公共建筑内墙装饰。可喷涂、刷涂和滚涂施工，施工时要防暴晒和雨淋。

（4）其他内墙涂料。

如改进型 107 耐擦洗内墙涂料及 SJ－803 内墙涂料等，属聚乙烯醇类水溶性内墙涂料，是介于大白色浆与油漆和乳胶漆之间的品种，其特点是不掉粉、无毒、无味、施工方便，原材料资源丰富，是目前使用较多的一种内墙涂料。

## 8.6 刷浆工程

刷浆工程是将石灰浆、大白粉浆、可赛银浆、聚合物水泥浆等刷涂或喷涂在抹灰层或物体的表面，以起到保护和美化装饰的效果。

### 8.6.1 常用刷浆材料及配制

**1. 大白粉浆**

大白粉浆是由滑石、矾石或青石等精研成粉，加水过淋而成的碳酸钙粉末。大白粉加水再加胶合料即调制成大白粉浆，掺入颜料则成各种色浆。大白粉浆应随配随用，适用于标准较高的室内墙面及顶棚刷浆。

**2. 石灰浆**

石灰浆是用石灰或石灰膏加水搅拌过滤而成，在其中加入石灰用量5%的食盐或明矾可防止脱粉，在其中加入耐碱性颜料即配成色浆。石灰浆属低档饰面材料，适用于室内普通墙面及顶棚刷浆工程。

**3. 可赛银浆**

可赛银浆粉由碳酸钙、滑石粉颜料研磨后加入胶而成。颜色有粉红、中青、杏黄、米黄、浅蓝、深绿、蛋青、天蓝、深黄等。配制时先掺可赛银重量70%的温水，拌成奶浆，待胶溶化后，再加入30%～40%的水拌成稀浆，过筛后再注入水调成适用浓度使用。可赛银浆膜的附着力、耐水性、耐磨性均比大白浆强。适用于墙面及顶棚刷浆。

**4. 干墙粉**

干墙粉是一种含有胶料的高级刷墙粉，常用的有三花牌干墙粉，具有各种颜色，色粉浆色彩鲜明，粘性好，不脱皮褪色。配制时，按1∶1加温水拌成奶浆，待胶溶化后再加适量水调成适当浓度，过筛1～2次即可使用。适用于墙面及顶棚粉刷。

**5. 白水泥石灰浆**

白水泥石灰浆是在石灰中掺入白水泥、食盐和光油，加水调制而成。配制按水泥：石灰∶食盐∶光油＝100∶250∶25∶25。适用于室外墙面粉刷。

**6. 聚合物水泥浆**

在水泥中掺入有机聚合物（如107胶、白乳胶、二元乳液）和水调制而成。可提高水泥浆的弹性、塑性和粘结性，一般刷后再罩一遍有机硅防水剂，以增强浆面防水、防污染和防风化的效果。适用于外墙刷浆。

### 8.6.2 刷浆施工

刷浆之前，基层表面必须干净、平整，所有污垢、油渍、砂浆流痕以及其他杂物等均应清除干净。表面缝隙、孔眼应用腻子填平，并用砂纸磨平磨光。刷浆前的基层表面应当干燥，局部湿度过大部位，应采取措施烘干。浆液的稠度，刷涂时宜小些，采用喷涂时宜大些。

小面积刷浆采用扁刷、圆刷或排笔工具刷涂。大面积刷浆宜用手压或电动喷浆机进行喷涂。刷浆次序先顶棚，后由上而下刷（喷）四面墙壁，每间房屋要一次做完，刷色浆应一次配足，以保证颜色一致。室外刷浆，如分段进行时，应以分格缝、墙面的阳角处或水落管处等为分界线。同一墙面应用相同的材料和配合比，涂料必须搅拌均匀，要做到颜色均匀、分色整齐、不漏刷、不透底，最后一遍刷浆或喷浆完毕后，应加以保护，不得损伤。

## 8.7 玻璃幕墙工程

玻璃幕墙是由玻璃板与金属骨架（立柱、横梁）组成的建筑外围护结构。玻璃板构件固定在横梁上，横梁连接在立柱上，立柱悬挂在主体结构上。为了使立柱在温度变化和主体结构侧移时有变形的余地，立柱上下由活动接头连接，使立柱各段可以上下相对移动。

玻璃幕墙不承受结构荷载，具有自重轻、施工速度快、装饰效果好等特点，并能增强建筑物的艺术造型，改善其使用功能。玻璃幕墙按构造不同，可以分为明框玻璃幕墙、半隐框玻璃幕墙、全隐框玻璃幕墙、全玻璃幕墙和点支承玻璃幕墙。明框玻璃幕墙是最传统的形式，其骨架有型钢骨架和铝合金型材骨架。采用型钢骨架时，玻璃镶嵌在铝合金的框内，然后再将铝合金框与骨架固定。采用铝合金型材骨架时，玻璃镶嵌在铝合金骨架的凹槽内。

玻璃幕墙现场安装施工有单元式和分件式两种方式。单元式施工是将立柱、横梁和玻璃板材在工厂拼装为一个安装单元（一般为一层楼高度），然后在现场整体吊装就位。分件式施工是最一般的方法，它将立柱、横梁和玻璃板材等材料分别运到工地、现场逐件进行安装，其主要工序如下。

**1. 放线定位**

即将骨架的位置弹到主体结构上。放线工作应根据土建单位提供的中心线及标高控制点进行。对于由横梁、立柱组成的幕墙骨架，一般先弹出立柱的位置，然后再将立柱的锚固点确定。待立柱通长布置完毕，再将横梁弹到立柱上。如果是全玻璃安装，则应首先将玻璃的位置弹到地面上，其次根据外源尺寸确定锚固点。放线是玻璃幕墙施工中技术难度较大的一项工作，要求充分掌握设计意图，并具备丰富的工作经验。

**2. 预埋件检查**

为了保证幕墙与主体结构连接可靠，幕墙与主体结构连接的预埋件应在主体结构施工时，按设计要求的数量、位置和方法进行埋设。施工安装前，应检查各连接位置的预埋件是否齐全，位置是否符合设计要求。预埋件遗漏、偏差过大、倾斜时，要会同设计单位采取补救措施。

**3. 骨架安装施工**

依据放线位置进行骨架安装。常用连接件将骨架与主体结构相连。连接件与主体结构可以通过预埋件或后埋锚栓固定，但当采用后埋锚栓固定时，应通过试验确定其承载力。骨架安装一般先安装立柱（因为立柱与主体结构相连），再安装横梁。横梁与立柱的连接依据其材料不同，可以采用焊接、螺栓连接、穿插件连接或用角铝连接等方法。

**4. 玻璃安装**

玻璃的安装，因玻璃幕墙的类型不同，而固定玻璃的方法也不相同。钢骨架，因型钢没有镶嵌玻璃的凹槽，多用窗框过渡，将玻璃安装在铝合金窗框上，再将窗框与骨架相连。铝合金型材的玻璃框架，在成型时，已经将固定玻璃的凹槽随同整个断面一次挤压成型，可以直接安装玻璃。玻璃与硬性金属之间应避免直接接触，要用封缝材料过渡。对隐框玻璃幕墙，在玻璃框安装前应对玻璃及四周的铝框进行必要的清洁，保证嵌缝耐候胶能可靠粘结。安装前玻璃的镀膜面应粘贴保护膜加以保护，交工前再全部揭去。

**5. 密缝处理**

玻璃和玻璃组件安装完毕后，必须及时用耐候密缝胶嵌缝密封，以保证玻璃幕墙的气密性、水密性和整体性。

**6. 清洁维护**

玻璃幕墙安装完后，应从上至下用中性清洁剂对幕墙表面及外露构件进行清洗干净。

玻璃幕墙在安装施工中，必须严格控制工程质量，确保幕墙坚固、可靠、使用安全，防水、防火、隔热、保温、抗震等性能良好，符合设计要求，满足有关技术规范、标准的规定。

## 8.8 装饰工程案例分析

卷草纹由前身“忍冬纹”发展而来，内容多为草木植物，在波状植物纹样主体上穿插鸟、兽、花草枝蔓，逐渐成为一种渗透着独特创作思维和祥瑞寓意的中国特色纹样。随朝代的更迭，卷草纹样的风格逐渐庄重华丽，饱满丰富，形态上与中国古代的云气纹样有很多相似之处，以卷曲、盘旋、缠绕为基本特征，具有流动美和意境美，符合中国人的传统审美。

卷草纹是自然植物平面化、抽象化的表现，更是植物与文化相互交融、碰撞的体现；与各地民族审美观念相适应的结果。多样的变化形式及赋予其中的美好寓意满足了多民族、多时代不同人群的审美需求，人类对美好事物的向往与憧憬充分展现于此。自卷草纹传入中国后，其作为一种造型独特且富有深厚文化内涵的装饰性纹样为我国古建筑的装饰领域注入了新的灵魂，成为古典建筑中的重要装饰部分，为传统建筑增添了浓厚的时代、地域及人文色彩。

中国传统建筑上的装饰类构件“悬鱼”是卷草纹的传承方式之一。“悬鱼”一词最早出现于《后汉书羊传》，汉代后，“悬鱼”逐渐成为了一种独特的标志来象征反腐倡廉的精神品质，更成了中国传统建筑文化中富有祥瑞意义和祈福象征的重要形式之一。以平遥古城为例，卷草纹作为古城建筑中悬鱼的主要装饰纹样之一，其整体呈现规律性的四周延展，构成变化多端，丰富多样；纹饰中植物的茎与叶伸展流畅，大小分布自然，富有韵律的卷曲成旋涡状。明代后期，卷草纹样与龙凤、鸟兽等具有祥瑞意义的形象相结合，造型新颖，更赋予了其独特的民族文化特色。

卷草纹也曾反复出现在中国古建筑的雀替结构上。明代起，雀替的纹样、雕饰逐渐增多，清代时尤为丰富多彩而精致。清代卷草纹因雕刻于雀替之上而得以广泛应用。多变的形态是卷草纹样这一时期的主要特色之一。纹样时而被深度抽象化，提取出主脉络而成为纯粹却又不失精致的旋涡状线条，时而扭转纹路走向被夸张为飒爽而飘逸的圆弧形纹饰，又时而在唐代卷草纹样的影响下将我国特有的古典风味传承至此。

在现代化应用的过程中，可以对卷草纹进行直接运用和间接运用。直接运用是指，对卷草纹在原有造型基础上进行夸张和变形，从写实形态变为抽象形态。这种方法的优点是可以完整展示卷草纹的本质特征，操作简单便捷。间接运用是指通过对卷草纹肌理的提取，使多种元素重组，进行再创作，产生新的纹样图案。无论以上哪种再设计手法，都应尽可能保留图案的构成特点及内涵寓意，更加深刻完整地保护中国传统纹样，这将对卷草纹保持深厚的文化底蕴、保护民族文化遗产产生直接的促进作用。

在对卷草纹进行转译、设计的过程中要进行两方面的理解：一是文化和寓意，以及图案构成规律的提炼；二是在数字化软件的基础上，探索其在未来发展的可能性。当代的哲学、美学和社会思想在技术因素之外，相比前现代时期也发生了巨大的变化。建筑应该反映和体现社会的复杂性，同理我们在探究卷草纹的逻辑生成和规律时，也应变得更加科学和理性，以适应时代可持续发展的要求。

## 思考题

1. 试述装饰工程的作用、特点及发展方向。
2. 试述抹灰工程的分类及组成。
3. 试述一般抹灰的分层做法、操作要点及质量标准。

4. 试述机械抹灰的工作原理及施工要点。
5. 装饰抹灰有哪些种类？简述其做法和质量要求。
6. 喷涂、滚涂、弹涂饰面具有哪些特点？施工有何要求？
7. 常用的饰面板（砖）有哪些？如何选用？
8. 简述饰面板块的安装要点和饰面砖的镶贴方法。
9. 试述壁纸的糊工艺及质量要求。
10. 常用建筑涂料有哪几种？采用何种施工方法？
11. 油漆涂饰施工有哪些工艺？如何保证施工质量？
12. 试述刷浆工程常用的材料、配制方法及施工要点。
13. 试述玻璃幕墙安装施工工艺。

# 参 考 文 献


［1］白颖，陈涛．砖塑造的空间：明初南京灵谷寺无梁殿研究［J］．建筑学报，2023（4）．

［2］陈纲，刘月雷，刘耕园，等．3D 打印混凝土研究现状与展望［J］．四川建材，2023，49（5）：8－11．

［3］霍红亮．预应力锚索处理隧道洞顶防护的施工技术应用［J］．价值工程，2022，41（19）：88－90．

［4］康庆涛，尤瑞林．我国预应力混凝土轨枕技术发展总结及展望［J］．铁道建筑，2023，63（7）：19－23．

［5］李斯贤，宗俊．基于 BIM 技术的深基坑支护施工技术应用及案例探讨［J］．中国建设信息化，2023（3）．

［6］王声云．基于 BIM 技术辅助深基坑施工应用研究［D］．上海：上海应用技术大学，2021．

［7］徐翀，陈琰，杜晓涵，等．卷草纹在中国传统建筑装饰中的应用及其现代化延伸的探究［J］．青岛理工大学学报，2022，43（1）：66－71．

［8］杨海鹏，潘军．港珠澳大桥混凝土连续梁施工期裂缝控制技术［J］．桥梁建设，2017，47（2）：106－111．

［9］杨昆．BIM 技术背景下深基坑工程施工研究［J］．建筑与预算，2021（6）：17－19．

［10］杨献伟，王舜童．缓黏结预应力施工技术在建筑工程中的运用［J］．工程技术，2023（6）．

［11］姚杰，黄明洋，赵宝军，等．混凝土 3D 打印技术的研究与应用现状［J］．施工技术（中英文），2023，52（10）：1－9．

［12］张靖杰．BIM 技术在深基坑工程勘察及支护设计中的具体运用［J］．智能建筑与智慧城市，2021（5）：77－78．

［13］张玲．高原盐湖区地基处理施工技术［J］．岩土工程，2008（5）．

［14］张永鹏．地下室后浇带混凝土防水施工［J］．科学技术创新，2023（18）：164－167．

［15］GB/T 50783－2012 复合地基技术规范

［16］JGJ79－2012 建筑地基处理技术规范

［17］JGJ/T 199－2010 新钢水泥土搅拌墙技术规程

［18］JGJ120－2012 建筑基坑支护技术规程

［19］GB 50739－2011 复合土钉墙基坑支护技术规范

［20］GB 50843－2013 建筑边坡工程鉴定与加固技术规范

［21］JGJ/T10－2011 混凝土泵送施工技术规程

［22］JGJ18－2012 钢筋焊接及验收规程

［23］JGJ107－2016 钢筋机械连接技术规程

［24］JGJ 85－2010 预应力筋用锚具、夹具和连接器应用技术规程

［25］JGJ/T226－2011 低张拉控制应力拉索技术规程

［26］JGJ 256－2011 钢筋锚固板应用技术规程

［27］JGJ/T279－2012 建筑结构体外预应力加固技术规程

［28］JGJ/T104－2011 建筑工程冬期施工规程